Das Waagerecht-Bohr- und Fräswerk und seine Anwendung

Das Waagerecht-Bohr- und Fräswerk und seine Anwendung

Von

Dr.-Ing. Heinrich Schallbroch

o. Professor der Technischen Universität Berlin
Direktor des Instituts für Werkzeugmaschinen und Fertigungstechnik

Mit 242 Abbildungen und 26 Zahlentafeln

Betriebshandbuch

herausgegeben von der Firma Scharmann & Co in Rheydt/Rheinland

Springer-Verlag
Berlin/Göttingen/Heidelberg
1959

ISBN-13: 978-3-642-49003-3 e-ISBN-13: 978-3-642-92769-0
DOI: 10.1007/978-3-642-92769-0

Softcover reprint of the hardcover 1st edition 1959

Vorwort

Die Maschinenfabrik Scharmann & Co. in Rheydt/Rhld., kann am 1. Oktober 1959 auf ihr 75jähriges Bestehen zurückblicken. Im Gründungsjahr 1884 befand sich der deutsche Werkzeugmaschinenbau in einer Lage, die gerade in der heutigen Zeit einer kurzen Betrachtung wert ist. Kaum 50 Jahre zuvor hatte in England, im klassischen Lande des Maschinenbaues, die Erfindung der Dampfmaschine als einer der ersten dem Menschen bis dahin nicht gekannte Energien liefernde Kraftmaschine dazu geführt, daß auch Maschinen für die Herstellung dieser neuen Dampfmaschinen erfunden, gewerbsmäßig konstruiert und gebaut wurden. Der Siegeszug der Bohrmaschinen, Drehbänke und Hobelmaschinen begann. Rasch schaltete sich die Industrie der USA etwa um die Mitte des vorigen Jahrhunderts in diesen neuen Erzeugungsprozeß moderner Werkzeugmaschinen ein und hatte im Gründungsjahr der Rhydter Werkzeugmaschinenfabrik Wilhelm Scharmann schon die englische Erzeugung eingeholt, ja in manchen Maschinenarten, wie den Fräsmaschinen, schon überholt.

In Deutschland war ebenfalls um diese Zeit schon eine beachtliche Produktion von Werkzeugmaschinen im Gange, die sich hauptsächlich in den Bezirken einer schon vorhandenen Fabrikation von Textil-Maschinen entwickelte (Sachsen und Thüringen, Württemberg, Rhein-Main-Gebiet, Berlin, Niedersachsen, Niederrhein). Häufig kam es vor, daß Textil-Maschinenfabriken zunächst nur Werkzeugmaschinen für den eigenen Bedarf herstellten; diese Maschinen waren so gut, daß andere Interessenten darauf drängten, sie kaufen zu können, was die betreffende Textil-Maschinenfabrik zur Angliederung einer Abteilung Werkzeugmaschinenbau veranlaßte. Ähnliche Entwicklungsvorgänge kann man auch heute immer wieder verfolgen, wenn in irgendeinem Fertigungszweig (z. B. Uhren, Fotoverschlüsse, Automobilbau, Nadelherstellung, Kugellagerfabrikation usw.) neue Werkzeugmaschinenarten für den Eigenbedarf entstehen.

Andere Firmen im Werkzeugmaschinenbau beschritten von vornherein den Weg, fast sämtliche Arten der damaligen Werkzeugmaschinen auf Bestellung und später auch nach Liste zu produzieren. Indessen war hierbei der Vorteil einer Markt-Anpassungsfähigkeit mit dem Nachteil verknüpft, daß die bedeutend wirtschaftlichere Erzeugung in kleinen oder großen Serien kaum möglich war. Man kann daher beobachten, daß diese Firmen allmählich zu einer Einschränkung des weiten Bauprogramms übergingen und heute nur wenige Arten sehr hochentwickelter Werkzeugmaschinen herstellen.

Zu dieser Gruppe zählt auch die Fa. Scharmann & Co., die sich in den letzten Jahrzehnten sogar auf nur *eine* Maschinengattung, das Bohr- und Fräswerk, spezialisiert hat. Allerdings stellt das Waagerecht-Bohr- und Fräswerk unter allen Werkzeugmaschinen eine für den Konstrukteur sehr anziehende und für den Benutzer besonders vielseitig verwendbare und daher sehr beliebte Maschine dar. Mindestens ein Exemplar dieser Gattung zählt schließlich zum eisernen Bestand jeder guten Werkstatt. Außerdem hat die vielseitige Anwendung der Bohr- und Fräswerke dazu geführt, daß auch innerhalb dieser Maschinengattung zahlreiche Sonderbauarten und Zusatzeinrichtungen geschaffen worden sind; diese haben einen solchen Umfang angenommen, daß die Herstellung von Waagerecht-Bohr- und Fräswerken heute eine umfassende Produktionsaufgabe für eine größere Fabrik darstellt.

Wenn auch die vielen üblichen Anwendungsmöglichkeiten der Bohr- und Fräswerke in den Werkstätten und Betrieben durchaus geläufig sind, so hat die Beobachtung doch ergeben, daß eine Reihe von äußerst zweckmäßigen Verwendungsarten der Waagerecht-Bohr- und Fräswerke, ferner Sonderwerkzeuge und Arbeitsverfahren zwar grundsätzlich als bekannt gelten können, jedoch in der täglichen Werkstattpraxis den Fachleuten nicht so gegenwärtig sind, daß sie auch überall angewandt werden. Ein Zusammentragen der vielseitigen Erfahrungen auf dem genannten Gebiet in Form eines *Betriebshandbuches* erschien daher der Fa. Scharmann & Co. als eine sehr geeignete Maßnahme, um den Erfahrungsschatz hinsichtlich der Konstruktion, Betriebsweise und Verwendung des Waagerecht-Bohr- und Fräswerkes weiten Kreisen zugänglich zu machen.

Da auch ich mit dieser Ansicht in vollem Umfange übereinstimmte, nahm ich gern den Auftrag der Fa. Scharmann & Co. an, ein von ihr anläßlich ihres 75jährigen Bestehens herauszugebendes Betriebshandbuch zu verfassen. Wenn hierin naturgemäß auch in starkem Umfang die Betrachtungen über die Konstruktion und Betriebsweise der Waagerecht-Bohr- und Fräswerke unter Heranziehung der von der Fa. Scharmann & Co. gebauten Maschinen erfolgten, so habe ich mich doch bemüht, die Fabrikate anderer Erzeugerfirmen der Waagerecht-Bohr- und Fräswerke möglichst weitgehend zu berücksichtigen. Darüber hinaus sind die Ausführungen über das Waagerecht-Bohr- und Fräswerk sowie die Wiedergabe der Ergebnisse von Berechnungen und Versuchen so allgemein, daß dieses Betriebshandbuch seinen Namen zu Recht trägt.

Beim Zusammentragen des Stoffes, bei der Planung und Herstellung der Abbildungen sowie bei der Abfassung des Manuskriptes haben mich meine Mitarbeiter im Institut für Werkzeugmaschinen der Technischen Universität Berlin auf das Trefflichste unterstützt. Ich möchte daher an dieser Stelle den Herren Diplomingenieuren Manfred Böning, Ralf Feldbinder, Fritz Lehner, Ernst Mayer, Friedrich Schäfer, Heinz Wilhelm Schmidt und Helmut Wagner (†) meinen herzlichsten Dank ausdrücken; hierbei gedenke ich insbesondere der unermüdlichen und zielbewußten Mitarbeit meines Schülers und Assistenten H. W. Schmidt, dem ich auch die viel organisatorisches Geschick erfordernde Aufgabe der Drucklegung übertrug. Ebenso möchte ich hier mit Anerkennung die große Hilfe hervorheben, die mir seitens der Fa. Scharmann & Co., insbesondere durch den Mitinhaber, Herrn Gerd Kauwertz, und Herrn Direktor Willi Schraub jederzeit zuteil geworden ist.

Zum Schluß habe ich auch dem Springer-Verlag zu danken für sein bereitwilliges Eingehen auf meine Wünsche sowie für die gute Ausstattung des Buches.

Nachdem somit in einer anregenden Gemeinschaftsarbeit ein Sondergebiet des Werkzeugmaschinenbaues und der Fertigungstechnik eine umfassende und auf die praktische Ausnutzung abgestellte Darstellung gefunden hat, darf ich dem Wunsch und der Hoffnung Ausdruck geben, daß das vorliegende Scharmann-Betriebshandbuch bei den Fachleuten in Konstruktion, Betrieb und Versuchsfeld eine gute Aufnahme findet.

Berlin-Charlottenburg, im September 1959

Heinrich Schallbroch

Inhaltsverzeichnis

I. Geschichtliche Entwicklung der Waagerecht-Bohr- und Fräswerke

Als Vorgänger der heutigen Waagerecht-Bohr- und Fräswerke kann man die Ausbohrmaschinen ansehen, die bereits in der Bearbeitungstechnik des Mittelalters weit verbreitet waren. Auf ihnen konnte man Baumstämme, die dann als Wasserleitungsrohre benutzt wurden, ausbohren und hohlgegossene Kanonenrohre mehr oder weniger genau zylindrisch bearbeiten. Das Kernstück der Maschinen war ein durch Tretrad oder Wasserrad angetriebenes Bohrwerkzeug mit horizontaler Achse. Das auf einem Holzschlitten befestigte Werkstück wurde auf einem hölzernen Bett gegen das Werkzeug geschoben.

Für den Bau der im Jahre 1774 erfundenen Dampfmaschine waren Zylinder von einer bis dahin nicht erzielbaren Genauigkeit notwendig. Die Bearbeitung dieser Zylinder gelang erst mittels der an beiden Enden gelagerten Bohrstange und dem darauf verschiebbaren Bohrkopf. Um 1800 begannen die Bemühungen, den bis dahin üblichen Gewichtsvorschub durch einen von der Spindel abgeleiteten zwangsläufigen Vorschub zu ersetzen.

Ein Bericht aus dem Jahr 1800 von der Ausbohrarbeit an einem gußeisernen Zylinder für eine Wasserwerksmaschine mit etwa 2 Meter Länge und etwa 1 Meter Durchmesser möge die damalige Arbeitsweise illustrieren [*1*]:

„Ein Mann ist immer im Inneren des Zylinders mit einem Hammer in der Hand, um den Bohrkopf in Ordnung zu halten; ein zweiter überwacht das Bett, auf dem der Zylinder durch geeignete Vorrichtungen vorgeschoben wird. Diese arbeiten mit Ablösung, denn das Bohrwerk geht Tag und Nacht; ein Mann ist weiter mit dem Schleifen der Stähle beschäftigt; um die Mittagszeit wird eine Pause gemacht, aber das ist kein Nachteil, denn bei dauernder Bohrarbeit würde der Zylinder zu heiß werden; ebenso steht das Bohrwerk still, wenn die Stähle ausgewechselt werden, was jedesmal rund 10 Minuten in Anspruch nimmt und in 10 weiteren Minuten sind die Schneiden wieder stumpf; ich untersuchte einige und fand, daß sie in dieser Zeit um etwa $^1/_8$ Zoll (3 mm) abgenutzt waren. Drei solcher Stähle (oder Schneiden) von rund $3^1/_2$ Zoll (90 mm) Schneidbreite sind gleichzeitig im Bohrkopf befestigt. Der Bohrkopf ist etwas kleiner als der Durchmesser des Zylinders und 6 Zoll (150 mm) stark; er sitzt auf einer achtzölligen Welle, die die Achse eines Wasserrades bildet. — Die Arbeiter sagten, daß sie am 9. April angefangen hätten, seither also rund 3 Monate arbeiteten, und daß sie bis zur Fertigstellung der Arbeit noch etwa 6 Wochen brauchen würden."

Die bisher genannten Maschinen wurden von Handwerkern oder ideenreichen Erfindern gebaut. In der Mitte des vorigen Jahrhunderts bahnte sich die Herstellung von Werkzeugmaschinen in darauf spezialisierten Werkstätten an. In dieser Zeit entstanden die Grundformen der heutigen Werkzeugmaschinen, und die Verwendung von Holz als Baustoff trat zu Gunsten des Gußeisens immer mehr zurück. Die Maschinen wurden durchweg mit genauer bearbeiteten Führungsbahnen und zwangsweisem Vorschub des Werkzeuges ausgestattet. Damit war die Arbeitsgenauigkeit weniger von der Geschicklichkeit des Arbeiters als von der Genauigkeit der Maschine abhängig. Dieser Fortschritt zeigte sich auch bei den Zylinderausbohrmaschinen, die schon gegen Ende des vorigen Jahrhunderts im Grundaufbau den heutigen Bohrwerken ähnelten.

Der Begriff „Waagerecht-Bohr- und Fräswerk" war zu dieser Zeit allerdings noch umstritten. In seinem im Jahre 1905 erschienenen, damals maßgeblichen Lehrbuch „Die Werkzeugmaschine" schreibt Professor H. Fischer bei der Besprechung der Bohrmaschine u. a. [*2*]:

„Man kann die hierher gehörenden zahlreichen Ausbohrmaschinen im wesentlichen in zwei Gruppen ordnen, nämlich in solche, bei denen die hohle Spindel ihren Ort nicht verläßt, und in Maschinen, deren Arbeitsspindel nebst Spindelkasten verschiebbar ist. Die Maschinen der ersten Gruppe nennt man allgemein liegende Bohrmaschinen, auch wohl Horizontalbohrmaschinen. Die zweite Gruppe führt vielfach denselben Namen unter Hinzufügung von „und Fräsmaschinen" oder wird auch — wenig zutreffend — Universal-Bohr- und Fräsmaschine genannt."

Die Bezeichnung „Waagerecht-Bohr- und Fräsmaschine" hat sich dennoch bald durchgesetzt, wie einem im Jahre 1911 von Professor G. Schlesinger gehaltenen Vortrag zu entnehmen ist [*3*]. Den Entwicklungsstand der Waagerecht-Bohr- und Fräswerke um die Jahrhundertwende zeigen einige Beispiele:

Für kleine Werkstücke baute man die Horizontal-Bohr- und Fräsmaschine nach Abb. 1. Hauptkennzeichen ist eine waagerecht ange-

Abb. 1. Horizontal-Bohr- und Fräsmaschine aus dem Jahre 1885
Bohrspindel von 80 mm Durchmesser, bis 400 mm Durchmesser und 700 mm lang bohrend, Tisch 750 mm Quadrat mit 750 mm Längs- (bei weggenommenem Setzstock 1200 mm) und 750 mm Querselbstgang. Vertikalverstellung des Tisches maschinell und durch Hand. Gew. 5300 kg

ordnete Bohrspindel, die neben der Drehbewegung auch die Verschiebung des Werkzeuges in Richtung der Bohrspindelachse zuläßt, so daß eine Vorschubbewegung ausgeführt werden kann. Der Bohrspindelvorschub erfolgt bei diesem Bohrwerk wahlweise von Hand oder mechanisch.

Um bei langen Bohrungen eine ausreichende Genauigkeit zu erzielen, darf nicht mit fliegender Anordnung der Arbeitsspindel und Bohrstange gearbeitet werden, weil sich diese zu sehr durchbiegt. Aus diesem Grunde ist schon bei der Maschine in Abb. 1 durch einen Setzstock die Möglichkeit gegeben, die Bohrstange zusätzlich auf der anderen Seite zu lagern. Darüber hinaus hat der Setzstock hier noch die Aufgabe, die Konsole für den nach Länge, Breite und Höhe verstellbaren Tisch abzustützen. Mit Hilfe des verstellbaren Tisches wird das Werkstück in die gewünschte Lage zur Bohrspindel gebracht. Da die Bohrspindel in der Höhe nicht verstellbar ist, muß der Tisch diese Verschiebungen in alle drei Richtungen ermöglichen.

Für die Bearbeitung schwerer Werkstücke erwies sich jedoch die Höheneinstellung des Werkstücktisches als ungünstig und führte daher zu der Bauweise des sogenannten Plattenbohrwerkes. Hierbei wird das Werkstück nicht verschoben, sondern auf einer Grundplatte festgespannt (Abb. 2), während alle Einstell- und Vorschubbewegungen von der Werkzeugseite her erfolgen. Der den Spindelstock tragende Ständer ist auf einer seitlich der Grundplatte angebrachten Bettbahn verschiebbar. Bei festliegendem Werkstück können alle Einstellbewegungen des Werkzeugs nach Länge, Breite und Höhe von der Bohrspindel bzw. ihren Tragorganen ausgeführt werden. Dies bringt erhebliche Vorteile, einen großen Arbeitsbereich und eine hohe Arbeitsgenauigkeit. Bei langen Bohrungen wird bei Platten-Bohrwerken die Genauigkeit durch die Lagerung der Bohrstange im Setzstock erheblich verbessert.

Für große Werkstücke wurde auch eine Bauart mit einem Tisch konstruiert, der das Werkstück in der Längsrichtung verschiebt. Die Höheneinstellung der Arbeitsspindel wird durch eine Senkrechtverschiebung des Schlittens am Ständer erreicht. Der Ständer selbst ist in Querrichtung verschiebbar (Abb. 3). Der Spindelstock mit der Bohrspindel ist konsolartig an einem senkrechten Ständer verschiebbar angebracht und durch eine Gewindespindel von Hand oder mechanisch verstellbar. Gegenüber den Konstruktionen mit höhenverstellbarem Tisch erhält das Werkstück eine erheblich stabilere Lage. Um ein Werkstück in einer Aufspannung von mehreren Seiten bearbeiten zu können, ist der Tisch selbst als Drehtisch ausgebildet.

Bei der Bearbeitung schwer bewegbarer, großer Werkstücke war man bestrebt, auf ein und derselben Maschine ohne Umspannen nicht nur zu bohren und zu fräsen, sondern auch möglichst viele andere Arbeiten auszuführen, wie z. B. das Plan- und Flanschendrehen (s. auch Abb. 2).

Abb. 2. Horizontal-Bohr- und Fräsmaschine aus dem Jahre 1890

120er Arbeitsspindel, bis 800 mm Durchmesser und 1250 mm lang bohrend, tiefste und höchste Spindelstellung über Platte 350 bzw. 1500 mm, Ständerverschiebung auf dem Bett 3000 mm, Platte 3 × 5 m groß, kombiniert mit Zylinderbohreinrichtung mit 180er Spindel, bis 1200 mm Durchmesser bohrend, mit Bohrkopf und Flügelsupport, einschl. Setzstock und Deckenvorgelege. Gew. 23000 kg

Abb. 3. Horizontal-Bohr- und Fräsmaschine aus dem Jahre 1890

90er Spindel für 600 mm Lochdurchmesser bei 1000 mm Länge, höchste Stellung 900 mm über dem bei abgenommenem Setzstock 1500 sonst 1100 mm verschiebbaren Spanntisch (1250 × 1500 mm Plattengröße) horizontale Ständerbewegung 1500 mm, mit Setzstock und Deckenvorgelege Gew. 7500 kg

Infolge ihrer Vielseitigkeit beim Bohren und Fräsen war aus der „Ausbohrmaschine" eine universal verwendbare und daher sehr begehrte Maschinengattung zur Bearbeitung vorwiegend großer und komplizierter Teile entstanden. Die Einstellmöglichkeiten machten die Anwendung von besonderen schwenkbaren oder drehbaren Vorrichtungen überflüssig. Dieser Vorteil macht sich besonders bei größeren Teilen bemerkbar, die oft nur einzeln oder in kleinen Stückzahlen hergestellt werden. So können mit dieser Maschinenbauart auch heute noch erhebliche Kosten für Rüstzeiten und innerbetrieblichen Transport eingespart werden.

Etwa um 1900 hatten sich die beiden Hauptbauarten der Waagerecht-Bohr- und Fräswerke (Tischbohrwerke und Plattenbohrwerke) mit den auch heute noch für diese Maschinen kennzeichnenden Konstruktionsmerkmalen herausgebildet. In der folgenden Zeit widmete man sich der konstruktiven Fortentwicklung der Bauteile der Maschinen, die sich aus den ständig steigenden Arbeitsanforderungen als nötig erwies.

Die an den Werkzeugmaschinenbau damals gerichtete Forderung bezog sich in erster Linie auf die Verminderung der Hauptzeiten. Diesem Wunsch mußte sowohl durch größere Antriebsleistung der Maschinen als auch durch höhere Drehzahlen der Arbeitsspindeln Rechnung getragen werden. In verhältnismäßig kurzer Zeit vollzog sich der Übergang vom Transmissionsantrieb mit Deckenvorgelegen über den so-

Abb. 4. Horizontal-Bohr- und Fräsmaschine aus dem Jahre 1902
Bohrspindeldurchmesser: 170 mm
(Fa. Ernst Schiess (jetzt Schiess A.G.) Düsseldorf)

genannten Einscheibenantrieb mit nachgeschaltetem Rädergetriebe (Abb. 4). auf den Einzelantrieb der Werkzeugmaschinen. Maßgebend für die Fortschritte bei den Zahnradgetrieben (höhere Drehzahlen, kleinere Abmessungen) war einerseits das Aufkommen von Werkzeugmaschinen zur genaueren Zahnradherstellung und andererseits von unlegierten und legierten Einsatz- und Vergütungsstählen als Zahnradwerkstoffe.

Der in den gleichen Jahren durch den Schnellarbeitsstahl eingeleitete Aufschwung im Werkzeugmaschinenbau erfuhr in den Jahren zwischen 1920 und 1930 einen neuen Antrieb durch die Erfindung der gegossenen Hartlegierungen (Stellite) und wenig später durch die gesinterten Hartmetalle. Die Anwendung dieser Schneidwerkstoffe erforderte neben besseren und stärker ausgebildeten Lagerungen und Führungen eine wesentlich steifere Werkzeugmaschine.

Angesichts dieser allgemeinen technischen Fortschritte bemühten sich die Konstrukteure von Waagerecht-Bohr- und Fräswerken um eine vorteilhafte Bauweise ihrer Maschinen. Ein starker Anreiz zur konstruktiven Verbesserung ging gerade bei Bohr- und Fräswerken von der Vielseitigkeit dieser Maschinen aus, die durch zahlreiche Sondereinrichtungen ergänzt wurden. Als Beispiele seien hier genannt: Flanschendrehsupport, Gewindeschneideinrichtung, Kegelbohrvorrichtung, Winkelbohrkopf, Vertikalfräsapparat, Plan- und Ausdrehköpfe sowie besondere Planmesserköpfe. Der durch diese Hilfsmittel vergrößerte Anwendungsbereich trug wesentlich zur immer größeren Beliebtheit der Bohrwerke bei.

Aber nicht nur die Verkürzung der Hauptzeiten und der größere Anwendungsbereich waren das Ziel der Konstrukteure: Man begann vielmehr auch, durch Möglichkeiten zur Verringerung der Nebenzeiten die Maschinen wirtschaftlicher zu gestalten.

Durch elektrische Steuer- und Einstellorgane, wie Druckknopftafeln, Vorwähleinrichtungen, Endschalter für die Vorschubbewegung u. dgl. wurde es möglich, die Bedienung der Maschinen wesentlich zu erleichtern. Die Schaltungen wurden vereinfacht und übersichtlicher, so daß Fehlschaltungen eingeschränkt und körperliche Anstrengungen herabgesetzt werden konnten. Durch die Anpassung der Maschine an den Menschen trug man neuen arbeitswissenschaftlichen Erkenntnissen Rechnung und erzielte eine weitere Leistungssteigerung.

Neben den wachsenden Anforderungen an die Zerspanungsleistung der Maschine stiegen auch die Forderungen nach größerer Fertigungsgenauigkeit. Die erhöhte Arbeitsgenauigkeit der Waagerecht-Bohr- und Fräswerke erlaubt heute die Fertigstellung von Werkstücken, für die noch vor wenigen Jahren ein Koordinatenbohrwerk hoher Genauigkeit unumgänglich war.

Die Konstrukteure der Waagerecht-Bohr- und Fräswerke bauten nicht nur genauere Meßmittel und -geräte ein, sondern sie versuchten auch, die Zeit für das Einrichten der Arbeitsspindel zu verkürzen. Durch geeignete Meß- und Steuereinrichtungen kann die Positionierung sogar vollautomatisch ausgeführt werden. So ist es nicht nur gelungen, die Nebenzeiten noch weiter herabzusetzen, sondern die Maschinen sind nun auch für die Serienfertigung ohne Vorrichtungen geeignet.

Die ungewohnt hohe Ablese- und Positionsgenauigkeit darf nicht durch die unvermeidlichen Verformungen der Maschine, z. B. infolge Lageänderung des Spindelstockes, beeinträchtigt werden. Die Firma

Abb. 5. Bohr- und Fräswerk mit zentraler Lage der Arbeitsspindel (Fa. Scharmann & Co., Type FB 100b)

Scharmann & Co. ging daher zum Teil von dem in Konsollage angeordneten Spindelkasten ab und wählte die zentrale Lage zwischen Säulen, die eine gute Aufnahme des schweren Spindelkastens gewährleistet (Abb. 5). Mit dieser Bauweise wurden neue richtungweisende Wege beschritten, die zur Vervollkommnung dieser Maschinengattung beitragen.

Der kurze geschichtliche Überblick läßt erkennen, daß die Waagerecht-Bohr- und Fräswerke zu Werkzeugmaschinen entwickelt worden sind, die sich durch ihre vielseitige Verwendbarkeit einen bedeutenden Platz in nahezu allen metallverarbeitenden Industriezweigen erobert haben und nicht mehr entbehrt werden können. Trotz der sehr unterschiedlichen

Arbeitsverfahren, die mit diesen Maschinen ausgeführt werden, erhält man hinsichtlich Leistung und Genauigkeit ausgezeichnete Ergebnisse.

Die ständig im Fluß begriffene Entwicklung der Waagerecht-Bohr- und Fräswerke wird einerseits die Wirtschaftlichkeit der Maschinen weiter erhöhen und andererseits dieser Maschinengattung neue Anwendungsgebiete erschließen. Die folgenden Kapitel dieses Buches sollen dem Leser ein Bild der heutigen Bauformen vermitteln und auf die zahlreichen Anwendungsmöglichkeiten hinweisen.

II. Bauformen neuzeitlicher Waagerecht-Bohr- und Fräswerke

Die Anwendung der Waagerecht-Bohr- und Fräswerke in allen Industriezweigen führte zur Entwicklung einer Reihe unterschiedlicher Bautypen und -größen für verschiedene Arbeitsanforderungen. Den Verbrauchern steht damit eine genügende Anzahl bewährter, serienmäßig hergestellter Modelle zur Auswahl.

Die heute gebräuchlichen Waagerecht-Bohr- und Fräswerke lassen sich in drei Hauptgruppen einteilen:

a) Tischbohrwerke
b) Plattenbohrwerke
c) Sonderbohrwerke.

a) Bei den **Tischbohrwerken** trägt das Maschinenbett sowohl den feststehenden Ständer als auch die verschiebbare Tischgruppe und den Setzstock (Abb. 6). Die Einstellung des Werkstückes in der waagerechten Ebene ermöglichen der zur Bohrspindelachse längsbewegliche Bett-

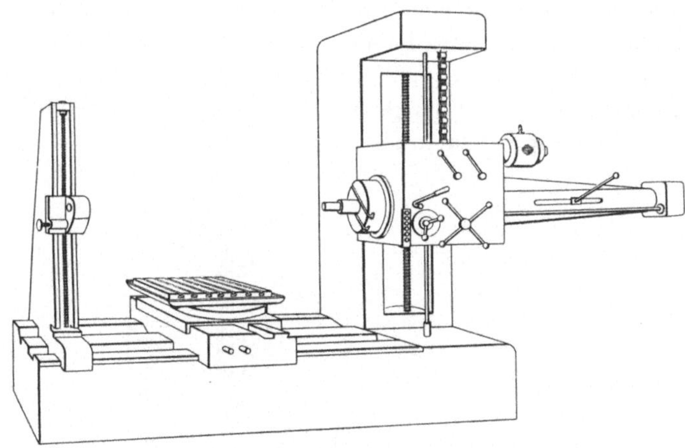

Abb. 6. Tischbohrwerk (schematische Darstellung)

schlitten und der auf dem Bettschlitten querbewegliche Tisch. Bei vielen Baumustern ist der Tisch außerdem um 360° drehbar, so daß ein Werkstück ohne Änderung der Aufspannung von allen Seiten bearbeitet werden kann. Zur Höheneinstellung wird der Spindelkasten am Ständer senkrecht auf und ab bewegt. Der Ständer ist mit dem Bett fest verschraubt und kann entweder am linken Ende (sog. Linksbauart) oder rechten Ende (sog. Rechtsbauart) des Maschinenbettes angebracht sein.

Für beide Bauarten lassen sich Vorteile und Nachteile anführen. In den letzten Jahrzehnten hat sich jedoch die Rechtsbauart bei allen in- und ausländischen Baumustern mehr und mehr durchgesetzt. Die Rechtsausführung erleichtert dem Arbeiter, der meist Rechtshänder ist, die Bedienung der Schalthebel und die Handhabung der Meßgeräte an der Arbeitsstelle.

Dem Ständer gegenüber befindet sich der auf dem Bett in Spinel-d richtung verschiebbare Setzstock, in dessen höhenverstellbarem Lager eine Bohrstange bei der Herstellung langer Bohrungen oder für schwere Ausbohrarbeiten geführt werden kann.

Der Antrieb des Tischbohrwerkes erfolgt meist durch den am Spindelkasten angeordneten Elektromotor und wird durch Rädergetriebe auf die Arbeitsspindel bzw. Planscheibe übertragen. Die im Bett untergebrachten Vorschubelemente erhalten ihren Antrieb entweder von der Bohrspindel (Vorschub pro Umdrehung), oder durch einen besonderen Vorschubantrieb (Vorschub pro Minute). Der Antrieb der Tischquer- und -längsbewegung geschieht vom Vorschubgetriebe aus.

b) Plattenbohrwerke haben eine feste Aufspannplatte; alle Verstellmöglichkeiten und Vorschubbewegungen sind in den Ständer und Spindelkasten gelegt (Abb. 7). Normalerweise wird der Ständer auf einem Bett rechtwinklig zur Bohrspindelachse verschoben. Bett mit Ständer und Aufspannplatte haben ein gemeinsames Fundament. Eine Zustellung in Richtung der Bohrspindelachse ist allein durch Verschieben der Bohrspindel möglich. Ein Setzstock kann an beliebiger Stelle auf der Aufspannplatte festgespannt werden.

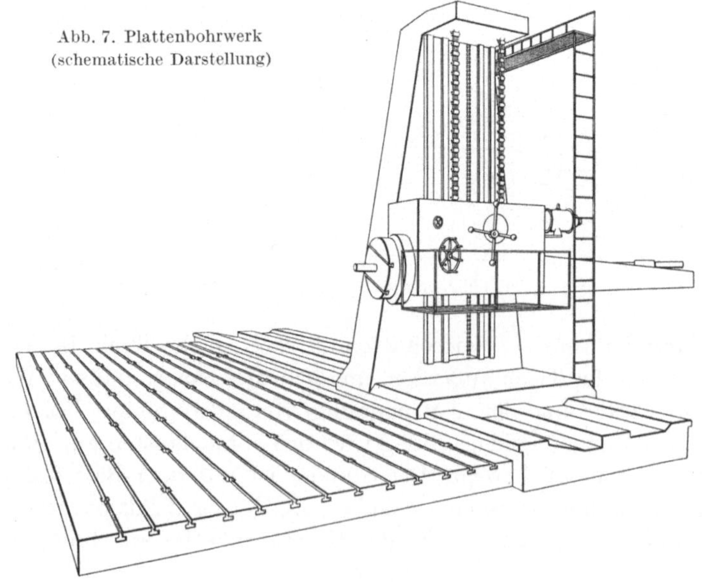

Abb. 7. Plattenbohrwerk (schematische Darstellung)

Die Kombination eines Plattenbohrwerkes mit einem verschiebbaren und drehbaren Aufspanntisch vereinigt die Wendigkeit des Tischbohrwerkes mit dem großen Arbeitsbereich des Plattenbohrwerkes. Der Tisch wird entweder auf die Aufspannplatte gesetzt oder vor dem Plattenbohrwerk einbetoniert (Abb. 8 und 9). Der Drehtisch ist mit Arbeitsvorschub und Eilgang ausgerüstet. Mit Plattenbohrwerken werden schwere und sperrige Werkstücke, insbesondere aus dem Großmaschinenbau, bearbeitet.

Der Antrieb der Plattenbohrwerke erfolgt in ähnlicher Weise wie der Antrieb der Tischbohrwerke. Die kleineren Bauarten werden dabei mit mechanischem Getriebe, die größeren Bauarten mit elektrischer stufenloser Einstellung, vorwiegend Leonard-Antrieb, ausgestattet. Zum Einstellen des Vorschubs sind besondere Motoren vorgesehen. Die Querbewegung des Ständers erfolgt vom Vorschubgetriebe aus über ein Getriebe im Ständerunterteil auf eine Zahnstange.

c) Sonderbohrwerke. Für seltener vorkommende Aufgaben sind zahlreiche Sonderbauarten entwickelt worden, von denen nachstehend einige angeführt seien. Um z. B. bei besonders unregelmäßig geformten Werkstücken den Abstand zwischen der bearbeiteten Fläche und der Bohrspindellagerung (Auskraglänge) möglichst klein zu halten, besteht die Möglichkeit, den Spindelkasten auch in Richtung der Bohrspindel zu verschieben. Man kann diese Verstellung dadurch erreichen, daß der Ständer eines Plattenbohrwerkes kreuzbeweglich angeordnet wird, d. h. daß der Ständer sowohl in Richtung des Bettes als auch in Richtung der Spindel verschiebbar ist. Es versteht sich, daß dabei das Bett sehr breit ausgeführt werden muß, damit der Ständer nicht abkippen kann (Abb. 10).

Sowohl der Ständer als auch der Spindelkasten können für besondere Arbeiten mit zusätzlichen Verstellmöglichkeiten ausgerüstet werden. So stehen zur Bearbeitung von schrägen Bohrungen und Flächen Baumuster zur Verfügung, bei denen der Spindelkasten aus der waagerechten Lage heraus nach oben und unten geschwenkt werden kann (Abb. 11). Es ist auch möglich, den gesamten Ständer um 360° drehbar um seine Senkrechtachse auszuführen (Abb. 12). Die Kombination dieser beiden Verstellmöglichkeiten erlaubt die Einstellung jeder überhaupt denkbaren Richtung.

Bei einer anderen Sonderbauart der Waagerecht-Bohr- und Fräswerke ist die Querverschiebbarkeit des Tisches besonders groß. Der Tisch ist besonders lang und ähnelt dem einer Hobelmaschine (Abb. 13); er gleitet auf langen Führungen rechtwinklig zur Bohrspindelachse. Der Ständer ist dabei fest angeordnet. Mit dieser Maschinenart lassen sich lange Werkstücke besonders wirtschaftlich bearbeiten. Aber auch für die serienmäßige Bearbeitung kleinerer, nebeneinander aufgespannter Werkstücke können die Maschinen mit ihren lang ausladenden Tischen ver-

Abb. 8 u. 9. Plattenbohrwerk mit drehbarem und verschiebbarem Aufspanntisch

Abb. 10. Plattenbohrwerk mit kreuzbeweglichem Ständer

wendet werden. Man verlegt so die Nebenzeiten für das Ausrichten und Festspannen der Werkstücke in die Hauptzeit anderer Werkstücke und erhöht die Ausbringung der Maschine wesentlich.

Abb. 14 zeigt eine ähnliche Ausführung, jedoch können hier Ständer und Setzstock auf ihren Bettschlitten in Richtung der Bohrspindelachse verstellt werden. Darüber hinaus können infolge der Schwenkbarkeit des Tisches um 360° Getriebekästen und andere große Werkstücke allseitig ohne Umspannen und mit kurzen Bohrstangen bearbeitet werden.

Soll der Tisch außer einer großen Querverschiebbarkeit auch noch eine Verschiebung in Richtung der Bohrspindelachse zulassen, so sind vor und hinter dem Bett besondere Abstützbahnen vorzusehen (Abb. 15). Um eine hohe Arbeitsgenauigkeit zu erhalten, sollte man in diesem Falle auf einen Drehtisch verzichten.

Abb. 11. Plattenbohrwerk mit schwenkbarem Spindelkasten
(Schieß Aktiengesellschaft, Düsseldorf)

An Stelle des Setzstockes kann das Bohrwerk mit einem zweiten Ständer ausgerüstet werden, so daß Werkstücke in einem Durchgang auf zwei Seiten bearbeitet werden können (Abb. 16). Dadurch werden einerseits die Hauptzeiten erheblich verkürzt, weil zwei Werkzeuge gleichzeitig im Eingriff stehen, zum anderen entfällt ein Umspannen und erneutes Ausrichten des Werkstückes.

Da der Transport sehr schwerer und besonders sperriger Werkstücke oft auf erhebliche Schwierigkeiten stößt, ist es zweckmäßig, die Werkzeugmaschine zum Werkstück zu bringen. Für derartige Aufgaben gibt es transportable Waagerecht-Bohr- und Fräswerke, die sich von den Plattenbohrwerken äußerlich nur durch Hängebügel sowie Ausrichtschrauben am Bett unterscheiden (Abb. 17). Meist wird das Bett durch stärkere Verrippung stabiler gestaltet.

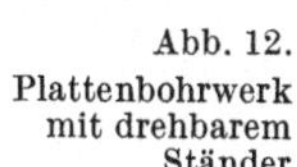
Abb. 12.
Plattenbohrwerk
mit drehbarem
Ständer

Abb. 13.
Bohrwerk mit
großer Querver-
schiebbarkeit des
Tisches (Ständer
fest, Tisch nur in
Querrichtung
verschiebbar)

Abb. 14. Tischbohrwerk mit großer Querverschiebbarkeit des Tisches (Ständer und Setzstock in Längsrichtung verschiebbar; Drehtisch)

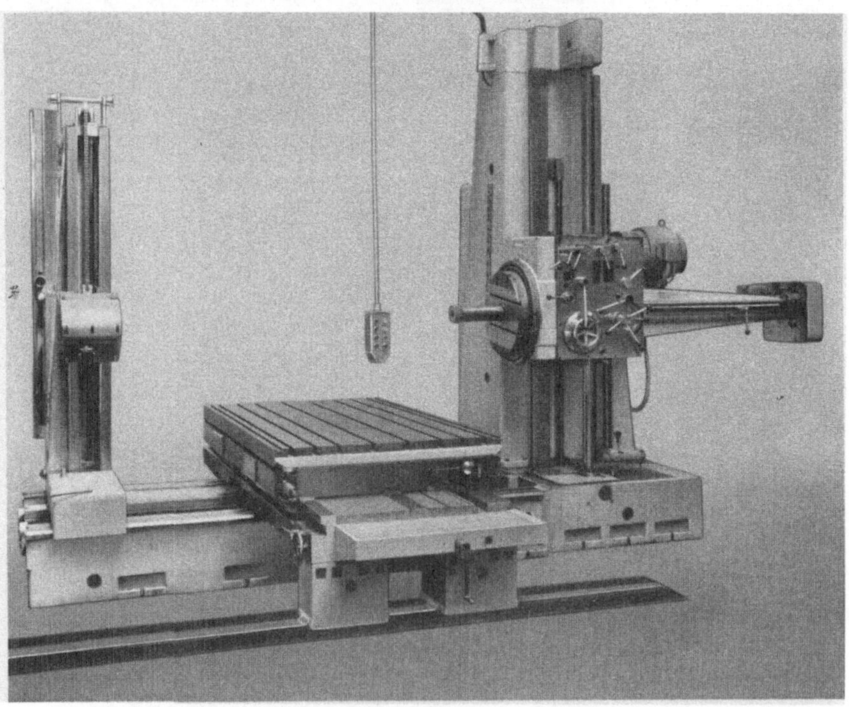

Abb. 15. Tischbohrwerk mit großer Querverschiebbarkeit des Tisches (Tisch in Quer- und Längsrichtung verschiebbar, Tisch nicht drehbar)

Abb. 16. Doppelständer-Bohr- und Fräswerk

Abb. 17. Transportables Waagerecht-Bohr- und Fräswerk

Bei allen Bauformen der Waagerecht-Bohr- und Fräswerke muß die Arbeitsspindel und ihre Lagerung sehr hohen Anforderungen genügen, da nicht nur Werkstücke aus sehr unterschiedlichem Werkstoff im Schrupp- und Schlichtschnitt bearbeitet werden müssen, sondern auch verschiedene Arbeiten, wie Bohren, Senken, Reiben, Gewindeschneiden, Fräsen und Drehen und diese wiederum bei kleinen und großen Durchmessern, ausgeführt werden sollen.

III. Übliche Arbeiten auf Waagerecht-Bohr- und Fräswerken

A. Lochbearbeitung

Bei der Lochbearbeitung erfolgt die Spanabnahme durch ein umlaufendes Werkzeug bei gleichzeitiger geradliniger Bewegung des Werkstückes oder Werkzeuges in Richtung der Bohrspindelachse. Auf Waagerecht-Bohr- und Fräswerken können nach dieser Arbeitsweise Bohrungen von hoher Genauigkeit hergestellt werden. Mit zunehmenden Genauigkeitsansprüchen erhöht sich jedoch die Zahl der Arbeitsgänge zur Fertigstellung einer Bohrung und damit auch der Aufwand an Werkzeugen und Arbeitszeit. Aus diesem Grunde darf keine größere Genauigkeit verlangt werden, als unbedingt notwendig ist.

In den nächsten Abschnitten werden die Grundlagen der wichtigsten Verfahren zur Lochbearbeitung beschrieben, und es wird insbesondere gezeigt, welche Anforderungen an die Güte der Bohrung unter Berücksichtigung wirtschaftlicher Herstellungsweise gestellt werden können.

1. Bohren mit Spiralbohrer

Das Bohren mit dem Spiralbohrer ins Volle stellt eine Schruppbearbeitung dar, bei der unter werkstattüblichen Verhältnissen Herstellgenauigkeiten von IT 14 bis IT 11 erreicht werden. An die Maßhaltigkeit sowie Form- und Lagegenauigkeit der Bohrungen dürfen hierbei keine großen Anforderungen gestellt werden; auch eine für Bewegungslager ausreichend glatte Lochwand ist nicht zu erwarten. Zum Aufbohren vorgebohrter bzw. vorgegossener Löcher kann der Spiralbohrer wegen der ungenügenden Führung nicht bei höheren Genauigkeitsansprüchen verwendet werden.

Dessenungeachtet hat der Spiralbohrer gegenüber anderen Werkzeugen für die Lochbearbeitung folgende Vorteile:

α) Durch die Wahl eines Bohrers mit geeignetem Drallwinkel kann man für jede Werkstoffart (GG, Stähle, NE-Metalle) günstige, positive Spanwinkel erreichen.

β) Die schraubenförmig verlaufenden Nuten gewährleisten eine gute Späneabfuhr, die durch die waagerechte Anordnung des Werkzeuges auf Bohr- und Fräswerken noch gefördert wird.

γ) Der Durchmesser des Spiralbohrers bleibt trotz der geringen Konizität auch nach häufigem Anschliff ausreichend genau erhalten.

a) Winkel am Spiralbohrer. Abb. 18 zeigt die Bezeichnungen für Form und Abmessung des Spiralbohrers, wie sie in DIN-Blättern festgelegt sind [*4*]. Das Abtrennen des Spanes durch den Bohrer wird wie beim Drehen, Hobeln oder Fräsen durch das Eindringen der keilförmigen Schneide in den Werkstückstoff erreicht (Abb. 19). Wie bei den anderen Zerspanungsvorgängen sind auch beim Bohren der Freiwinkel α, der Keilwinkel β und der Spanwinkel γ auf die Hauptebenen bezogen, die sich aus der Schnittrichtung ergeben (DIN 768) (Abb. 20). Der Drall-

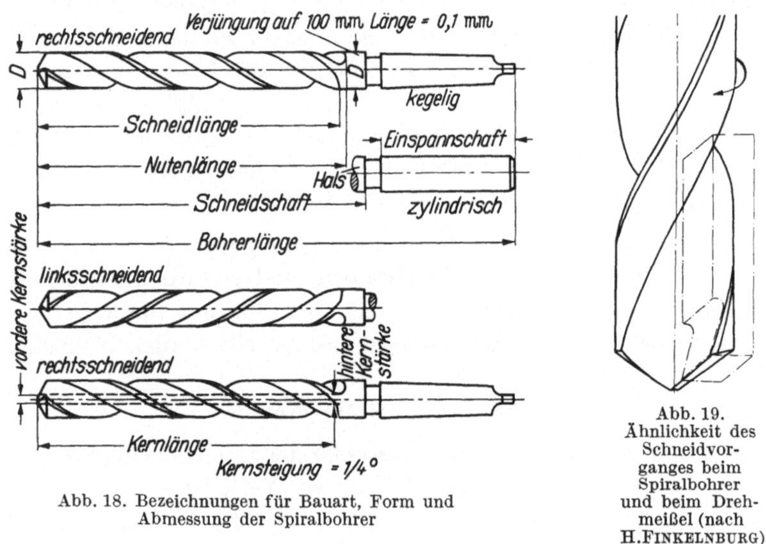

Abb. 18. Bezeichnungen für Bauart, Form und Abmessung der Spiralbohrer

Abb. 19. Ähnlichkeit des Schneidvorganges beim Spiralbohrer und beim Drehmeißel (nach H. FINKELNBURG)

winkel σ, der dem meßbaren Spanwinkel entspricht, wird durch die Steigung der schraubenförmigen Nuten bestimmt. Hinweise für die zweckmäßige Größe des Drallwinkels beim Bohren befinden sich in Kap. V „Wahl wirtschaftlicher Schnittbedingungen“.

Der beim Bohrvorgang wirksame tatsächliche Spanwinkel γ ist um den Winkel ϱ (der vom Vorschub s und dem Bohrerdurchmesser D abhängt) größer als der meßbare Spanwinkel (Drallwinkel σ). Nach Abb. 21 ist:

$$\operatorname{tg} \varrho = \frac{s}{\pi \cdot D}$$

Der wirksame Spanwinkel wird damit:

$$\gamma = \sigma + \varrho$$

Für übliche Vorschübe bis zu 1 mm/U ist jedoch ϱ am Bohrerumfang vernachlässigbar klein, so daß anstelle des wirksamen Spanwinkels γ ohne weiteres der meßbare Spanwinkel (Drallwinkel σ) gesetzt werden kann. Der Drallwinkel σ ist über den Bohrerdurchmesser hin nicht konstant, sondern nimmt zur Mitte hin ab, z. B. bei Bohrern für Stahl und Gußeisen mit etwa 30 mm Durchmesser verringert er sich von etwa 30° an der Außenkante bis auf etwa 5° in der Nähe der Querschneide. Die Angaben für Drallwinkel in Tabellen sind stets auf den Umfang des Bohrers bezogen.

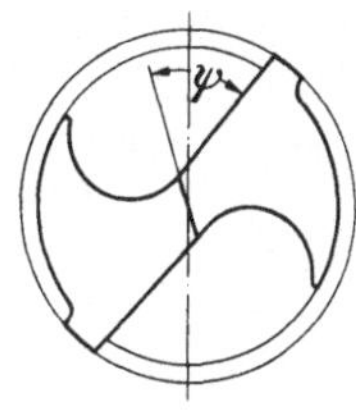

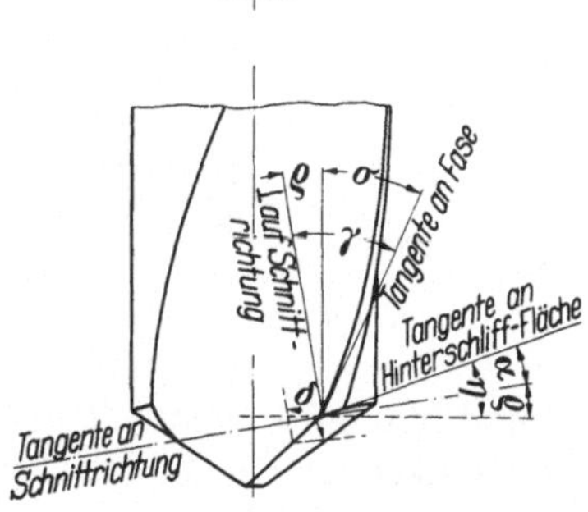

Abb. 20
Die Winkel an der Bohrerschneide
γ wirksamer Spanwinkel
σ meßbarer Spanwinkel (Drallwinkel)
α wirksamer Freiwinkel
η meßbarer Freiwinkel (Hinterschliffwinkel)
δ wahrer Schnittwinkel
ϱ Vorschub-Steigungswinkel
ψ Querschneidenwinkel

Auch beim Freiwinkel muß zwischen meßbarem und wirksamem Freiwinkel unterschieden werden. Der meßbare Freiwinkel entspricht dem Hinterschliffwinkel η und der wirksame Freiwinkel α steht in folgender Beziehung zu ihm:

$$\alpha = \eta - \varrho$$

wobei wiederum ϱ aus $\operatorname{tg} \varrho = \frac{s}{\pi \cdot D}$ zu errechnen ist. Da der Vorschub s stets sehr klein im Verhältnis zum Bohrerdurchmesser ist, kann vereinfacht und näherungsweise $\alpha = \eta$ gesetzt werden. Der Hinterschliffwinkel η ist ebenfalls über die Schneidenlänge nicht konstant; er nimmt vielmehr von ungefähr 8° am Außendurchmesser auf ungefähr 20 bis 25° in der Nähe der Querschneide zu.

Der Spitzenwinkel φ ist der Winkel, den die beiden Hauptschneiden des Spiralbohrers bilden. Es sei erwähnt, daß für Graugußbearbeitung oft ein besonderer Anschliff Anwendung findet, der eine Art von doppeltem Spitzenwinkel aufweist. Der normale Spitzenwinkel φ_1 beträgt 116°, während die Schneidenecken unter einem Spitzenwinkel $\varphi_2 = 60°$ bis 70° gebrochen sind (Abb. 22). Beim Bohren von weichen Werkstoffen, wie z. B. Kupfer, besteht die Gefahr, daß der Bohrer verläuft und unrunde Löcher entstehen. Um hier Abhilfe zu schaffen, verwendet man gern Bohrer mit Zentrierspitze (Abb. 23). Bei diesem Anschliff erreicht man außerdem ein weitgehend gratfreies Austreten des Bohrers bei Durchgangslöchern.

Die Querschneide bildet bei richtig geschliffener Spitze für Stahl- und Guß-Bearbeitung mit den Hauptschneiden einen Winkel von $\psi = 55°$. Diese Größe des Querschneidenwinkels hat sich für die Haltbarkeit des

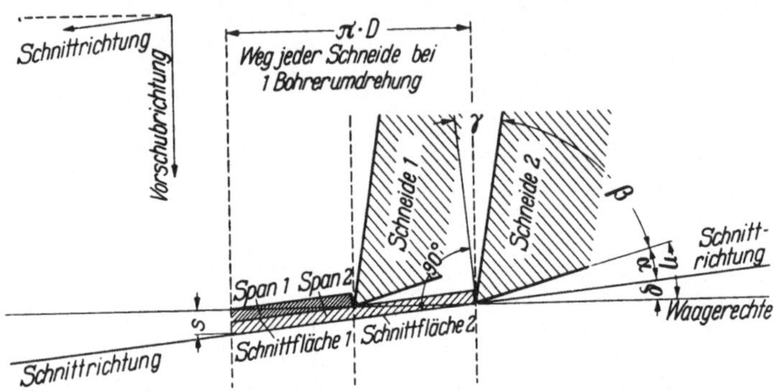

Abb. 21. Die Schneidvorgänge an den beiden Spiralbohrer-Schneiden (in der Abwicklung dargestellt)

Bohrers und die gute Spanabhebung als zweckmäßig erwiesen. Bei kleinerem Winkel besteht die Gefahr, daß der Bohrer aufreißt, während bei größerem Winkel die Querschneide zu stark auf dem Bohrgrund mahlt.

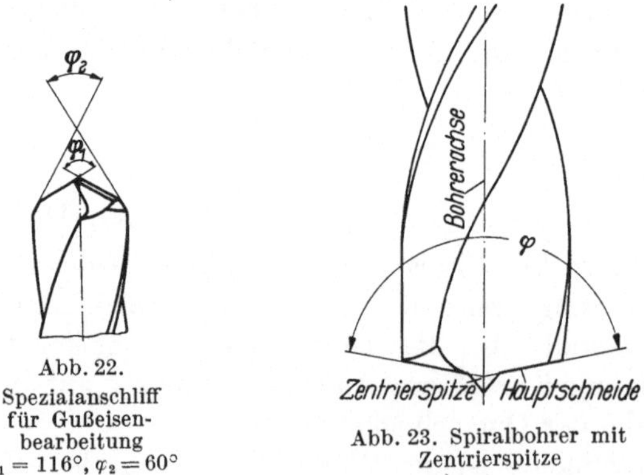

Abb. 22. Spezialanschliff für Gußeisenbearbeitung $\varphi_1 = 116°$, $\varphi_2 = 60°$

Abb. 23. Spiralbohrer mit Zentrierspitze

Eine Verbesserung der Zerspanungsbedingungen wird bei größeren Bohrerdurchmessern durch Ausspitzen an der Querschneide erreicht. Über die verschiedenen Arten und Formen der Ausspitzung und die damit zusammenhängenden Fragen über die Gestaltung der Querschneide finden sich im Schrifttum zahlreiche Hinweise [5].

Sämtliche Ausspitzungsarten haben zum Ziel, entweder durch Verkürzung der Querschneide oder durch Verbesserung der Spanwinkel in der Bohrermitte die Schnittkräfte — insbesondere in Vorschubrichtung — zu verringern und die Standzeit des Bohrers zu erhöhen.

Die Fasen am Umfang des Bohrers sind in der Nähe der Schneidenecken als Nebenschneiden anzusehen und haben folgende Aufgaben:

α) Abtrennen des von der Hauptschneide am Bohrgrund abgehobenen Spanes von der Lochwand,

β) Führung des Spiralbohrers an der Lochwand.

Damit bei großen Lochtiefen die für den Bohrer schädliche Reibung und auch der Energiebedarf nicht unerwünscht groß werden, erhält die Fase nur eine geringe Breite. Je nach Durchmesser beträgt sie [*6*]:

Bohrerdurchmesser	mm	10	20	30	40	50	60
Fasenbreite	mm	1,0	1,6	2,0	2,5	3,0	3,6

b) Befestigung des Spiralbohrers. Für die Befestigung der Bohrer in der Bohrspindel gibt es entsprechend den DIN-Normen zwei Möglichkeiten:

α) Befestigung in einem Bohrfutter bei zylindrischem Schaft,

β) Befestigung in einer Hülse bei konischem Schaft.

Die Befestigung mit zylindrischem Schaft im Bohrfutter findet in erster Linie für Bohrerdurchmesser unter 10 mm Anwendung. Normale Spannfutter bedingen wegen des Spannens von Hand (mit Schlüsseln oder auch Spannringen) ein Stillsetzen der Spindel beim Bohrerwechsel. Dagegen erbringen Schnellwechselfutter erhebliche Nebenzeit-Ersparnisse infolge des Werkzeugwechsels bei laufender Spindel; allerdings ist ein größerer Aufwand beim Futter selbst wie auch bei den für die Durchmesseränderung notwendigen Vorrichtungsteilen unumgänglich.

Die Schäfte von Bohrern mit größerem Durchmesser sind durchweg als Morsekegel ausgebildet. Die mit Morsekegel versehenen Bohrwerkzeuge werden unmittelbar in den Hohlkegel der Bohrspindel von Hand eingeführt und sollen allein durch Reibung zwischen Werkzeugschaft und Arbeitsspindel kraftschlüssig mitgenommen werden. Die unglücklicherweise fälschlich als Mitnehmerlappen bezeichnete Verjüngung am Kegelende soll keineswegs den Bohrer „mitnehmen", sondern zum leichteren Austreiben des Bohrers aus der Spindelhülse dienen. Schon das nach DIN vorgesehene Spiel zwischen Lappen und Hülse deutet auf diesen Zusammenhang hin. Ein durch das Drehmoment „verdrallter" Mitnehmerlappen ist das untrügliche Zeichen dafür, daß der Morsekegel nicht trägt, d. h. daß durch unsachgemäße Bedienung und Behandlung am Werkzeugkegel oder am Spindelinnenkegel Verletzungen oder Fremdkörper als Störungen vorliegen. Voraussetzung für einen guten Reibungsschluß der Kegelflächen ist daher Sauberkeit und Pflege von Werkzeug- und Bohrspindelkonus.

c) Schnittgeschwindigkeit und Vorschub. Die wichtigsten Kenngrößen für jeden Zerspanungsvorgang sind Schnittgeschwindigkeit und Vorschub. Die Schnittgeschwindigkeit v wird am Umfang des Bohrers in m/min gemessen und beträgt:

$$v = \frac{\pi \cdot D \cdot n}{1000} \quad [\mathrm{m/min}] \tag{1}$$

mit D = Durchmesser des Bohrers [mm]
n = Drehzahl des Bohrers [U/min].

Das Nomogramm in Abb. 24 ermöglicht nach Gl. (1) das einfache Ablesen der gesuchten v-Werte.

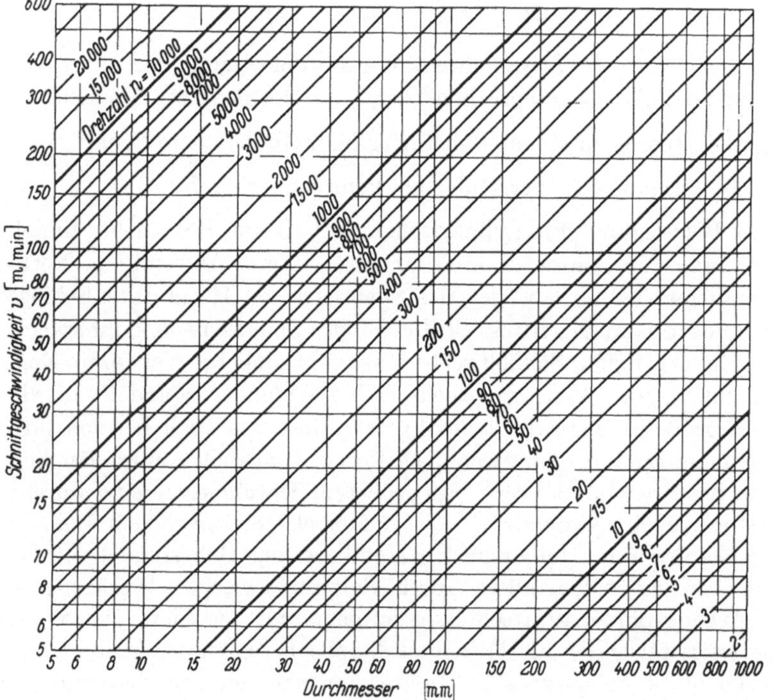

Abb. 24. Nomogramm zur Ermittlung der Schnittgeschwindigkeit

Der Vorschub s [mm/U] ist der Weg, den der Bohrer je Umdrehung zurücklegt. Richtwerte für die Schnittgeschwindigkeiten und Vorschübe bei verschiedenen Werkstoffen sind den Zahlentafeln 9 bis 11 in Kap. V zu entnehmen.

d) Kräfte und Leistungsbedarf. In Abb. 25 sind die Kräfte an den Hauptschneiden eines Spiralbohrers beim Bohren ins Volle dargestellt.

Die schief im Raum liegende Gesamtschnittkraft P an jeder der beiden Schneiden wird aufgeteilt in [*7*]:

P_1 Hauptschnittkraft in Richtung der Umfangsgeschwindigkeit,
P_2 Vorschubkraft in Richtung des Vorschubes,
P_3 Rückkraft senkrecht zu P_1 und P_2,
P_4 Abdrängkraft als Resultierende von P_2 und P_3.

Unter der Voraussetzung, daß beide Schneidkanten symmetrisch zur Bohrerachse liegen und einen gleichen Anschliff besitzen, sind die beiden Rückkräfte P_3 gleich groß und entgegengesetzt gerichtet; sie heben sich daher in der Geschlossenheit des Lochumfanges auf. Für die weiteren Betrachtungen werden deshalb nur die Hauptschnittkraft P_1 und die Vorschubkraft P_2 berücksichtigt.

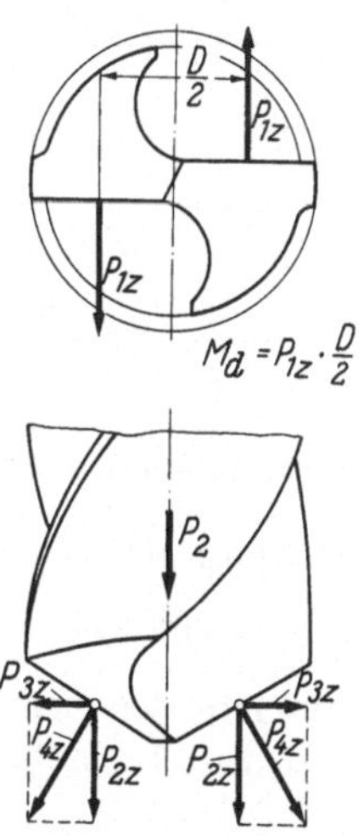

Abb. 25. Einzelkräfte an den Hauptschneiden eines Spiralbohrers beim Bohren ins Volle. P Gesamtkraft, P_{1z} Hauptschnittkraft je Schneide, P_{2z} Vorschubkraft je Schneide, P_{3z} Rückkraft je Schneide, P_{4z} Abdrängkraft je Schneide (Der Index z wurde vom Fräsen übernommen, wo er Fräserzahn bzw. Fräser-„Schneide" bedeutet)

α) *Hauptschnittkraft* P_1. Für die Dimensionierung jeder Werkzeugmaschine ist die Hauptschnittkraft P_1 die wichtigste Größe. Die meisten Schnittkraftformeln sind daher für ihre rechnerische Ermittlung entwickelt worden. O. KIENZLE und H. VICTOR haben vor einigen Jahren den Versuch unternommen [*7, 8, 9, 10*], für verschiedene Zerspanungsverfahren ein gemeinsames Schnittkraftgesetz aufzustellen. Die Grundformel bezieht sich auf den Drehvorgang und läßt sich auf andere Verfahren übertragen. Ein Vergleich zwischen dem Drehen und Bohren ist möglich, wie Abb. 26 zeigt. Zu beachten ist, daß der Spiralbohrer im Gegensatz zum Bohrmeißel zwei Hauptschneiden besitzt.

Der Vorschub s je Spiralbohrerschneide beträgt also die Hälfte des in das Werkzeug eingeleiteten Gesamtvorschubes. Wie beim Drehen ist auch beim Bohren der Spanquerschnitt je Schneide

$$F = a \cdot s = b \cdot h \text{ [mm}^2\text{]} \quad (2)$$

und die Hauptschnittkraft

$$P_1 = b \cdot h^{1-c} \cdot k_{s\,1\cdot 1} \text{ [kg]} \quad (3)$$

wobei $k_{s1\cdot 1}$ die spezifische Schnittkraft für einen gedachten Spanquerschnitt von $h = 1$ mm und $b = 1$ mm sowie $1-c$ der Anstiegswert der Schnittkraft ist.[1]

[1] O. KIENZLE bezeichnet den Anstiegswert mit $1-z$. Um eine Verwechslung mit dem Index z, der meist die Bedeutung: „pro Schneide" hat, zu vermeiden, wird hier die Bezeichnung $1-c$ verwendet.

Für die Spanbreite b erhält man aus Abb. 26:

$$b = \frac{a}{\sin \varkappa} = \frac{D - d}{2 \cdot \sin \varkappa} = \frac{D - d}{2 \cdot \sin \varphi/2} \text{ [mm]} \tag{4}$$

und die Spandicke h pro Schneide:

$$h_z = s_z \cdot \sin \varkappa = s_z \cdot \sin \varphi/2 \text{ [mm]} \tag{5}$$

Wird nun beim Aufbohren mit dem Spiralbohrer der Durchmesser des vorgebohrten Loches immer kleiner gewählt, so wächst die Schnittiefe a

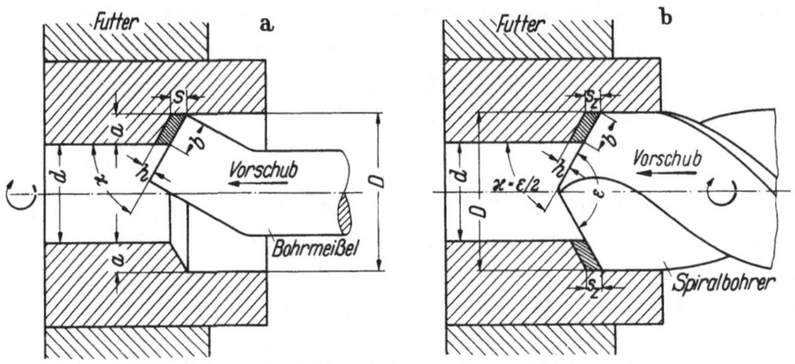

Abb. 26. Vergleich zwischen Drehen und Bohren

a) Aufbohren mit Bohrmeißel b) Aufbohren mit Spiralbohrer

(oder Spanbreite b) entsprechend, um schließlich im Grenzfall den Wert $a = \frac{D}{2}$ zu erreichen.

Infolgedessen wird dann die auf eine Schneide bezogene Hauptschnittkraft beim Bohren ins Volle aus den Gl. (3) bis (5):

$$P_{1z} = \frac{D}{2 \cdot \sin \varphi/2} \cdot \left[s_z (\sin\varphi/2) \right]^{1-c} \cdot k_{s\,1.1} \text{ [kg]} \tag{6}$$

ferner mit dem Wert $k_{s1.1} = k_s \cdot h^c$ [kg/mm²]: (7)

$$P_{1z} = \frac{D}{2} \cdot s_z \cdot k_s \text{ [kg]} \tag{8}$$

Im Gegensatz zur Schnittkraftmessung beim Drehen ist die direkte Messung der Hauptschnittkraft P_1 beim Bohren nicht möglich. Sie kann nur aus dem gemessenen Drehmoment M_d nach folgender Formel errechnet werden:

$$P_{1z} = \frac{2\,M_d}{D} \text{ [kg]} \tag{9}$$

wobei als Angriffspunkt für die Hauptschnittkraft P_{1z} die Mitte der im Schnitt befindlichen Hauptschneide angenommen wird.

Schnittkraftformeln, die sich speziell auf die Bestimmung der Hauptschnittkraft P_1 beim Bohrvorgang beziehen, wurden von H. Schallbroch angegeben [5]. Sie lauten:

$$\frac{P_1}{2} = \frac{p_1 \cdot s \cdot d}{4} \text{ [kg]} \tag{10}$$

mit $\frac{P_1}{2}$ = Hauptschnittkraft pro Schneide [kg]

p_1 = spez. Schnittkraft in Schnittrichtung [kg/mm²]

Über die Größe der spezifischen Schnittkräfte bei der Zerspanung, insbesondere beim Drehen, finden sich im Schrifttum eine Reihe von Angaben aus Einzelversuchen, die sich jedoch nicht ohne weiteres vergleichen lassen. Seltener sind für einzelne Zerspanungsverfahren wie Bohren, Fräsen usw. zusammenfassende Tabellen oder Diagramme für k_s zu finden, in denen für verschiedene Werkstoffe die Abhängigkeit der spezifischen Schnittkräfte vom Vorschub s dargestellt sind. Es sei an dieser Stelle darauf hingewiesen, daß die Spantiefe a bzw. Spanbreite b so gut wie keinen Einfluß auf die Höhe von k_s besitzt.

Die bisher umfassendste k_s-Tabelle für 37 Werkstoffe bei verschiedenen Vorschüben zwischen $s = 0{,}1$ bis 0,8 mm/U enthält das AWF-Blatt 158 [*11*]. Die Werte wurden für den Drehvorgang von H. Schallbroch und seinen Mitarbeitern im Versuchsfeld für Werkzeugmaschinen der Technischen Hochschule München in den Jahren 1940 bis 1945 aufgestellt. Eine neuere k_s-Tabelle veröffentlichten O. Kienzle und H. Victor [*12*]. Sie enthält für 16 Werkstoffe die k_s-Werte bei der Metallbearbeitung in Abhängigkeit von der Spandicke h (Zahlentafel 1).

Zahlentafel 1. *Spezifische Schnittkräfte k_s* [kg/mm²] *bei der Metallbearbeitung für verschiedene Spandicken h* (nach O. Kienzle und H. Victor) [*12*]

Werkstoff	σ_B bzw. Härte kg/mm²	1 − z	$k_{s1 \cdot 1}$	Spezifische Schnittkraft k_s [kg/mm²] Spandicke h in mm								
				0,06	0,1	0,16	0,25	0,4	0,63	1	1,6	2,5
St 50	52	0,74	199	420	361	319	283	250	224	199	178	158
St 60	62	0,83	211	331	308	283	262	244	227	211	196	182
St 70	72	0,70	226	512	450	392	341	299	260	226	198	174
Ck 45	67	0,86	222	324	304	284	266	250	234	222	209	196
Ck 60	77	0,82	213	343	315	292	270	249	230	213	196	181
60 Mn Cr 5	77	0,74	210	435	383	340	302	266	236	210	188	167
18 Cr Ni 6	63	0,70	226	514	451	392	341	300	259	226	198	175
42 Cr Mo 4	73	0,74	250	500	450	400	355	315	280	250	224	200
34 Cr Mo 4	60	0,79	224	400	361	329	300	275	246	224	205	187
50 Cr V 4	60	0,74	222	462	410	361	319	282	250	222	199	178
55 Ni Cr Mo V 6 G.	94	0,76	174	347	307	272	239	217	193	174	154	135
55 Ni Cr Mo V 6 V.	HB = 352	0,76	192	367	331	295	266	238	210	192	172	153
E C Mo 80	59	0,83	229	365	339	313	290	268	247	229	202	198
G G 26	HB = 200	0,74	116	236	211	187	166	147	130	116	103	93
Meehanite A ...	36	0,74	127	258	230	205	184	164	144	127	113	101
Hartguß	HRC = 46	0,81	206	350	319	294	268	245	224	206	190	174

In der von O. KIENZLE und H. VICTOR entwickelten Gl. (6) bleiben die Besonderheiten des Bohrvorganges, wie Änderung der Schnittgeschwindigkeit mit dem Bohrerdurchmesser, Werkzeug- und Spanreibung, Länge der Querschneide, Größe des Spanwinkels usw., unberücksichtigt. Wie nachgewiesen wurde [7], heben sich diese einzelnen Größen aber in ihrer Wirkung auf die Höhe der Hauptschnittkraft P_1 auf.

β) *Vorschubkraft* P_2. Im Gegensatz zur Hauptschnittkraft P_1 tritt bei den meisten Zerspanungsverfahren die Vorschubkraft P_2 in ihrer Bedeutung für die Konstruktion einer Maschine und den Leistungsbedarf zurück. Nur beim Bohren mit Spiralbohrern haben die bisherigen Versuchsergebnisse gezeigt, daß der Vorschubkraft P_2 (Axialkraft) besondere Aufmerksamkeit geschenkt werden muß.

Beim Bohren kann die Vorschubkraft P_2 im Gegensatz zur Hauptschnittkraft P_1 direkt gemessen werden, indem man auf einem sogenannten Bohrkraftmeßtisch die zwischen Spiralbohrer und Bohrungsgrund im Werkstück wirkende Axialkraft P_2 mittels einer Meßdose mißt. Außerdem kann die Axialkraft oder Vorschubkraft rechnerisch ermittelt werden, wenn man die Werkstoff-Kenngröße p_2 kennt. Nach einer von H. SCHALLBROCH [5] angegebenen Gleichung beträgt die Vorschubkraft rechnerisch:

$$P_2 = \frac{1}{2} \cdot s \cdot D \cdot \sin\frac{\varphi}{2} \cdot p_2 \text{ [kg]} \tag{11}$$

mit p_2 = spez. Schnittkraft in Vorschubrichtung [kg/mm²].

Der in dieser Gleichung angegebene Faktor p_2 gilt wiederum nur für bestimmte Werkstoffe und Arbeitsbedingungen; er kann durch Versuche ermittelt werden und ist für die meisten in der Werkstatt vorkommenden Fälle in Handbüchern niedergelegt.

Über die prozentualen Anteile der an der Hauptschneide, der Querschneide und der Fase auftretenden Kräfte an der Hauptschnittkraft bzw. der Vorschubkraft liegen bisher nur wenige Versuchsergebnisse vor. Folgender Überblick gibt einen Anhalt über die einzelnen Kräfteanteile beim Bohren von Stahl (ca. 60 kg/mm² Festigkeit) und üblichem Vorschub:

Drehmoment M_d (Anteile am Gesamt-M_d)	H. SCHALLBROCH [5]	E. STEPHAN [13]
verursacht durch Hauptschneiden	70 – 90% *	90%
verursacht durch Querschneiden	10 – 5% *	10%
verursacht durch Reibung	20 – 5% *	–
Vorschubkraft P_2 (Anteile am Gesamt-P_2)		
verursacht durch Hauptschneiden	50 – 40% *	60%
verursacht durch Querschneiden	45 – 58% *	40%
verursacht durch Reibung	5 – 2% *	–

* Werte für steigenden Vorschub.

Die Vorschubkraft kann durch Ausspitzen verringert werden, wobei man die normalerweise etwa 0,16 D breite Querschneide des Bohrers auf 0,1 D reduzieren kann. Durch Vorbohren kann der ungünstige Einfluß der Querschneide auf die Vorschubkraft ausgeschaltet werden. Da hierbei die Vorschubkraft auf etwa 50% der Vorschubkraft beim Bohren ins Volle sinkt, wird das Vorbohren auf einen entsprechenden Durchmesser in den Werkstätten oft angewandt.

Mit den nach Gl. (8) und Zahlentafel 1 bzw. Gl. (11) und Versuchen ermittelten Werten für M_d und P_2 läßt sich der Leistungsbedarf wie folgt berechnen:

1. Schnittleistung N_s

$$N_s = \frac{M_d \cdot n}{71620 \cdot \eta_s} \text{ [PS]} \tag{12}$$

oder $$N_s = \frac{M_d \cdot n}{97410 \cdot \eta_s} \text{ [kW]} \tag{13}$$

wobei das Drehmoment M_d in cmkg einzusetzen ist.

2. Vorschubleistung N_v

$$N_v = \frac{P_2 \cdot n \cdot s}{4\,500\,000 \cdot \eta_v} \text{ [PS]} \tag{14}$$

$$N_v = \frac{P_2 \cdot n \cdot s}{6\,120\,000 \cdot \eta_v} \text{ [kW]} \tag{15}$$

Über die Größe M_d und P_2 liegen in der Fachliteratur [5] einige Angaben vor; es erscheint allerdings wünschenswert, zur Gewinnung weiterer Zahlenangaben für die verschiedenen Schnittbedingungen und Werkstoffe weitere Versuche anzustellen.

Die Wirkungsgrade η_s für das Hauptgetriebe und η_v für das Vorschubgetriebe der Maschinen hängen von der Bauart der Getriebe ab und liegen erfahrungsgemäß meist zwischen $\eta = 0{,}75$ und 0,90. Ein Vergleich der Gl. (12) bis (15) läßt erkennen, daß der Energiebedarf für die Vorschubbewegung sehr viel kleiner ist als der Energiebedarf für die Hauptschnittbewegung. Dies darf jedoch keinesfalls dazu verleiten, auch die Vorschubkraft P_2 zu unterschätzen, da diese den Bohrer auf Knickung beansprucht bzw. Maschine und Werkstück verbiegt.

2. Bohren mit Bohrstange

Während das Bohren mit dem Spiralbohrer als ausgesprochener Schruppvorgang anzusprechen ist und weitere Werkzeuge zur Feinbearbeitung erfordert, ermöglicht das Arbeiten mit Bohrmeißeln oder Bohrmessern auf Waagerecht-Bohr- und Fräswerken sowohl die Durchführung von Schrupparbeiten als auch von Schlichtarbeiten, je nach der Werkzeugkonstruktion und den Schnittbedingungen; hierbei sind

Genauigkeiten von IT 8 bis IT 7 ohne Schwierigkeiten erreichbar. Die Genauigkeit einer Bohrung hängt außer von der Rundlaufgenauigkeit der Bohrspindel in sehr starkem Maße von der Anordnung der Werkzeuge ab. Es kommen sowohl einseitig als auch doppelseitig schneidende Bohrmeißel zur Anwendung.

a) Einseitig und doppelseitig schneidende Bohrmeißel. Der große Vorteil des einseitig schneidenden Bohrmeißels liegt darin, daß er in der Bohrstange leicht nachstellbar ist und somit in gewissen Grenzen für verschiedene Lochkreisdurchmesser Verwendung finden kann. Die in der Zeiteinheit zerspante Werkstoffmenge ist zwar erheblich geringer als bei doppelseitig schneidenden Bohrmeißeln, hinsichtlich der Lage der Bohrungen und ihrer Formgenauigkeit bringt dieses Arbeitsverfahren indessen gute Ergebnisse (s. auch Senken mit Zweischneider). Die ebenfalls wichtige Oberflächengüte der Lochwand hängt in erster Linie von der Größe des Vorschubes und der Schnittgeschwindigkeit ab.

Bei der Verwendung des doppelseitig schneidenden Bohrmeißels muß folgendes beachtet werden:

α) Die Spanabnahme wird auf beide Schneiden verteilt. Deshalb können größere Vorschübe gewählt werden und die erzielbare Schruppleistung kann besonders auch infolge der gegenseitigen Aufhebung der Abdrängkräfte an beiden Schneiden weit größer sein, als bei einseitig schneidendem Bohrmeißel.

β) Die Schneiden des Bohrmeißels unterliegen einem gewissen Verschleiß. Das Nachschleifen der Schneiden verkürzt die Meißellänge, die den Durchmesser der Bohrung bestimmt, da ein Nachstellen des doppelseitig schneidenden Bohrmeißels normalerweise nicht möglich ist. Es empfiehlt sich daher, außer dem Schruppmeißel einen Schlichtmeißel zu verwenden.

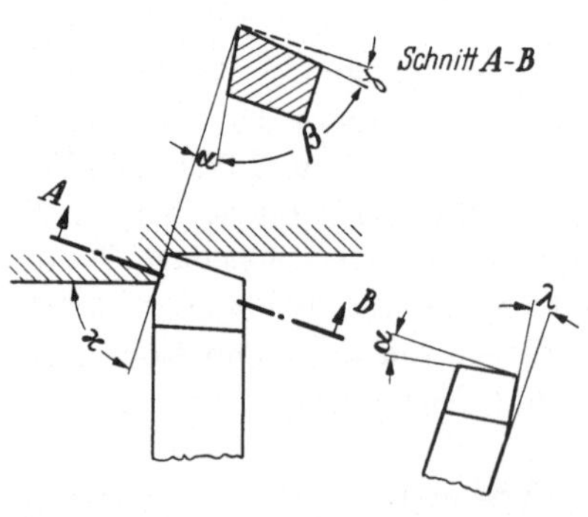

Abb. 27. Winkel am Bohrmeißel: α Freiwinkel, β Keilwinkel, γ Spanwinkel, $\varkappa$ Einstellwinkel, λ Neigungswinkel

b) Winkel am Bohrmeißel. In Abb. 27 sind die Winkel am Bohrmeißel wiedergegeben. Hier soll die Schneidengeometrie nur soweit behandelt werden, als für das Bohren andere Gesichtspunkte wie für das Drehen gelten. Im übrigen sei auf das Kapitel „Drehen" verwiesen, in dem alle Einflußgrößen ausführlich behandelt werden.

Die Mittellinien der Löcher in der Bohrstange zur Aufnahme der Bohrmeißel oder Bohrmesser liegen in einer Ebene mit der Mittellinie der Bohrstange. Infolge der endlichen Höhe des Meißelschaftes kommt die Bohrmeißelschneide über Lochmitte mit dem Werkstück zum Eingriff. Wie Abb. 28 zeigt, ändern sich hierdurch Span- und Freiwinkel, was beim Anschliff der Bohrmeißel zu berücksichtigen ist. In Zahlentafel 2

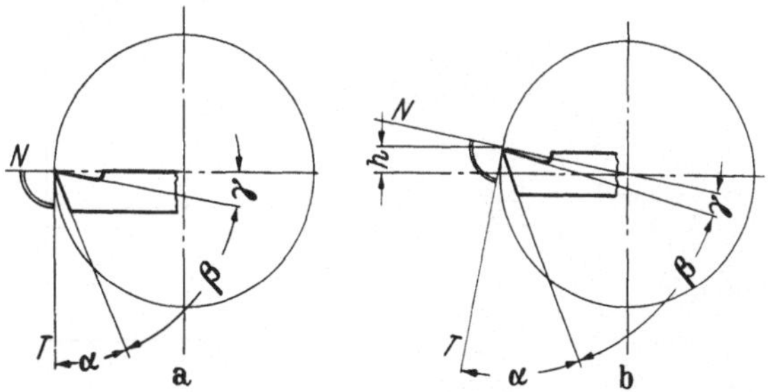

Abb. 28. Einfluß der Höhenstellung des Bohrmeißels auf die Winkel beim Bohren mit Bohrstange: a) Stellung „auf Mitte", (α und γ wie beim Drehen); b) Stellung „über Mitte", (α größer, γ kleiner als beim Drehen) ($h \sim$ halbe Schafthöhe des Bohrmeißels)

Zahlentafel 2. *Günstige Schnittwinkel für Bohrmeißel*

Werkstoff		α	γ	$\varkappa$
Stahl bis 60 kg/mm²	SS	8°	18°	45°
	HM	6°	16°	
Stahl bis 85 kg/mm²	SS	8°	16°	
	HM	6°	10°	
Stahl über 85 kg/mm²	SS	8°	14°	~ 60°
	HM	5°	7°	
Gußeisen bis 200 HB	SS	7°	12°	~ 60°
	HM	5°	10°	
Gußeisen bis 400 HB	SS	6°	6°	
	HM	4°	6°	
Temperguß	SS	6°	10°	45°
	HM	5°	10°	
Stahlguß 50 bis 70 kg/mm²	SS	8°	16°	
	HM	5°	12°	
Rotguß	SS	10°	20°	75°÷90°
	HM	5°	17°	
Bronze, Messing ...	SS	10°	20°	
	HM	5°	13°	
Leichtmetalle	SS	10°	35°	45°
	HM	8°	32°	

SS Schnellstahl, HM Hartmetall, α Freiwinkel, γ Spanwinkel, $\varkappa$ Einstellwinkel

sind für verschiedene Werkstückstoffe geeignete Meißelwinkel angegeben. Die Tabelle enthält außerdem bewährte Einstellwinkel für Bohrmeißel [*14*].

c) Schnittkräfte beim Bohren mit Bohrstange. Die Schnittkraftkomponenten an der Schneide des einseitig schneidenden Bohrmeißels sind in Abb. 29 wiedergegeben. Die Hauptschnittkraft P_1 beansprucht die Bohrstange bei normalen Schnittbedingungen auf Verdrehung und Biegung. Die Rückkraft P_3 übt ein Biegemoment auf die Bohrstange aus, dessen Größe von den Winkeln am Meißel, vom Spanquerschnitt und vom

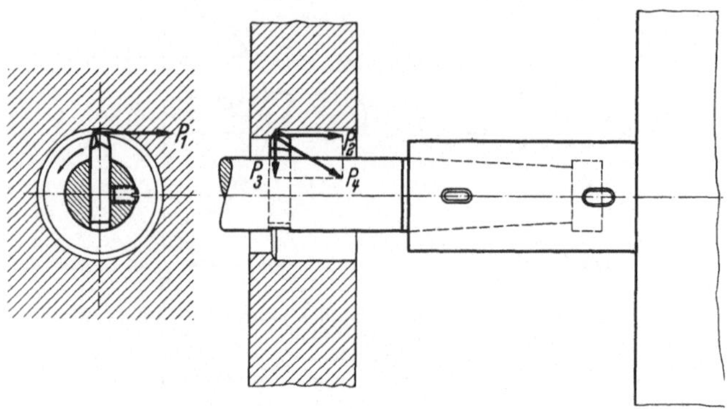

Abb. 29. Schnittkräfte am einseitig schneidenden Bohrmeißel: P_1 Hauptschnittkraft, P_2 Vorschubkraft, P_3 Radialkraft (Rückkraft), P_4 Abdrängkraft (Resultierende Kraft von P_2 und P_3)

Abstand der Meißelschneiden von der Bohrspindelmitte abhängt. Bei außermittig vorgegossenen und vorgebohrten Löchern verursacht der wechselnde Spanquerschnitt eine entsprechend wechselnde Durchbiegung der Bohrstange. Zur Herstellung kreisrunder Löcher ist es stets zweckmäßig, mehrere Schnitte mit geringerem Spanquerschnitt durchzuführen, da dann die Verformung der Bohrstange kleiner bleibt.

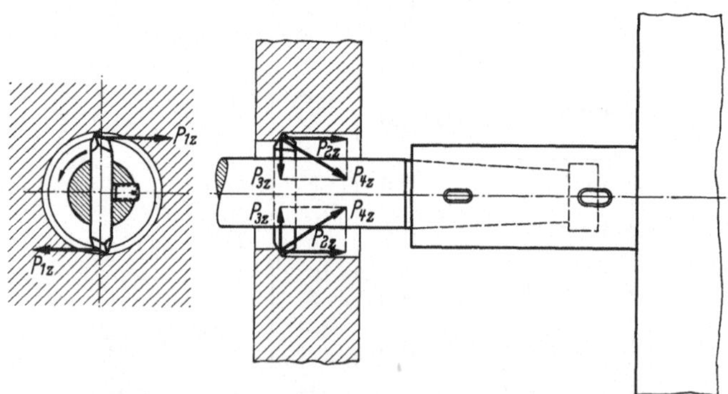

Abb. 30. Schnittkräfte am doppelseitig schneidenden Bohrmeißel: P_{1z} Hauptschnittkraft je Schneide, P_{2z} Vorschubkraft je Schneide, P_{3z} Radialkraft je Schneide (Rückkraft), P_{4z} Abdrängkraft je Schneide

Bei doppelseitig schneidendem Bohrmeißel (Abb. 30) wird die Bohrstange durch die Hauptschnittkraft P_{1z} ebenfalls auf Verdrehung beansprucht. Falls beim Doppelmeißel beide Schneiden nicht die gleiche Schneidengeometrie aufweisen, kommen unerwünschte Schnittkraftschwankungen zustande. Da aber eine vollständige Gleichheit an beiden Schneiden in der Praxis nur schwer zu verwirklichen ist, werden sich die entgegengerichteten Rückkräfte P_{3z} und Abdrängkräfte P_{4z} nicht vollständig aufheben. Die Durchbiegung der Bohrstange durch P_{4z} ist aber wesentlich geringer als beim Arbeiten mit einseitig schneidendem Bohrmeißel. Für die Rückkraft P_{3z} (Radialkraft) ist der Einstellwinkel $\varkappa$ von entscheidender Bedeutung. Mit steigendem Winkel $\varkappa$ nimmt die Rückkraft P_3 ab, um schließlich bei $\varkappa = 90°$ den Wert 0 zu erreichen. Einen Einstellwinkel von $\varkappa = 90°$ wendet man vor allem bei exzentrisch vorgebohrten oder vorgegossenen Löchern an, weil dadurch eine Durchbiegung der Bohrstange weitgehend vermieden wird und es leichter wird, eine zylindrische Bohrung herzustellen.

Ganz allgemein erweisen sich die erwähnten Verformungen der Bohrstange um so nachteiliger für den Zerspanungsvorgang und die Güte der Bohrung, je größer die Bohrung im Verhältnis zum ausführbaren Durchmesser der Bohrstange ist.

Abb. 31. Ausbohren eines Gehäuses mit Kopfbohrstange

d) Bohrstangen und Bohrköpfe für Waagerecht-Bohr- und Fräswerke. Es leuchtet ein, daß der große Anwendungsbereich der Waagerecht-Bohr- und Fräswerke Bohrstangen und Bohrköpfe von unterschiedlicher Bauform erfordert. Entsprechend der Lagerung und Befestigung der Bohrstangen in der Maschine läßt sich eine grundsätzliche Unterteilung vornehmen in:

α) freitragende (fliegend angeordnete) Bohrstangen (Abb. 31)

β) geführte Bohrstangen (Abb. 32).

Freitragend oder fliegend angeordnete Bohrstangen werden lediglich auf der Seite der Bohrspindel befestigt und erhalten keine weitere Führung. Zur Einspannung in der Bohrspindel dient der Morsekegel oder der ISA-Steilkegel. Bei schweren Schnitten setzt man einen Querkeil ein, der ein Herausziehen aus der Befestigung im Innenkonus der Bohrspindel verhütet.

Eine zweite Lagerung der Bohrstange in dem höhenverstellbaren Gegenlager des Setzstockes ist bei denjenigen Arbeitsaufgaben erforderlich, bei denen weit auseinander liegende Bohrungen sehr genau fluchtend

Abb. 32. Ausbohren eines Gehäuses mit im Setzstock gelagerter Bohrstange

hergestellt werden müssen. Solche Aufgaben und Forderungen treten bei den für Waagerecht-Bohr- und Fräswerken vorgesehenen Werkstücken (insbesondere Getriebekästen usw.) sehr häufig auf.

Bei den Bohrmeißeln in der Bohrstange sind verschiedene Querschnittsformen gebräuchlich: Obgleich für runde Bohrmeißel die Befestigungslöcher in die Bohrstange leichter und schneller eingearbeitet werden können, haben rechteckige oder quadratische Bohrmeißel beim Waagerecht-Bohr- und Fräswerk größere Verbreitung gefunden. Der große Vorteil rechteckiger oder quadratischer Bohrmeißel besteht darin, daß sie wegen ihres größeren Trägheitsmomentes größere Steifigkeit aufweisen und infolge des ebenflächigen Anliegens auch bei großen Schnittkräften eine Gewähr gegen unbeabsichtigte Lageänderungen bieten. Sie lassen sich außerdem beim Nachschleifen leichter auf die verlangten Winkel einstellen als Bohrmeißel mit kreisförmigem Querschnitt. Demgegenüber bieten runde Schaftquerschnitte die Möglichkeit, den Meißel durch Drehung in der Aufnahmebohrung besonderen Bedingungen anzupassen, insbesondere durch Veränderung der wirksamen Schneidenwinkel.

Von den zahlreichen Befestigungsmöglichkeiten der Bohrmeißel und Bohrmesser seien einige Ausführungen kurz beschrieben:

Bei den Kopfbohrstangen für durchgehende Löcher kann die Klemmung des Bohrmeißels oder des Bohrmessers durch eine stirnseitig in Achsrichtung der Bohrstange angebrachte Vierkantschraube (Abb. 33

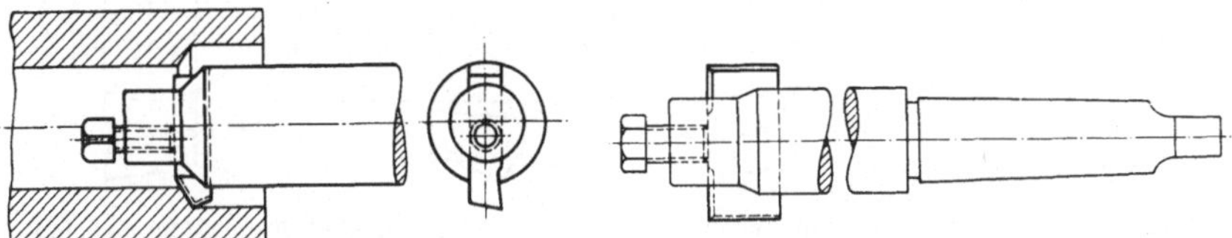

Abb. 33. Kopfbohrstange für Durchgangslöcher

Abb. 34. Kopfbohrstange mit doppelseitig schneidendem Bohrmesser

u. 34) erfolgen. Bei einem vorne abgesetzten Stangenquerschnitt ist ein leichtes Einführen in das vorgegossene oder vorgebohrte Loch gewährleistet. Bei kurzen Bohrstangen (auch Bohrdorne genannt) zur Bearbeitung von Sacklöchern wird der Meißelschaft schräg zur Stangenachse eingespannt und die Meißelspitze ragt in axialer und radialer Richtung über die Bohrstange hinaus (Abb. 35).

Bei Bohrstangen, in welchen die Vierkantmeißel nicht am Stangenende befestigt werden, wird das Werkzeug durch eine radial zum Stangenquerschnitt angebrachte Schraube geklemmt (Abb. 36 bis 37).

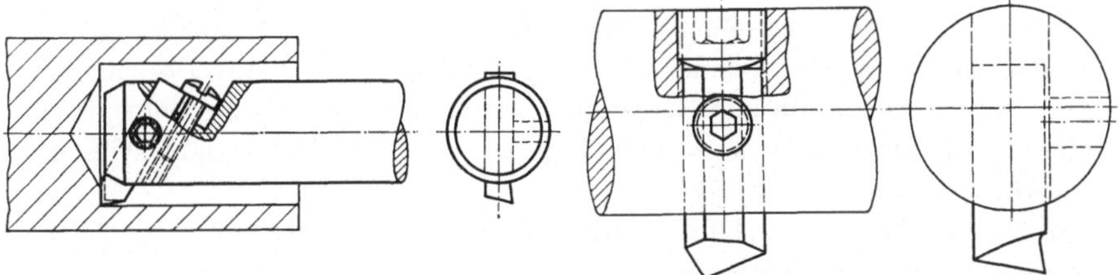

Abb. 35. Bohrstange mit nachstellbarem Bohrmeißel für Sacklöcher

Abb. 36. Runder Bohrmeißel, zum Befestigen seitlich abgeflacht. Nachstellmöglichkeit durch Innensechskantschraube

Bei Verwendung eines Rundmeißels an Stelle eines Vierkantmeißels hat sich die in Abb. 36 skizzierte Aufnahme bewährt. Durch eine Innensechskantschraube ist der Meißel und damit der zu schneidende Bohrungsdurchmesser leicht einstellbar. Das Werkzeug erhält am Schaft eine Abflachung, auf die das ebenfalls flache Ende der Spannschraube drückt; es soll hierdurch vermieden werden, daß der Bohrmeißel durch die Schnittkraft in eine andere Lage gedreht wird.

Eine einfache Nachstellmöglichkeit in Schaftrichtung ist auch bei den in Abb. 37 und 38 skizzierten Beispielen gegeben. Die in Abb. 39 gezeigte Aufnahme für den Bohrmeißel gestattet eine besonders feinfühlige Nachstellung durch zwei verschiedene Gewindesteigungen an

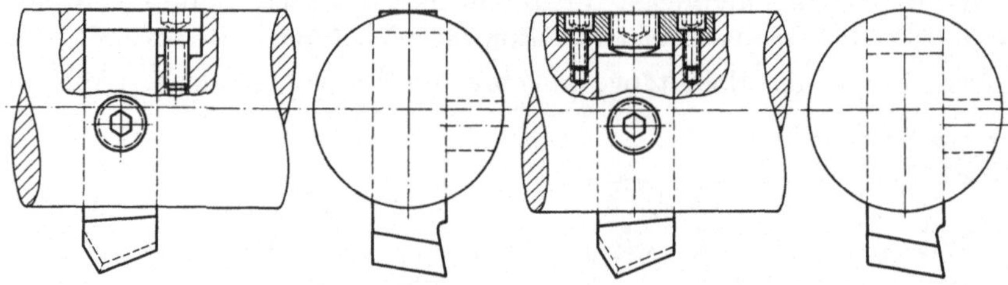

Abb. 37. Einseitig schneidender Bohrmeißel mit Nachstellmöglichkeit durch Stiftschraube

Abb. 38. Einseitig schneidender Bohrmeißel mit Nachstellmöglichkeit durch Innensechskantschrauben

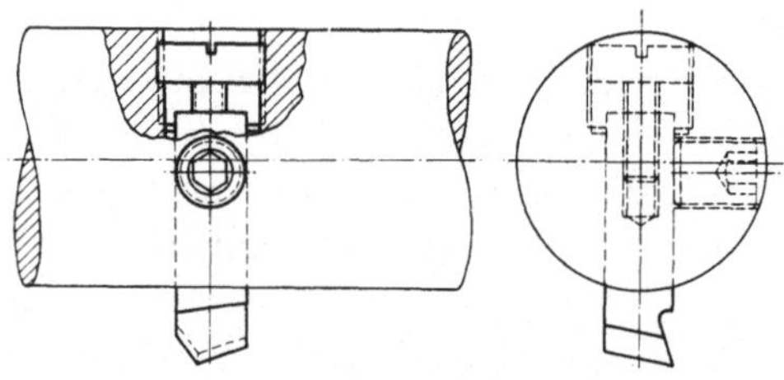

Abb. 39. Vierkantmeißel mit Klemmung durch Gewindestift Feinverstellmöglichkeit durch zwei verschiedene Gewindesteigungen an Kopf und Schaft der Stellschraube

Kopf und Schaft der Stellschraube. Bei richtiger Wahl der Gewindesteigungen kann eine Zustellung von $^1/_{10}$ mm pro Umdrehung der Stellschraube erreicht werden. Für doppelseitig schneidende Bohrmeißel und Bohrmesser kann zur Befestigung entweder eine den Meißel seitlich klemmende Druckschraube (Abb. 34) oder eine Anordnung nach Abb. 40 gewählt werden.

Während die bisher behandelten Bohrmeißelaufnahmen in den Betrieben häufig mit eigenen Mitteln hergestellt werden, hat die Werkzeug-Industrie eine Reihe guter Konstruktionen herausgebracht. Es seien hier nur zwei Ausführungen beschrieben:

α) In Abb. 41 ist die Spreizfassung der Fa. Ernst Winter & Sohn, Hamburg, zur Bearbeitung durchgehender Bohrungen skizziert, die auch in einer Bauart für Sackloch-Bearbeitung hergestellt wird. Der kegelige Meißel oder Schneidplattenträger (*a*) sitzt in einer geschlitzten Spreizhülse (*b*), die außen zylindrisch oder vierkantig und innen mit einem Doppelkegel versehen ist. Durch Drehen der Anzugmutter (*c*) wird der Kegel in die Hülse gezogen und klemmt diese durch elastische Aufweitung in der Bohrung fest. Mit einem besonderen Schlüssel, der in das Feingewinde (*d*) eingesetzt wird, läßt sich die Spreizfassung mit dem Werkzeugträger nach der Klemmung feinverstellen.

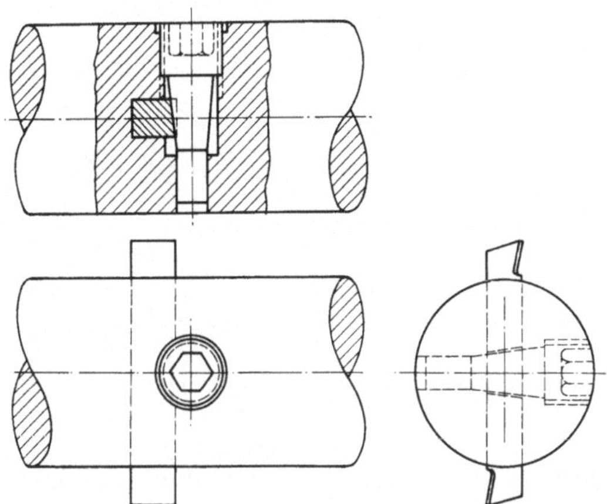

Abb. 40. Doppelseitig schneidender Bohrmeißel. Zentrieren und Klemmen durch Gewindestift mit kegeligem Ansatz (Bauart Raboma)

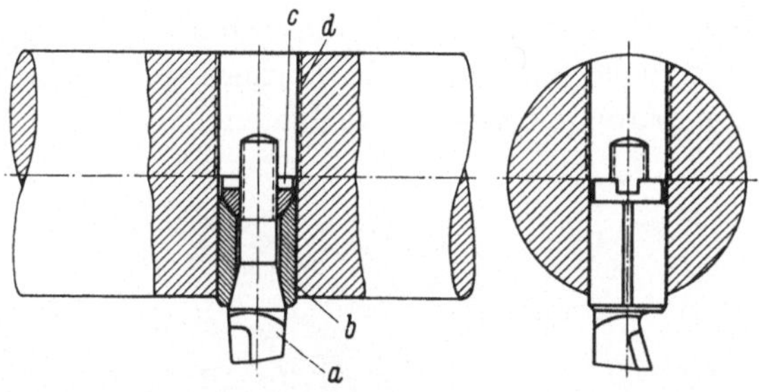

Abb. 41. Spreizfassung (Ernst Winter & Sohn, Hamburg)
a Meißeleinsatz mit Hartmetallbestückung, *b* Spreizring, *c* Mutter, *d* Feingewinde

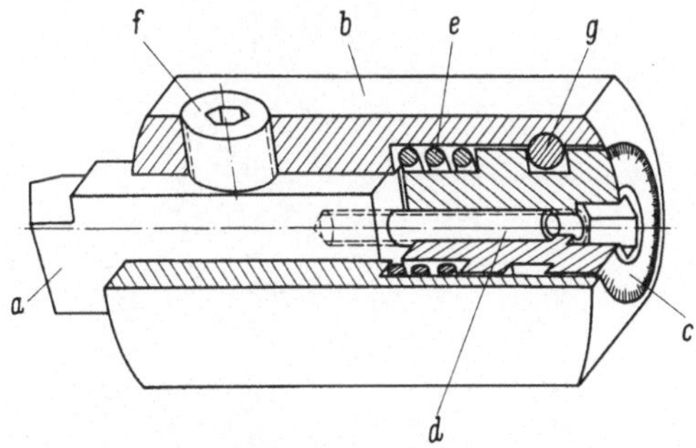

Abb. 42. Einschneiden-Bohrwerkzeug Centobohr (M. Koyemann, Nachf. Puchstein & Co., Düsseldorf)
a Bohrmeißel, *b* Bohrstangeneinsatz, *c* Skalentrommel, *d* Gewindespindel, *e* Druckfeder, *f* Befestigungsschraube, *g* Sprengring zur Sicherung gegen axiale Verschiebung

β) Im „Einschneiden-Bohrwerkzeug Centobohr", einem Bohreinsatz der Fa. Koyemann, Düsseldorf, (Abb. 42), kann der durch eine Druckschraube (*f*) gesicherte Bohrmeißel mit Hilfe einer kleinen Gewindespindel in Längsrichtung verschoben werden. Die Verstellmutter ist

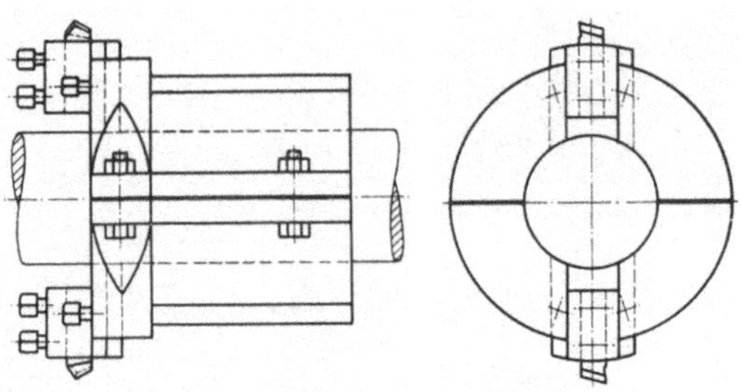

Abb. 43. Zweischneidiger, geteilter Bohrkopf zum Aufsetzen auf Bohrstangen

spielfrei gelagert. Eine Skala gestattet die Ablesung von 0,01 mm Meißelweg.

Für alle Befestigungsarten gilt, daß bei möglichst einfacher Gestaltung der Spannelemente ein sicheres Klemmen der Bohrmeißel und Bohrmesser gewährleistet sein muß, um die Schnittkräfte aufnehmen zu können und eine Sicherung gegen ein Lockern durch Erschütterungen während des Zerspanungsvorganges zu bieten.

Abb. 44. Bohrkopf mit zwei Bohrmeißeln auf fliegender Bohrstange geklemmt

Sehr große Bohrungen, wie z. B. Lager- und Zylinderbohrungen von Dampf- und Gasmaschinen werden häufig mit besonderen Ausbohrköpfen, die auf die Bohrstange gesetzt werden, bearbeitet. Diese Bohrköpfe können sowohl einschneidig als auch mehrschneidig ausgeführt werden. Für schwere Schnitte wählt man Bohrköpfe von besonders kräftiger Bauart, wobei man einer Klemmbefestigung an beliebigen Stellen der Bohrstange den Vorzug gibt. Ein geteilter Bohrkopf nach Abb. 43 erfüllt sehr gut diese Forderungen; ein mittels starken Gelenkgliedern aufklappbarer Bohrkopf nach Abb. 44 besitzt außerdem den Vorzug, daß das Auf- und Abspannen wesentlich leichter vor sich geht. Für Schlichtarbeiten verwendet man häufig auch ungeteilte Bohrköpfe, die auf die Bohrstange gesteckt und durch eine Stiftschraube geklemmt werden.

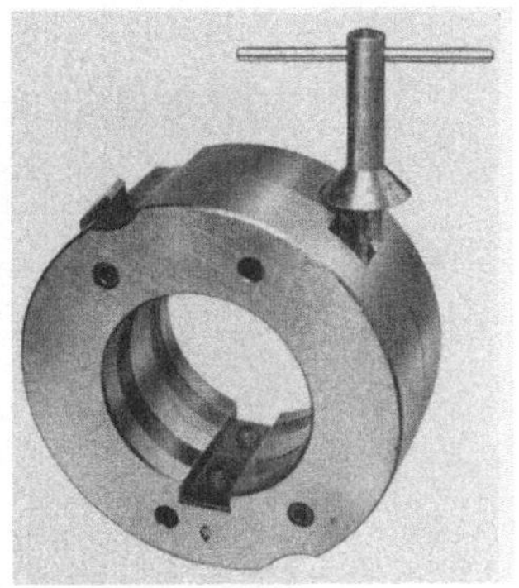

Abb. 45. Mikro-Ausdrehkopf

Abb. 45 zeigt einen „Mikro-Ausdrehkopf", der gegenüber den in Abb. 43 und 44 gezeigten Bohrköpfen den Vorteil hat, daß durch eine Feinstellschraube die Zustellung des Bohrmeißels auf 0,01 mm genau möglich ist. Diese Einstellgenauigkeit ist vor allem zum Einstechen von Nuten, z. B. im Turbinenbau, erwünscht.

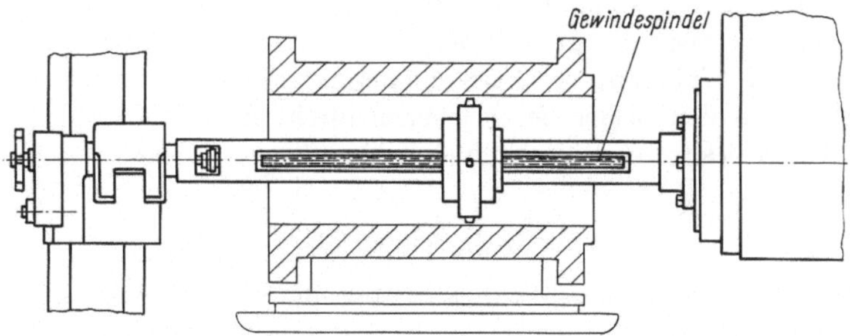

Abb. 46. Ausbohren mit Bohrkopf auf geführter Sonder-Bohrstange

Für die Bearbeitung sehr langer und großer Bohrungen wird oft eine Sonderbohrstange gemäß Abb. 46 angewandt. Es handelt sich um eine mit einem flanschartigen Fuß an der Planscheibe angeschraubte und im Gegenlager des Setzstockes abgestützte hohle Bohrstange; diese besitzt im Inneren eine Transportspindel, die dem auf der Bohrstange gleitenden Bohrkopf die Vorschubbewegung erteilt.

Ein Beispiel, wie auch größte Bohrungen mit fliegender Bohrstange bearbeitet werden können, zeigt Abb. 47. Auf einer besonderen Scheibe, die auf die Bohrspindel aufgesetzt wird, sind die Meißel zur Bearbeitung des Ringes befestigt. Auch bei Verwendung von Hartmetallen läuft die Bohrspindel ruhig und eine einwandfreie Spanabnahme ist gewährleistet.

Abb. 47. Beispiel für eine Lochbearbeitung bei 800 mm Durchmesser

Zum genauen Ausbohren von Bohrungen geringer Tiefe eignet sich besonders gut auch der in Abb. 48 gezeigte Plan- und Ausdrehkopf der Firma Emil Wohlhaupter, Frickenhausen. Dieses Werkzeug wird im Gegensatz zu den bisher beschriebenen direkt in die Bohrspindel eingesetzt und besitzt eine Einstellmöglichkeit von 0,01 mm.

3. Senken

Das Senken ist ein Zerspanungsvorgang, der dem Bohren mit Spiralbohrern ähnlich ist (s. Kap. III. A. 1). Aus diesem Grunde soll zur Vermeidung von Wiederholungen auf eine Darstellung der Winkel und der Kräfte am Werkzeug sowie des Leistungsbedarfes weitgehend verzichtet und nur auf die Werkzeug-Bauarten eingegangen werden. Je nach Verwendungszweck lassen sich die Senker in drei Gruppen einteilen:

a) zum Aufsenken vorgearbeiteter Löcher,

b) zum Einsenken von Vertiefungen mit ebenen oder profilierten Flächen,

c) zum Ansenken von ebenen Flächen.

a) Aufsenken vorgearbeiteter Löcher. Vorgebohrte oder vorgegossene Löcher z. B. sollen durch das Senken entweder nur im Durchmesser vergrößert oder auch hinsichtlich der Formgenauigkeit, Achsenrichtigkeit und Oberflächenbeschaffenheit verbessert werden. Ist das Aufsenken die Endbearbeitung, so werden Senker mit Vollmaß verwendet. Soll dagegen die Bohrung nach dem Senken noch aufgerieben werden, so muß der Durchmesser des Senkers kleiner sein als der Durchmesser der fertigen Bohrung (Senker mit Untermaß). Das Untermaß beträgt nach Angaben der Werkzeughersteller:

Nenndurchmesser	Durchmesseruntermaß
bis 18 mm	0,2 mm
18 bis 30 mm	0,25 bis 0,3 mm
über 30 mm	0,4 mm

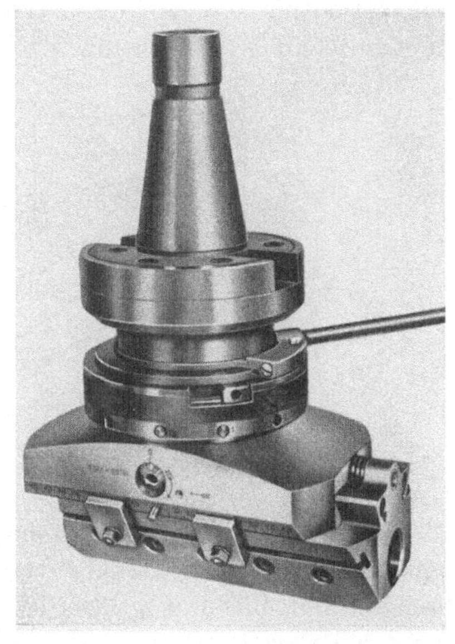

Abb. 48. Plan- und Ausdrehkopf

Bohrungen bis etwa 50 mm Durchmesser werden durchweg mit dreischneidigen Spiralsenkern (Dreischneider) nach DIN 343 (mit Morsekegel) oder DIN 344 (mit zylindrischem Schaft) aufgesenkt [*15*]. Der Spiralsenker (Abb. 49) kann wie der Spiralbohrer an der abgestumpften Spitze

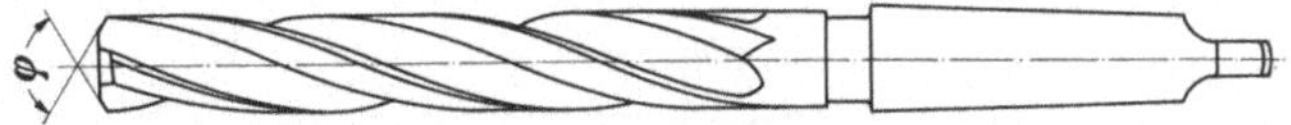

Abb. 49. Spiralsenker mit Morsekegel nach DIN 343

nachgeschliffen werden, ohne daß sich die Schneidenwinkel verändern. Da der Spiralsenker am Umfang drei Fasen besitzt, ist die Führung in der Bohrung wesentlich besser als beim Spiralbohrer. Während mit dem Spiralbohrer meist ins volle Material gebohrt wird, zerspant man beim Senken nur einen Ringquerschnitt. Hierdurch entfällt vollständig der ungünstige Einfluß der Querschneide.

Die Länge der Hauptschneiden beträgt beim Spiralsenker etwa 45% des Senkerdurchmessers. Wegen der ebenen Stirnfläche muß sein Durchmesser D in einem bestimmten Verhältnis zum Durchmesser d des vorgebohrten bzw. vorgegossenen Loches stehen (Abb. 50). Zur Verbesserung der Formgenauigkeit, Achsenrichtigkeit und Oberflächenbeschaffenheit wählt man das Verhältnis D/d so, daß die Spantiefe a nur einige Zehntel-Millimeter beträgt. In einem Arbeitsgang kann ein vorgearbeitetes Loch mit einem Spiralsenker aufgesenkt werden, wenn das Verhältnis $D/d \leqq 1{,}7$ ist. Wird dieses Verhältnis überschritten, so müssen mehrere Arbeitsgänge nacheinander erfolgen [*16*].

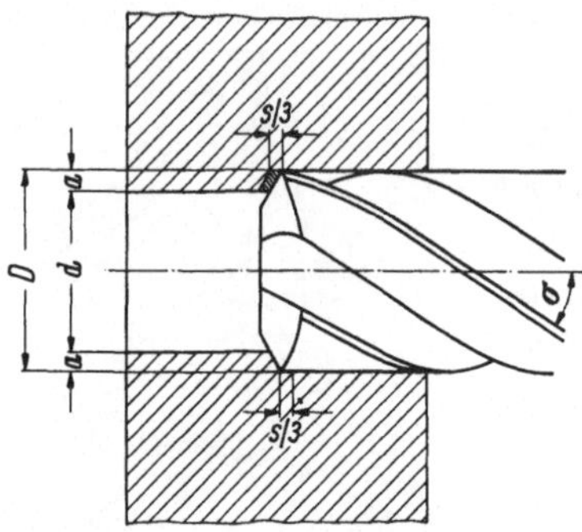

Abb. 50. Die Schneidvorgänge eines Spiralsenkers im vorgebohrten bzw. vorgegossenen Loch

D Durchmesser des Senkers, d Durchmesser des vorgebohrten bzw. vorgegossenen Loches, a Schnittiefe, $s/3$ Vorschub pro Schneide

$D - d = 2a$

Zum Aufsenken von Bohrungen zwischen 24 und 100 mm Durchmesser können auch Aufstecksenker verwendet werden, die vier Schneiden besitzen und mittels kegeliger oder zylindrischer Aufnahme auf einem Aufsteckhalter befestigt sind. Diese Bauart erspart einerseits teuren Werkstoff, andererseits ermöglicht sie, daß der Aufstecksenker nach Durchtritt durch die Bohrung vom Halter abgenommen werden kann; beim Zurückziehen durch die Bohrung entstehen dann keine unerwünschten Riefen.

Aufstecksenker mit kegeliger Aufnahme (Steigung 1 : 30) sind nach DIN 222 und die dazugehörigen Halter nach DIN 217 genormt (Abb. 51

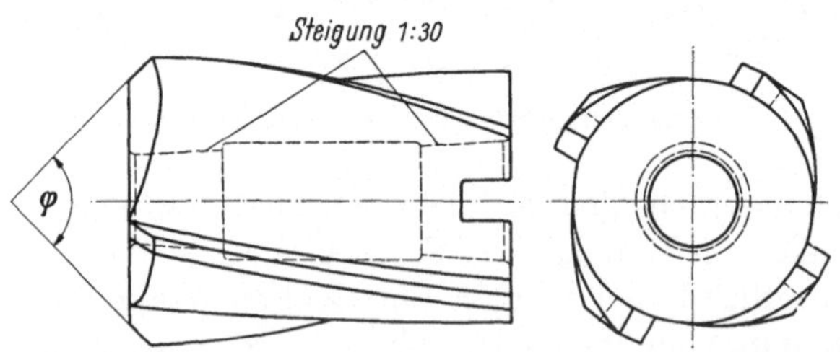

Abb. 51. Aufstecksenker nach DIN 222, φ = Spitzenwinkel

u. 52). Um einen guten Sitz des Werkzeuges auf dem Halter zu gewährleisten, trägt der Werkzeugkegel nicht auf seiner ganzen Länge, sondern er ist in der Mitte freigearbeitet.

Aufstecksenker mit zylindrischer Aufnahme werden nur dann benutzt, wenn mehrere Aufstecksenker auf einem gemeinsamen Werkzeugträger hintereinander angebracht werden sollen. Das Drehmoment und die Axialkraft werden durch einen Mitnehmer übertragen. Um einen ruhigen Lauf der Senker zu gewährleisten, kann der Werkzeugträger zusätzlich im Setzstock gelagert werden.

Die Länge des Anschnittes beträgt bei Aufstecksenkern 8 bis 14% des Durchmessers, ist also wesentlich kleiner als bei Spiralsenkern. Zum Aufsenken in einem Arbeitsgang soll das Durchmesserverhältnis $D/d \leqq 1{,}2 - 1{,}3$ sein, d. h. mit Aufstecksenkern wird wegen ihrer weniger stabilen Bauart die abzunehmende Spantiefe a möglichst klein gehalten.

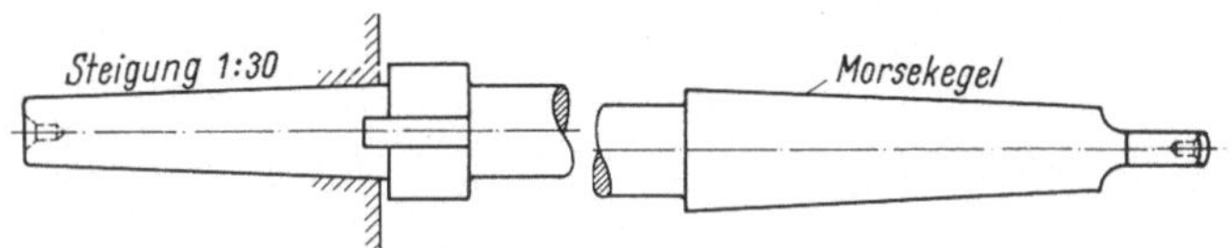

Abb. 52. Aufsteckhalter für Senker nach DIN 217

Bohrungen mit einem Durchmesser bis herauf zu 200 mm können auch mit einem „Senkbohrer“ oder einem „Spiralbohrmesser“ aufgesenkt werden. Da die genannten Werkzeuge nur zwei Schneiden haben, müssen sie durch einen Zapfen geführt werden. Die Werkzeuge haben an den Schneiden versetzte Spanbrechernuten, die die Spanabfuhr erleichtern.

Abb. 53. Zapfensenker zum Einsenken von Vertiefungen

b) Einsenken von Vertiefungen mit ebenen oder profilierten Flächen. Zum Einsenken von Vertiefungen werden auf Waagerecht-Bohr- und Fräswerken hauptsächlich Zapfensenker (Kopf-, Hals- oder Flachsenker) (Abb. 53) und Spitzsenker benutzt. Es sollen deshalb hier nur diese Werkzeuge behandelt werden. Die Versuchsergebnisse und Richtwerte lassen sich jedoch auf andere Senkerformen übertragen.

Zylindrische Einsenkungen mit ebener Anlagefläche für Schrauben- und Bolzenköpfe werden mit zwei- und mehrschneidigen Kopf- oder Halssenkern aus Schnellstahl (DIN 372, 272 und 275) oder Hartmetall (DIN E 8075 bis 8060) hergestellt. Die Senker sind den Abmessungen der Schrauben- und Bolzenköpfe angepaßt.

Kopfsenker können zur besseren Führung im vorgebohrten Loch einen festen oder auswechselbaren Zapfen erhalten. Die Abmessungen der Senker mit festem Zapfen zur Führung in Kernlöchern bzw. Durch-

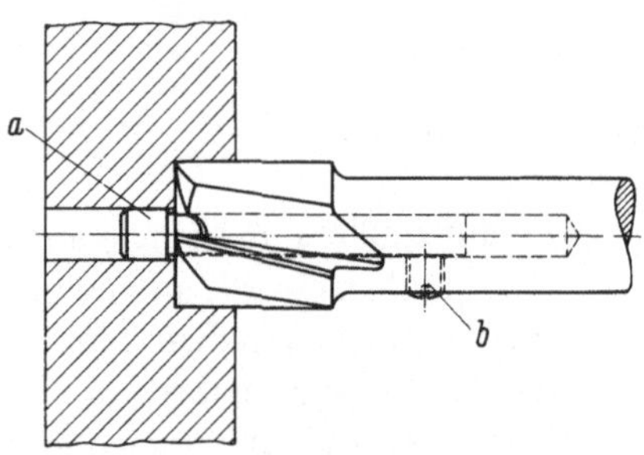

Abb. 54. Kopfsenker mit auswechselbarem Führungszapfen
a auswechselbarer Führungszapfen, *b* Gewindestift

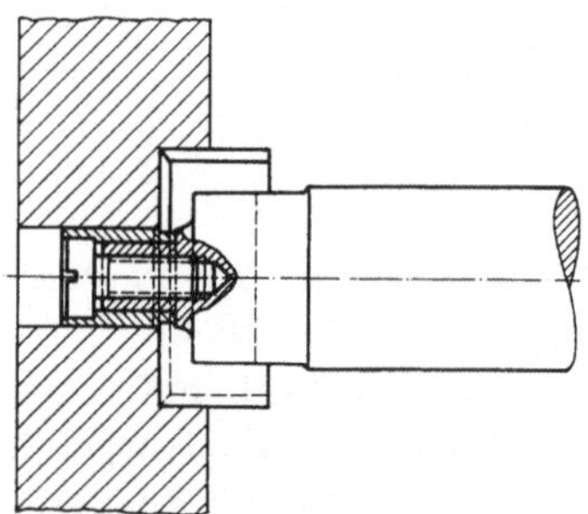

Abb. 55. Flachsenker mit Messer und auswechselbarer Führungsbüchse

gangslöchern sind in DIN 373 festgelegt. Sie haben den Nachteil, daß der Führungszapfen beim Nachschleifen des Senkers beschädigt werden kann. Der auswechselbare Führungszapfen *a* (Abb. 54) wird entweder in den Senker gesteckt und mittels Gewindestift *b* befestigt oder in den Senker eingeschraubt.

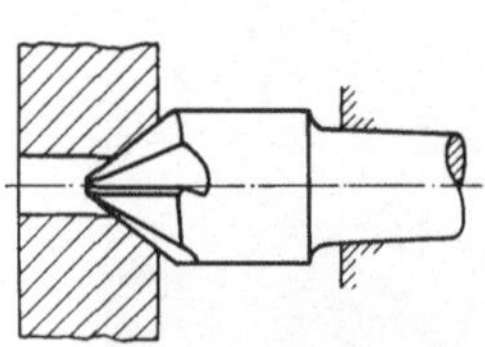

Abb. 56. Spitzsenker

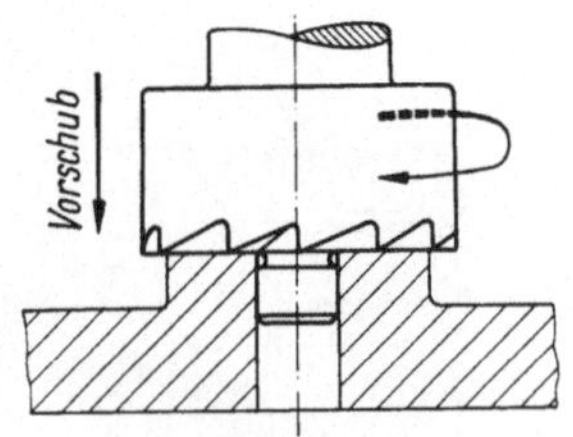

Abb. 57. Senken mit dem Stirnsenker

Mit Halssenkern, die im Gegensatz zu Kopfsenkern meist einen festen Führungszapfen haben, werden ausschließlich Einsenkungen für Schraubenhälse hergestellt. Für gleiche Senkerdurchmesser ist der Führungszapfen beim Halssenker stärker als beim Kopfsenker.

Zum Einsenken von Bohrungen über 35 mm Durchmesser dienen Flachsenker (Abb. 55). Die Messer und der Führungsring sind auswechselbar und werden mittels Kopfschraube am Schaft befestigt. Um ein Festfressen der dünnwandigen Führungshülse an der Lochwand zu vermeiden, muß der Passung besondere Aufmerksamkeit geschenkt werden.

Spitzsenker können zum Anfasen und Entgraten von Bohrungen benutzt werden (Abb. 56). Die Zahl der Schneiden ist abhängig vom Durchmesser des Senkers. Der Abstand der Schneiden muß so groß sein, daß genügend Raum zur Spanabfuhr vorhanden ist. Aus diesem Grunde wird evtl. jeder zweite oder dritte Zahn an der Spitze weggeschliffen. Der Spitzenwinkel dieser Senker liegt je nach Verwendungszweck zwischen 30° und 120°. Die Abmessungen sind in den DIN-Blättern E 334, E 335, E 347 und E 381 enthalten.

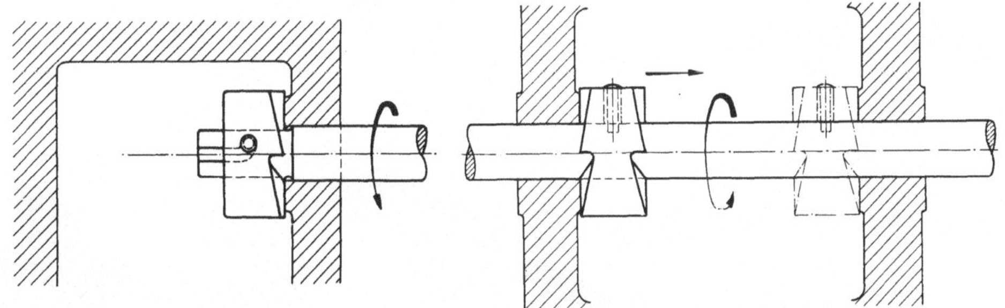

Abb. 58. Aufsteck-Nabensenker, einseitig

Abb. 59. Aufsteck-Nabensenker, doppelseitig

c) Ansenken von ebenen Flächen. Zum Planen von Kreisringflächen, die nicht innerhalb einer Bohrung, sondern rechtwinklig und konzentrisch zu einer Bohrung liegen, können Flächensenker oder Aufsteck-Nabensenker mit vielen Zähnen verwendet werden (Abb. 57), die einem Fräser ähneln. Im Gegensatz zum Fräsen erfolgt beim Senken der Vorschub in Richtung der Werkzeugachse. Die Zerspanung selbst wird nur von den Stirnschneiden des Senkers geleistet. Flächensenker, auch Stirnsenker genannt, sind im Aufbau den Aufstecksenkern ähnlich, besitzen jedoch nur an der Stirnseite Schneiden. Die Senker werden auf einen Halter mit Kegelschaft aufgesteckt. Mit Hilfe auswechselbarer Führungszapfen kann ein Senker zur Bearbeitung von Kreisringflächen mit verschiedenen Innendurchmessern verwendet werden. Die Senker werden bis zu einem Durchmesser von 100 mm hergestellt.

Bei dem in Abb. 58 gezeigten Aufsteck-Nabensenker wird das Werkzeug mit einem Bajonettverschluß auf dem Halter befestigt, der auch die Führung des Werkzeuges übernimmt. Mit Aufsteck-Nabensenkern, die auf beiden Seiten Schneiden besitzen, können gegenüberliegende Flächen ohne Werkzeugwechsel und Umspannen des Werkstückes nacheinander bearbeitet werden (Abb. 59).

d) Kräfte beim Senken. Beim Senken ist die Größe und der Verlauf der Kräfte ähnlich wie beim Bohren mit Spiralbohrern. Drehmoment und Vorschubkraft sind jedoch infolge des kleineren Spanquerschnittes und durch den Wegfall der Querschneide im ganzen wesentlich geringer als beim Bohren ins Volle. Zur Bestimmung von P_{1z} bzw. M_d und P_2 können die Gl. (3) bis (11) herangezogen werden.

4. Senken mit Zweischneider

Der Zweischneider ist ein Werkzeug, das auf Waagerecht-Bohr- und Fräswerken für die Bearbeitung von vorgebohrten oder vorgegossenen Löchern zwischen 20 und 60 mm verwendet werden kann. Er bietet besondere Vorteile, wenn auf die Benutzung von Bohrstangen mit dem zeitraubenden Einstellen der Bohrmeißel oder die Verwendung von teuren

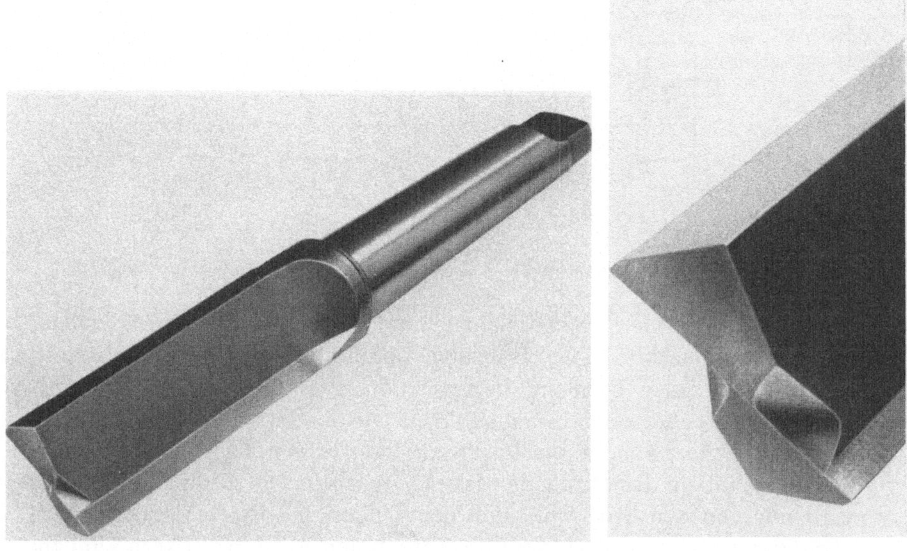

Abb. 60. und 61. Zweischneider der Fa. Scharmann & Co.

Senkwerkzeugen verzichtet werden soll. Abb. 60 und 61 zeigen einen Zweischneider aus Schnellstahl, der in Sonderfällen auch eine Hartmetallbestückung erhalten kann.

Die Zerspanungsarbeit leisten die beiden Hauptschneiden, die senkrecht zur Werkzeugachse liegen. Der Spanwinkel beträgt stets $\gamma = 0°$, der Freiwinkel $\alpha = 8$ bis $10°$. Zur Verringerung der Reibung an der Lochwand verjüngt sich der Zweischneider ähnlich wie der Spiralbohrer in Richtung des Einspannschaftes um einige hundertstel Millimeter. Da der Spitzenwinkel $\varphi = 180°$ beträgt, ist die Rückkraft $P_3 = 0$. Dies ist günstig bei der Bearbeitung von exzentrisch vorgebohrten oder vorgegossenen Löchern, insbesondere dann, wenn die Bohrung in einem Durchgang für das nachfolgende Reiben vorbereitet werden soll und die Achsenrichtigkeit gewährleistet sein muß (s. auch Kap. III, A. 7). Der Durchmesser des Zweischneiders wird etwa 0,2 bis 0,3 mm kleiner als der Durchmesser der fertigen Bohrung gewählt.

5. Reiben

Durch Reiben läßt sich die Maßhaltigkeit und die Oberflächengüte einer vorgearbeiteten Bohrung verbessern. Obwohl andere Feinbearbeitungsverfahren wie z. B. Feinbohren, Schleifen oder Honen immer mehr an Bedeutung gewinnen, ist das Reiben das gebräuchlichste Verfahren für die Endbearbeitung genauer Bohrungen geblieben. Man wendet es besonders gerne in der Reihenfertigung an, da mit einer Reibahle eine große Zahl von Bohrungen nacheinander maßhaltig gerieben werden kann. Zu beachten ist jedoch, daß der zulässige Verschleiß einer Reibahle durch die Toleranz der zu fertigenden Bohrung bestimmt wird. Je höher die Genauigkeitsansprüche sind, um so weniger Löcher können mit demselben Werkzeug bearbeitet werden. Abweichungen in bezug auf die Lagegenauigkeit vorgearbeiteter Bohrungen können durch das Reiben nicht ausgeglichen werden.

Die Spanabnahme beim Reiben erfolgt wie beim Aufsenken mit Spiral- oder Aufstecksenkern am Anschnitt. Während die Aufsenkwerkzeuge nur 3 bis 4 Schneiden aufweisen, ist die Zähnezahl z bei Reibahlen größer. Sie hängt ab vom Durchmesser, der Bauart der Reibahle und vom zu bearbeitenden Werkstoff.

Um die spezifische Schneidenbelastung klein zu halten, sind viele Schneiden erwünscht. Mit steigender Schneidenzahl wird jedoch die Reibung an der Lochwand größer, was unter Umständen zur Beschädigung der Bohrung oder gar zum Festfressen der Reibahle führen kann; außerdem wird die Spanbildung ungünstig, da die Spannuten so klein werden, daß eine einwandfreie Spanabfuhr nicht mehr gewährleistet ist. Abgesehen von wenigen Ausnahmen haben Reibahlen stets gerade Zähnezahlen. Richtwerte für Zähnezahlen von festen, aufgeschraubten und nachstellbaren Maschinenreibahlen aus Schnellstahl und Hartmetall bis 100 mm Durchmesser sind in Zahlentafel 3 enthalten. Bei Reibahlen mit Hartmetallschneiden ist die Zähnezahl aus konstruktiven Gründen um etwa 2 bis 6 Zähne geringer als bei Reibahlen gleichen Durchmessers aus Schnellstahl. Die Oberflächengüte der Bohrung wird durch die Zähnezahl wenig beeinflußt, wohl aber durch die Zahnteilung.

Die Zahnteilung muß in jedem Falle ungleich sein, da sonst das Werkzeug in Eigenschwingung geraten kann und an der Lochwand Rattermarken auftreten. Bei Reibahlen mit ungleicher Zahnteilung wird der

Abstand von Zahn zu Zahn unterschiedlich ausgeführt. Damit der Durchmesser der Reibahle einwandfrei bestimmt werden kann, müssen sich immer zwei Zähne gegenüberliegen (Abb. 62). Die Spannuten haben

Zahlentafel 3. *Zähnezahlen z für Maschinenreibahlen aus Schnellstahl und Hartmetallschneiden*

Durchmesser	unverstellbar		aufgeschraubt		verstellbar
mm	SS	HM	SS	HM	SS
3	4	—	—	—	—
4... 10	6	4	—	—	—
10... 12	6	6	—	—	—
12... 20	8	6	—	—	—
20... 24	8	6	8	—	6
24... 28	8	8	8	—	6
29... 32	10	8	8	6	6
32... 54	10	8	8	6	6
55... 59	12	8	12	6	6
60... 75	12	10	12	8	6
76... 84	16	10	12	8	8
85...100	16	10	16	10	8

unterschiedliche Querschnittsformen, da nur der Abstand von Zahn zu Zahn verschieden ist, während die Form aller Zähne gleich bleibt (Abb. 63). Um den Unterschied in der Spannuttiefe möglichst klein zu halten, beträgt die Differenz der Teilung nur etwa 0,5 bis 2°.

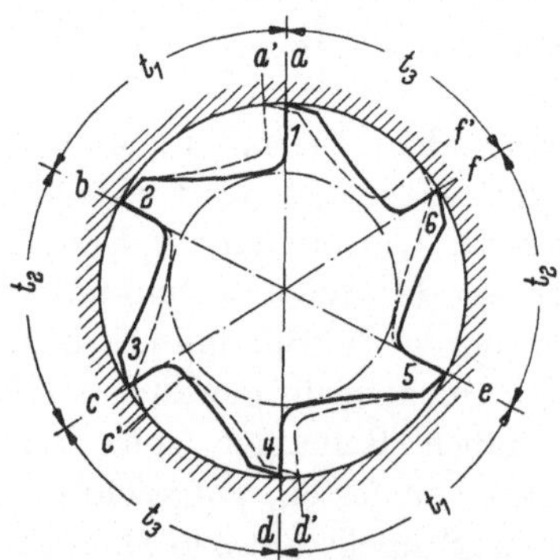

Abb. 62. Abweichung der Zahnstellung durch ungleiche Teilung (nach F. PÜTZ) t_{1-3} ungleiche Teilung $a-f$ Schneidkanten

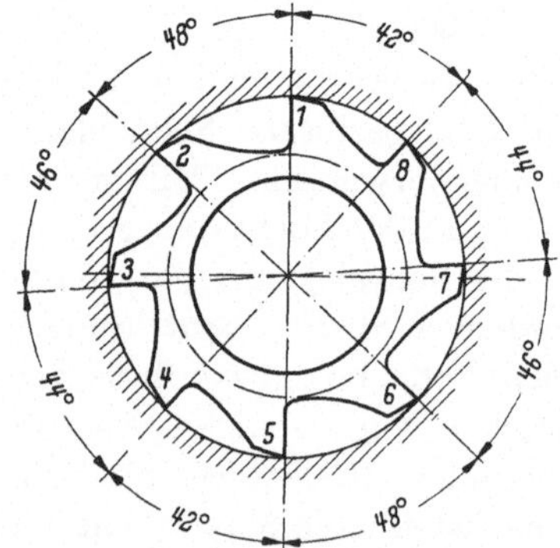

Abb. 63. Einfluß der ungleichen Teilung auf die Spannuttiefe (nach F. PÜTZ)

In Abb. 64 werden Reibahlen mit verschiedenen Anschnittformen gezeigt. Der Anschnittwinkel beträgt in jedem Falle 45°. Während für Maschinenreibahlen der Anschliff nach *a* die gebräuchlichste Form darstellt, handelt es sich bei den Ausführungen *b* bis *d* um Sonderformen.

Bei *b* ist beispielsweise der Übergang vom Anschnitt zum Führungsteil leicht abgerundet, um der Bildung von Vorschubriefen entgegenzuwirken. An Stelle der Abrundung tritt bei *c* und *d* ein leicht kegeliger Übergang unter einem Winkel von 10 bis 15° für Stahl bzw. 2 bis 4° für Gußeisen.

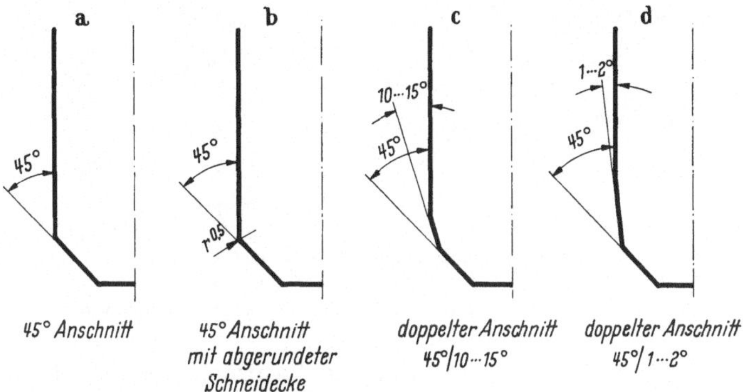

Abb. 64. Verschiedene Anschnitte an Maschinen-Reibahlen (nach F. PÜTZ)

Der Freiwinkel am Anschnitt beträgt nach Angaben der Werkzeughersteller für die Bearbeitung von:

Grauguß	$\alpha = 4°$
harte Werkstoffe	$\alpha = 6°$
weiche Werkstoffe	$\alpha = 8°$

Der zylindrische Teil (Abb. 65) übernimmt die Führung der Reibahle in der Bohrung und hat die Aufgabe, die Lochwand zu glätten. Um ein Klemmen der Schneiden zu vermeiden und beim Herausziehen eine Beschädigung der Lochwand zu verhindern, ist die Reibahle zum Schaft hin

Abb. 65. Längsprofil der Zähne einer Maschinen-Reibahle (nach F. PÜTZ)

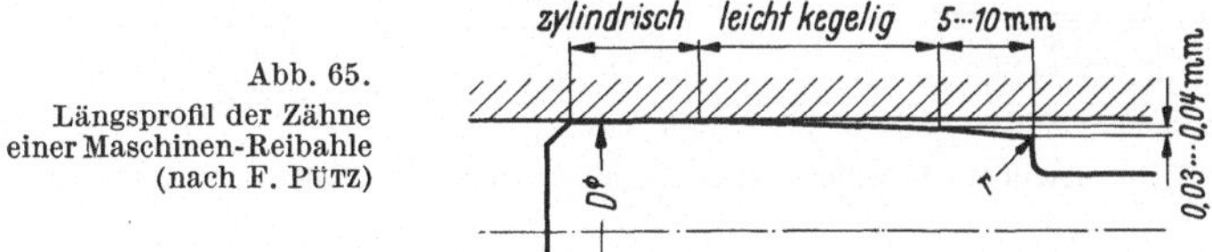

leicht verjüngt. Die Verjüngung schwankt je nach dem zu bearbeitenden Werkstoff, der Lochgröße und der Länge des Reibahlenführungsteiles zwischen 0,005 und 0,02 mm. Am Ende schließt sich ein weiterer konischer Teil von 5 bis 10 mm Länge mit stärkerer Verjüngung an.

Der Führungsteil wird entweder nur rundgeschliffen oder zusätzlich noch gewetzt. In Abb. 66 sind die beiden Möglichkeiten gegenübergestellt. Beim Rundschleifen der Reibahle besteht die Gefahr, daß die Schneidkanten durch den unterbrochenen Schliff stark beansprucht werden. Bei hohen Anforderungen an die Maßhaltigkeit und die Oberflächengüte sind deshalb stets gewetzte Reibahlen zu verwenden. Ein Nachteil der gewetzten Reibahle ist jedoch die Verringerung der Standzeit durch den hohen Verschleiß am scharfkantigen Übergang vom

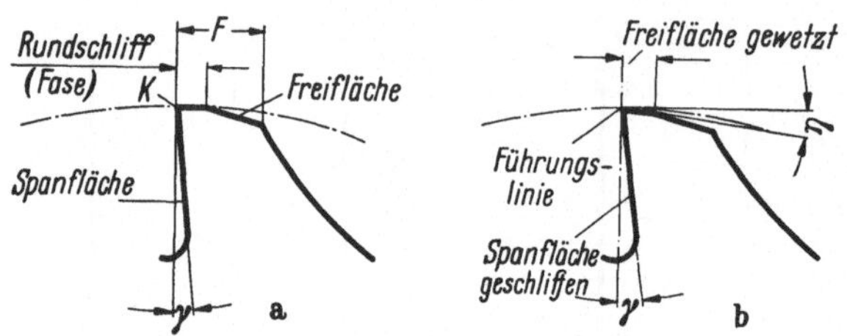

Abb. 66. a) Rundgeschliffener Zahn einer Reibahle, F Fasenbreite, K Schneidkante, γ Spanwinkel; b) Gewetzter Zahn einer Reibahle, η Hinterwetzwinkel, γ Spanwinkel

Anschnitt zum Zylinderteil. Für höchste Ansprüche werden oberflächengehärtete und geläppte Reibahlen verwendet.

Rundgeschliffene jedoch nicht gewetzte Reibahlen haben eine Rundschliff-Fase von ungefähr 0,05 bis 0,2 mm Breite; der Freiwinkel α_1 beträgt 0°. Bei gewetzten Reibahlen tritt an Stelle der Rundschliff-Fase die gewetzte Freifläche mit einem Freiwinkel α_1 (Hinterwetzwinkel η), der je nach dem zu bearbeitenden Werkstoff zwischen 0,5 und 3,5° liegt (s. auch „Wahl wirtschaftlicher Schnittbedingungen“). Der sich an die Rundschliff-Fase bzw. an die gewetzte Freifläche anschließende Freiwinkel α_2 beträgt für alle Reibahlen 5°. Der Spanwinkel γ ist im allgemeinen 5 bis 6°; für die Bearbeitung von Leichtmetall haben sich Spanwinkel bis zu 12° bewährt.

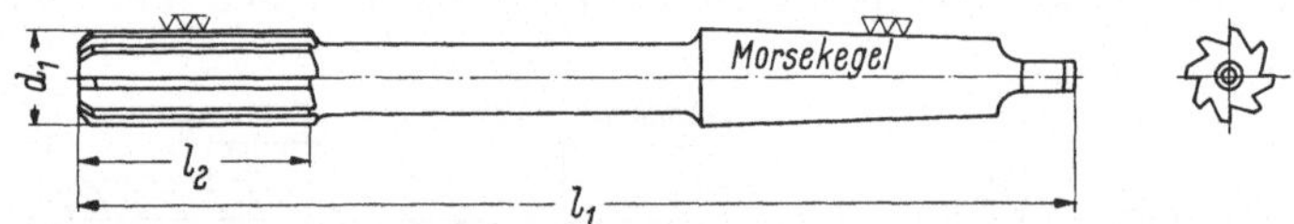

Abb. 67. Unverstellbare Maschinen-Reibahle mit Morsekegel, geradgenutet, rechtsschneidend

Die Schneiden der Reibahlen sind im allgemeinen gerade. In Ausnahmefällen, z. B. bei der Bearbeitung von Bohrungen mit Aussparungen, Vertiefungen oder Nuten in Längsrichtung werden gedrallte Werkzeuge verwendet. Um ein Hereinziehen der Reibahlen in die Bohrung zu vermeiden, verlaufen bei gedrallten Reibahlen Drallrichtung und Schnittrichtung entgegengesetzt. Die Vorschubkraft ist dabei größer als bei Reibahlen mit geraden Zähnen. Außerdem werden die Späne in Vorschubrichtung abgeführt, so daß solche Reibahlen zur Bearbeitung von Sacklöchern nur bedingt verwendet werden können.

Unverstellbare Maschinenreibahlen (Abb. 67) haben gegenüber allen anderen Ausführungen den Vorteil der großen Genauigkeit und Unempfindlichkeit. Die Abmessungen für Reibahlen mit Durchmessern von 3 bis 10 mm sind in DIN 212 (Schnellstahl) und DIN E 8050 (Hartmetall) festgelegt. Für den Durchmesserbereich von 10 bis 32 mm gibt es unver-

Abb. 68. Reiben mit Aufsteckreibahlen (aufgeschraubte Messer)

stellbare Maschinenreibahlen mit Kegelschaft (DIN 208 für SS; DIN E 8051 für HM) oder mit Zylinderschaft und Vierkant (DIN 212). Größere Bohrungen bis 100 mm Durchmesser werden mit Aufsteckreibahlen (DIN 219 für SS; DIN E 8054 und 8055 für HM) bearbeitet, die auf einen in Abb. 52 dargestellten Halter aufgesteckt werden.

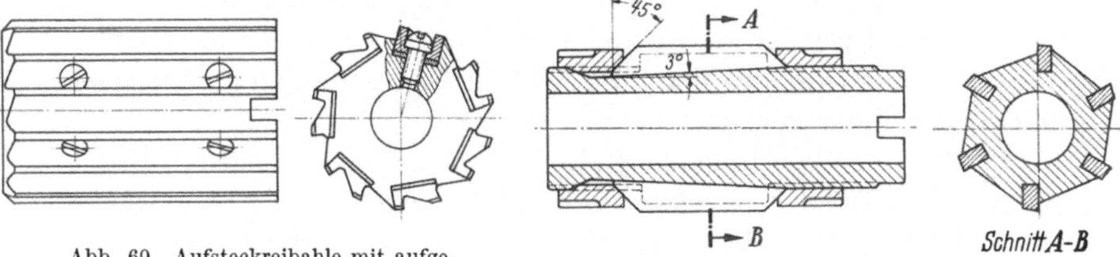

Abb. 69. Aufsteckreibahle mit aufgeschraubten Messern

Abb. 70. Verstellbare Aufsteckreibahle

Maschinenreibahlen mit aufgeschraubten Messern (DIN 209, 214, 220) haben einen Kegelschaft bzw. Zylinderschaft mit Vierkant oder werden auf einen Halter aufgesteckt (Abb. 68). Die Befestigung der Messer erfolgt durch 2 oder 3 Schrauben in den Längsschlitzen des Tragkörpers

(Abb. 69). In gewissen Grenzen sind Maschinenreibahlen mit aufgeschraubten Messern durch Unterlegen von Papier oder dünnem Blech unter die Messer nachstellbar.

Bei nachstellbaren Maschinenreibahlen (DIN 210, 215, 220) werden die Messer in Nuten, deren Grund um 2 bis 3° zur Längsachse des Werk-

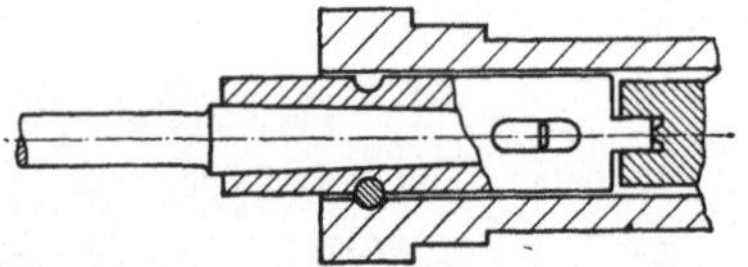

Abb. 71. Pendelhülse zur Aufnahme genormter Reibahlen

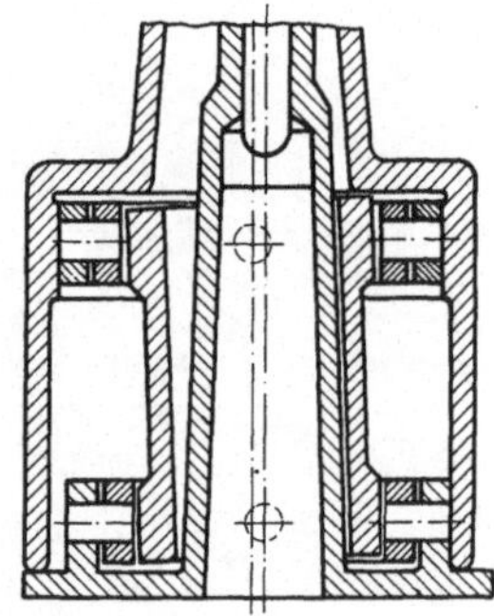

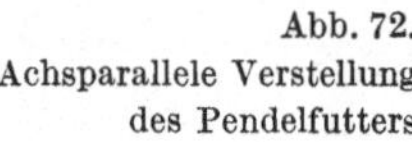

Abb. 72. Achsparallele Verstellung des Pendelfutters

zeugs hin geneigt ist, eingespannt (Abb. 70). Durch Verschieben der Messer auf dem keilförmigen Nutengrund ist eine Änderung des Durchmessers in gewissen Grenzen möglich.

Um einen Versatz zwischen Bohrung und Werkzeugachse zu verhindern, werden zum Reiben gern Pendelhülsen oder Pendelfutter benutzt. Sie werden in den verschiedensten Ausführungen hergestellt, von denen hier nur zwei Beispiele gezeigt seien (Abb. 71 u. 72).

6. Gewindeschneiden

Das einfachste Werkzeug zur Herstellung von Gewinden ist der Gewindeschneidmeißel; er kann je nach Ausführung entweder für das Außen- oder für das Innengewindeschneiden benutzt werden. Das Profil des Meißels muß dem Nennprofil des Gewindes angepaßt sein, und die Größe der Schneidenwinkel ist von der Steigung des Gewindes abhängig. Der Freiwinkel beträgt an der Spitze des Meißels etwa 15°, an den Flanken dagegen etwa 6°. In den Abb. 73 und 74 ist die Herstellung eines Außen- bzw. Innengewindes wiedergegeben.

Zum Schneiden von Innengewinden, insbesondere bei kleineren Durchmessern, dient in den meisten Fällen der Gewindebohrer (Abb. 75) als Einzelschneider oder Satzgewindebohrer. Im Gegensatz zu den Satzgewindebohrern wird mit Einzelschneidern das Gewinde in einem Arbeitsgang hergestellt. Die Hauptabmessungen der Gewindebohrer sind in DIN-Normen festgelegt. Im allgemeinen besitzen Maschinengewindebohrer zwei und mehr Spannuten. Wie bei den Reibahlen leistet auch bei Gewindebohrern der Anschnitt die eigentliche Zerspanungsarbeit. Die Anschnittlänge ist deshalb von größter Bedeutung. So ist es

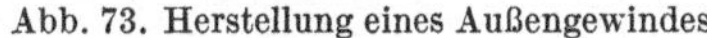

Abb. 73. Herstellung eines Außengewindes

Abb. 74. Herstellung eines Innengewindes

z. B. wichtig, ob das Gewinde in ein Durchgangs- oder in ein Sackloch geschnitten werden muß. Bei Durchgangslöchern mit einer Länge bis zum 1,5fachen des Durchmessers ist ein langer Anschnitt vorzuziehen, da so die Zerspanungsarbeit auf eine möglichst große Schneidenlänge verteilt wird. Bei größerer Lochtiefe dagegen muß wegen der Bruchgefahr des Gewindebohrers der Anschnitt kürzer gehalten werden.

Für Einzelschneider gilt als Richtwert, daß die Anschnittlänge ungefähr gleich dem Durchmesser ist.

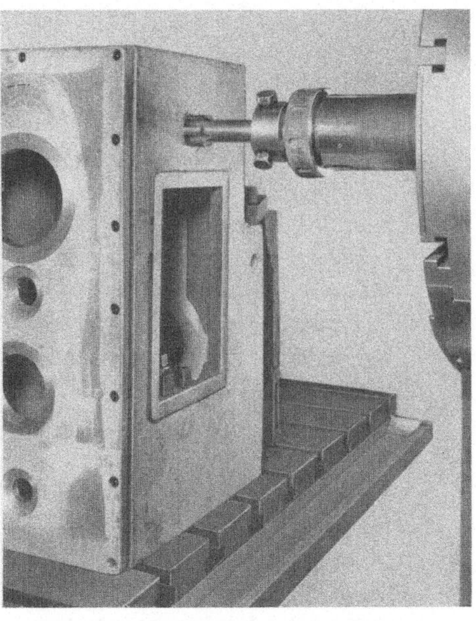

Abb. 75. Gewindeschneiden mit Gewindebohrer

Zum Gewindeschneiden sind Waagerecht-Bohr- und Fräswerke mit einer sogenannten Gewindeschneideinrichtung ausgerüstet, mit der es möglich ist, durch Aufstecken entsprechender Wechselräder sowohl metrische als auch Zollgewinde herzustellen. Abb. 76 zeigt die Gewindeschneideinrichtung eines Bohrwerkes der Firma Scharmann & Co.

Abb. 76. Gewindeschneideinrichtung für Bohrwerke der Fa. Scharmann & Co.

7. Herstellung genauer Bohrungen

Bei der Lochbearbeitung auf Waagerecht-Bohr- und Fräswerken fordert man entweder eine große Schruppleistung oder eine hohe Genauigkeit der Bohrungen bzw. der Bohrungsabstände; beide Forderungen gleichzeitig zu erfüllen ist unmöglich.

Aus wirtschaftlichen Erwägungen sollen keine übertriebenen Genauigkeitsforderungen gestellt werden; ferner wird man versuchen, mit möglichst wenig Arbeitsgängen auszukommen und Art und Anzahl der zu verwendenden Werkzeuge so wählen, daß sich kürzeste Fertigungszeiten ergeben. Für die Beurteilung der Genauigkeit einer Bohrung sind folgende Punkte maßgebend:

a) Lage der Bohrung,
b) Richtung der Bohrungsachse,
c) Form der Bohrung,
d) Maßhaltigkeit der Bohrung,
e) Oberflächengüte der Bohrung.

a) Lage der Bohrung. Die genaue Einhaltung der Mittelpunktskoordinaten hängt bei genauer Positionierung der Bohrspindel hauptsächlich vom Werkzeug und dessen Führung im Werkstück ab.

Der Spiralbohrer wird durch seine Spitze und die beiden Fasen geführt. Da die Querschneide nicht schneidet, sondern drückt und mahlt, wird der Bohrer beim Anbohren von der vorgeschriebenen Bohrungsmitte abgedrängt. Um dieses Verlaufen zu verhindern, muß man entweder für eine ausreichende Führung der Bohrerspitze sorgen (Bohrbuchse) oder durch Anbohren mit einem Zentrierbohrer bzw. Vorbohren mit einem kleinen Bohrer den ungünstigen Einfluß der Querschneide vermindern bzw. beseitigen.

Die Bohrstange wird zum Aufbohren vorgebohrter oder vorgegossener Löcher verwendet. Von der Lagegenauigkeit der Ausgangsbohrung hängt es ab, ob das Aufbohren mittig oder außermittig erfolgt. Während beim mittigen Aufbohren die Achse der fertigen Bohrung mit der Bohrspindelachse fluchtet, stimmen beim außermittigen Aufbohren beide Achsen nur angenähert überein. Deshalb sind bei besonders hohen Forderungen an die Lagegenauigkeit mehrere Durchgänge erforderlich.

Senker werden zum Bearbeiten vorgebohrter Löcher verwendet; sie besitzen drei oder mehr Schneiden und haben meist einen kegeligen Anschnitt. Beim Aufsenken mittig vorgearbeiteter Löcher können die geforderten Mittelpunktskoordinaten der Bohrung ohne Schwierigkeit eingehalten werden. Beim außermittigen Senken dagegen wird der Senker immer verlaufen, weil die unterschiedlichen Spanquerschnitte die Größe der Hauptschnittkräfte und Abdrängkräfte verändern. Günstiger arbeitet man in solchen Fällen mit Zweischneidern, da bei diesen Werkzeugen keine Abdrängkräfte auftreten.

Die Reibahle hat auf die endgültige Lage der Bohrung keinen Einfluß. Auf Grund ihrer Führung im vorgebohrten Loch kann der Mittelpunkt der vorgearbeiteten Bohrung nicht mehr verändert werden. In vielen Fällen ist es zweckmäßig, ein Pendelfutter zwischen Werkzeug und Bohrspindel zu schalten, da sich die Reibahle dann besonders leicht an die Richtung der vorgearbeiteten Bohrung anpassen kann.

b) Richtung der Bohrungsachse. Die Forderung, daß die Bohrungsachse mit der Bohrspindelachse fluchtet, ist nur zu verwirklichen, wenn das Werkzeug nicht verläuft. Dies ist nicht möglich, wenn z. B. der Spiralbohrer während des Arbeitsvorganges auf harte oder poröse Stellen im Werkstoff trifft; hierdurch wird nämlich die Schneidenbelastung auf einer Seite höher, und das Werkzeug weicht von der ursprünglichen Vorschubrichtung ab.

Bei Verwendung einer Bohrstange zum Bearbeiten mittig vorgebohrter Löcher bewegt sich die Bohrmeißelspitze auf einem Kreis um die Bohr-

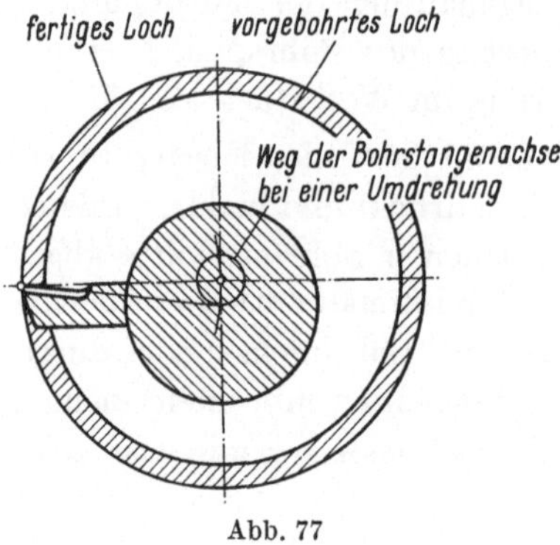

Abb. 77

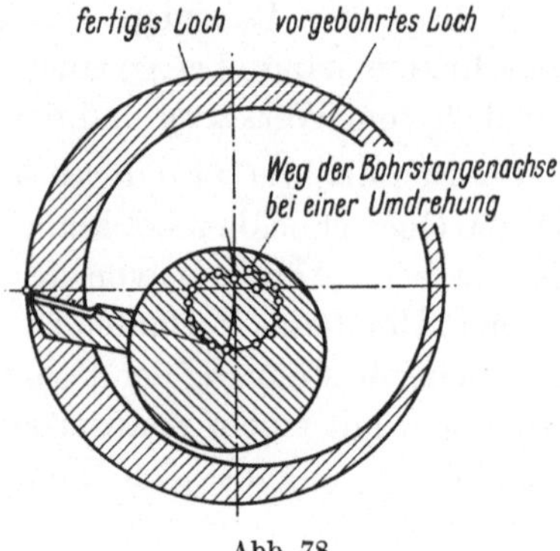

Abb. 78

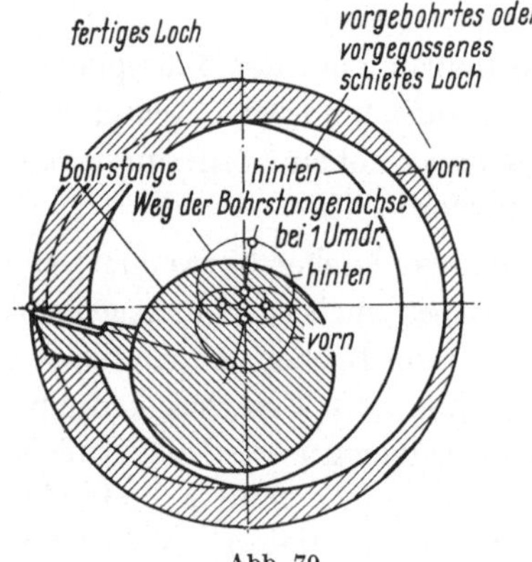

Abb. 79

Abb. 77. Aufbohren mit Bohrstange bei mittig vorgebohrtem Loch (nach E. STEPHAN)

Abb. 78. Aufbohren mit Bohrstange bei außermittig vorgebohrtem Loch (nach E. STEPHAN)

Abb. 79. Aufbohren mit Bohrstange bei schiefem, außermittig vorgebohrtem oder vorgegossenem Loch (nach E. STEPHAN)

spindelachse. Unter Einwirkung der Schnittkräfte weicht die Bohrstange so weit aus, bis Schnittkräfte und Rückstellkräfte im Gleichgewicht sind. Die Achsenrichtigkeit der Bohrung ist aber immer gewährleistet (Abb. 77) [*13*]. Die Verhältnisse beim Aufbohren außermittig vorgebohrter Löcher sind ähnlich wie bei mittiger Bearbeitung. Obwohl Bohrmeißelspitze und Bohrstangenachse sich auf Grund der wechselnden Schnittkräfte nicht genau auf einem Kreis bewegen, wird doch die geforderte Lage der Bohrungsachse mit ausreichender Genauigkeit erreicht (Abb. 78 und 79).

Bei der Anwendung von Senkern mit drei oder mehr Schneiden wird eine Achsenrichtigkeit der Bohrung nur bei mittig vorgebohrten Löchern erzielt. Beim außermittigen Arbeiten dagegen wird der Senker infolge ungleicher Schneidenbelastung aus der ursprünglichen Richtung gedrängt; deshalb wird die Lochachse immer schief zur Bohrspindelachse stehen.

Die Reibahle läuft immer in Richtung des vorgebohrten Loches und ist nicht dazu geeignet, die Richtung der Bohrungsachse zu verbessern, es sei denn, daß die Reibahle zusätzlich geführt ist (Abb. 80).

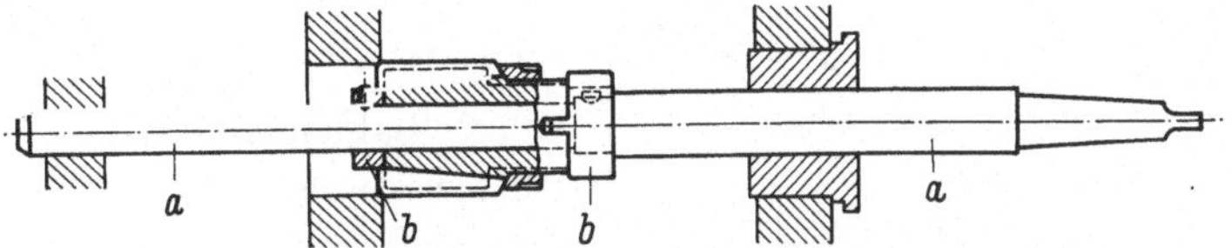

Abb. 80. Reibahlenhalter mit doppelter Führung
a Führungen des Halters, *b* Muttern zur Befestigung der Reibahle

c) Form der Bohrung. Eine Bohrung ist dann zylindrisch, wenn sie kreisrund ist, überall gleichen Durchmesser und eine gerade Achse hat. Die mit Spiralbohrern gebohrten Löcher erfüllen im allgemeinen diese Forderungen nicht, weil der zum Schaftende hin verjüngte Bohrer im Loch nur am vorderen Ende der Fasen geführt wird. Hinzu kommt, daß die Querschneide nicht schneidet, sondern auf dem Bohrgrund mahlt und der Bohrer aus der Vorschubrichtung gedrängt werden kann.

Wird beim Aufbohren mit Bohrstange der Vorschub mit Hilfe der Bohrspindel ausgeführt, so wird die Bohrung je nach Art der Führung konisch oder ballig, weil sich die Durchbiegung der Bohrstange mit dem Abstand des Bohrmeißels vom Lager ändert.

Erteilt man dagegen dem Werkstück den Vorschub, so bleibt die Durchbiegung der Bohrspindel konstant, und man erhält bei der Bearbeitung mittig vorgebohrter Löcher zylindrische Bohrungen. Ein außermittig aufgebohrtes Loch dagegen besitzt nach einmaligem Durchgang des Bohrmeißels eine nur angenähert zylindrische Form.

Bei Verwendung eines Senkers entsteht bei der Bearbeitung mittig vorgebohrter Löcher eine zylindrische Bohrung. Werden außermittig vorgebohrte Löcher aufgesenkt, so wird die Bohrung unrund, weil der Senker verläuft. Ist das Loch darüber hinaus schief vorgebohrt, so wird die Bohrungsachse krumm.

Beim Reiben von Bohrungen wird die theoretische Zylinderform fast erreicht. Die auftretenden Abweichungen entsprechen denen geschliffener Bohrungen durchschnittlicher Güte.

d) Maßhaltigkeit der Bohrung. Das mit einem Spiralbohrer, Senker oder Reibahle bearbeitete Loch besitzt immer einen größeren Durchmesser als das verwendete Werkzeug. Diese Lochüberweite bestimmt die Maßhaltigkeit der Bohrung und hängt neben der Art des Werkzeuges und Werkstückstoffes von den Schnittbedingungen, Schneidenwinkeln, Anschliff, Schneidflüssigkeit, Bohrspindellagerung usw. ab.

Beim Bohren mit einem Spiralbohrer ist die Lochüberweite am größten, da er keine ausreichende Führung besitzt. Die Überweiten liegen je nach Bohrerdurchmesser zwischen 0,1 und 0,9 mm (Abb. 81).

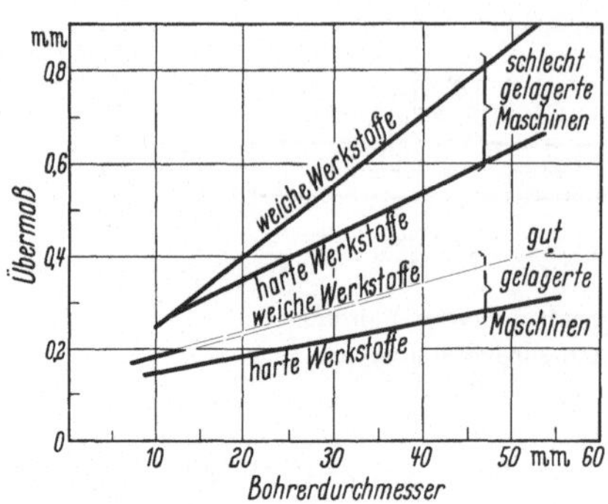

Abb. 81. Übermaß gebohrter Löcher (nach J. DINNEBIER)

Reibahlen können zur Fertigbearbeitung von Bohrungen verwendet werden, bei denen im Normalfall die ISA-Qualität 7 erreicht werden soll. Die Reibüberweite kann durch Wahl geeigneter Kühl- und Schmierflüssigkeiten günstig beeinflußt werden.

e) Oberflächengüte der Bohrung. Für die Oberflächengüte der Bohrung sind Werkstück, Werkzeug, Werkzeugmaschine und die Schnittbedingungen maßgebend. Wird mit Spiralbohrern, Senkern oder Bohrmeißeln gearbeitet, so bilden sich an der Lochwand Rillen, deren Tiefe und Breite u. a. von der Größe des Vorschubes abhängen. Der Vorschub sollte deshalb beim Bohren oder Senken so gewählt werden, daß die Rillen ohne Schwierigkeiten durch das nachfolgende Reiben beseitigt werden können. Darüber hinaus kann durch schlechte Spanabfuhr bei Spiralbohrern und Senkern die Lochwand durch Späne beschädigt werden.

Im Gegensatz zu Spiralbohrern und Senkern kann man mit der Bohrstange schruppen, schlichten oder feinschlichten. Die erzielbare Oberflächengüte ist wie beim Drehen von der Schnittgeschwindigkeit und dem Vorschub abhängig.

Die Endbearbeitung kleiner bis mittlerer Durchmesser erfolgt meist durch Reiben. Dabei wird die Oberflächengüte der Lochwand von dem vielschneidigen zylindrischen Teil der Reibahle verbessert.

Im folgenden soll an einigen Beispielen gezeigt werden, wie maßhaltige Bohrungen mit vorgegebenen Toleranzen hergestellt werden können. Ausgehend von der verlangten Genauigkeit, lassen sich aus dem bisher Gesagten Anhaltspunkte für die notwendigen Arbeitsgänge und die Wahl der Werkzeuge ableiten.

Genaue Bohrungen bis etwa 12 mm Durchmesser werden meist vorgebohrt und fertiggerieben (Abb. 82), während bei größeren Durchmessern mindestens drei Arbeitsgänge ausgeführt werden müssen, und zwar Vorbohren (Schruppen), Senken (Schlichten) und Reiben (Feinschlichten), (Abb. 83). Bei vorgegossenen Löchern kann das Vorbohren mit dem Spiralbohrer entfallen (Abb. 84).

Sind enge Toleranzen von wenigen hundertstel Millimetern einzuhalten, so muß die Zahl der Arbeitsgänge erhöht werden (Abb. 85). Im Gegensatz zu dem in Abb. 85 gezeigten Beispiel kann oft auf die Endbearbeitung mit einer Reibahle verzichtet werden, da die mit der Bohrstange erzielbare Genauigkeit und Oberflächengüte in den meisten Fällen ausreicht.

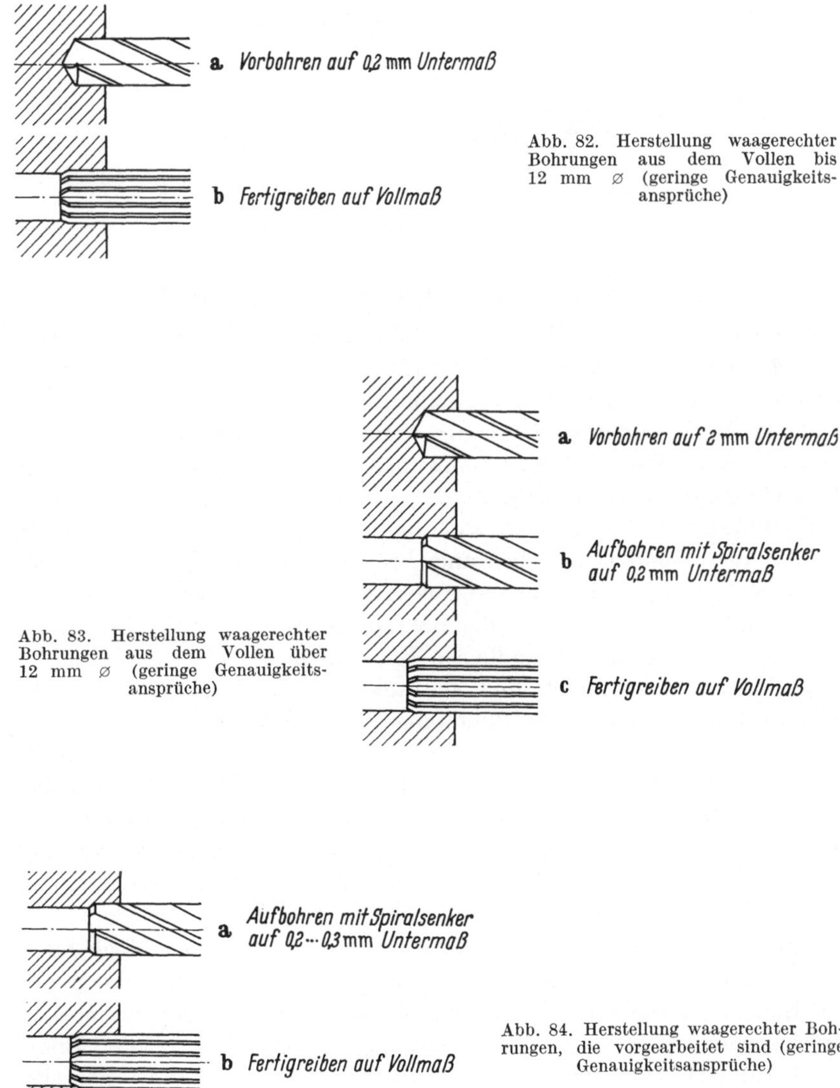

Abb. 82. Herstellung waagerechter Bohrungen aus dem Vollen bis 12 mm ⌀ (geringe Genauigkeitsansprüche)

Abb. 83. Herstellung waagerechter Bohrungen aus dem Vollen über 12 mm ⌀ (geringe Genauigkeitsansprüche)

Abb. 84. Herstellung waagerechter Bohrungen, die vorgearbeitet sind (geringe Genauigkeitsansprüche)

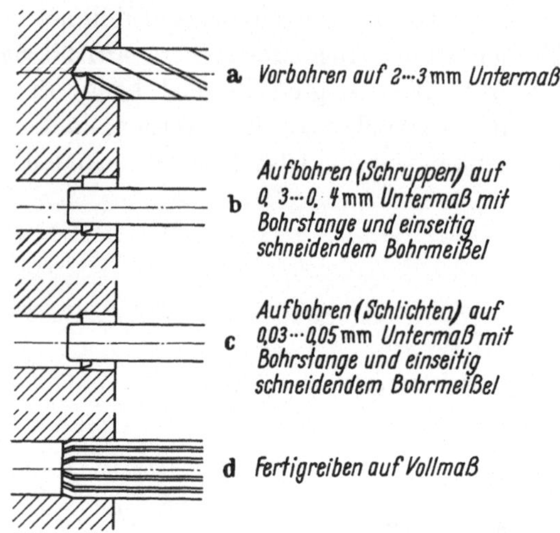

Abb. 85. Herstellung waagerechter Bohrungen aus dem Vollen (hohe Genauigkeitsansprüche)

8. Arbeiten nach Koordinaten und Umschlagverfahren

Die Maschinenstundenkosten eines Waagerecht-Bohr- und Fräswerkes sind auf Grund seines hohen Anschaffungswertes, der großen Antriebsleistung und des erheblichen Raumbedarfs höher als bei sehr vielen anderen Werkzeugmaschinen. Um trotzdem die Fertigungskosten je Werkstück niedrig zu halten, muß man deshalb versuchen, auf teure Vorrichtungen zu verzichten.

Kastenförmige Werkstücke, wie Spindel- und Getriebekästen wurden früher auf Waagerecht-Bohr- und Fräswerken mit Hilfe von Bohrvorrichtungen bearbeitet. Die Vorrichtung diente zur Positionierung der Bohrspindel und zur Führung der Bohrstange. Dabei war das Einrichten der meist langen und unhandlichen Bohrstange und das Umsetzen des Gegenhalters umständlich und zeitraubend. Zur Einstellung für die nächste Bohrung mußte die Bohrstange aus der Bohrspindel gelöst und aus dem Werkstück zurückgezogen werden. Um die von den Schnittkräften herrührende Durchbiegung der langen Bohrstange möglichst klein zu halten, mußte außerdem ihr Durchmesser so groß gewählt werden, wie es die zu bearbeitende Bohrung gerade noch zuließ. Der Abstand zwischen Lochwand und Bohrstange konnte dabei so klein werden, daß eine Messung der Bohrung sehr kompliziert bzw. ungenau wurde.

Aus den genannten Gründen arbeitet man heute nach Möglichkeit mit kurzen, fliegend angeordneten Bohrstangen, die sich schnell aus der Bohrung herausfahren lassen und ein bequemes und genaues Messen der Durchmesser nach jedem Arbeitsgang erlauben. Die mit den Bohrvorrichtungen verbundenen Nachteile führten dazu, daß man bei Waagerecht-Bohr- und Fräswerken mehr und mehr zum Bohren nach

Koordinaten überging. Dabei werden die senkrechten Bohrungsabstände durch Vertikalbewegung des Spindelkastens eingestellt. Die Maße in waagerechter Richtung erhält man bei Tischbohrwerken durch Querverschieben des Tisches; bei Plattenbohrwerken durch Verschieben des Ständers. Die genaue Einstellung von Tisch und Bohrspindel erreichte man bei älteren Maschinen mit Hilfe von Endmaßen, Einstelldorn und Meßuhr. Heute dagegen erfolgt die Positionierung des Spindelkastens und des Tisches (bzw. des Ständers) meist mit Hilfe optischer Ableseeinrichtungen und Maßstäben hoher Teilgenauigkeit. Der Vorteil dieser Methode besteht darin, daß ein schnelles, sicheres und vor allem bei durchleuchteten Glasmaßstäben leichtes Einstellen der Koordinaten möglich ist (s. auch Kap. VI E).

Die Skizze eines einfachen Werkstückes, das nach Koordinaten gebohrt werden soll, zeigt Abb. 86. Die Bohrung A wird angerissen und als erste gebohrt. Die Koordinaten x_A und y_A dieser Bohrung werden an den Maßstäben des Tisches bzw. des Spindelkastens abgelesen und dienen als fester Bezugspunkt für die Mittelpunkts-Koordinaten x und y der anderen Bohrungen. Als Ausgang für die Mittelpunktskoordinaten der herzustellenden Bohrungen können auch bearbeitete Flächen des Werkstückes gewählt werden, die gegen Anschläge oder gegen die Tischkante gespannt werden (Abb. 87).

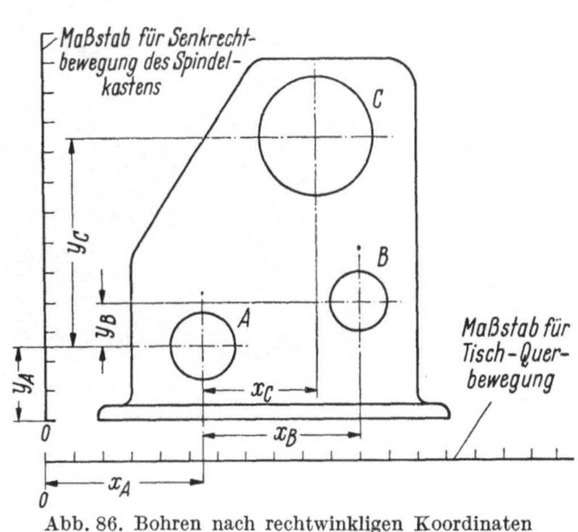

Abb. 86. Bohren nach rechtwinkligen Koordinaten

Bei der Bearbeitung fluchtender Bohrungen in gegenüberliegenden Wänden eines Werkstückes kann man auch fliegend angeordnete kurze Bohrstangen verwenden, wenn man nach dem Umschlagverfahren arbeitet. Dabei wird nach Fertigstellung der Bohrung A (Abb. 88) der Tisch um 180° geschwenkt (umgeschlagen). Da die Achse der Bohrungen meist nicht mit der Mittellinie des Tisches zusammenfällt, ist nach dem Umschlagen eine Querverschiebung des Tisches erforderlich. In diesem Fall sind für die Querverschiebung des Tisches Maßstäbe vorteilhaft, die in der Mittelstellung des Tisches Null anzeigen und bei denen die Skalenwerte nach plus und minus aufgetragen sind. Bei dieser Anordnung braucht man nach dem Umschlag den Tisch nur um den vorher

Abb. 87. Bohren mit Bohrstange
(Werkstück gegen Tischkante gespannt)

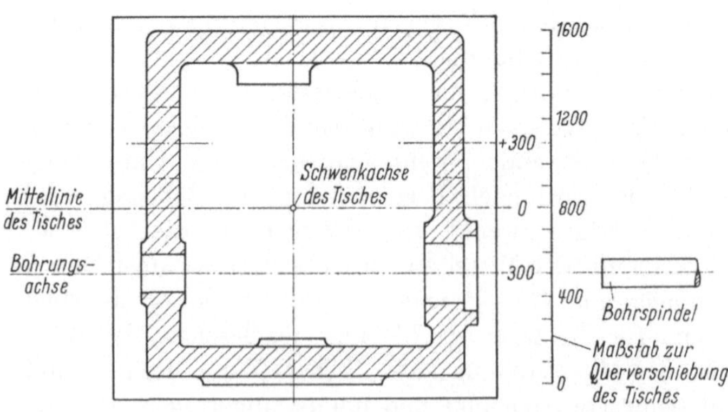

Abb. 88. Bohren nach dem Umschlagverfahren

auf der Minus-Seite abgelesenen Betrag nach der Plus-Seite zu verfahren bzw. umgekehrt.

Für das Umschlagen wird nicht unbedingt ein Drehtisch benötigt, es genügt vielmehr eine Schwenkbarkeit des Tisches um jeweils 90° (Abb. 89). Um eine hohe Umschlaggenauigkeit zu gewährleisten, müssen an die Positionsgenauigkeit des Tisches hohe Anforderungen gestellt werden. Für den Tischumschlag können mechanische Anschläge oder auch optische Ableseeinrichtungen verwendet werden (vgl. Kap. VI E).

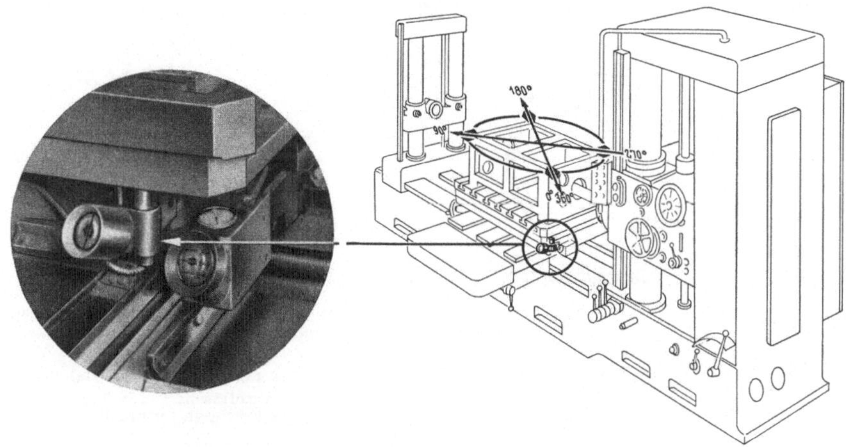

Abb. 89. Tischumschlaggerät OPTUM I der Fa. Scharmann & Co.

B. Fräsarbeiten

Das Fräsen ist ein Zerspanungsverfahren, bei dem das rotierende ein- oder mehrschneidige Werkzeug gegenüber dem Werkstück eine Relativbewegung senkrecht zur Werkzeugdrehachse ausführt.

Es treten zwei Bewegungskomponenten auf, aus denen die Wirkbewegung resultiert (Abb. 90), und zwar:

α) die Hauptschnittbewegung, hervorgerufen durch die Rotation des Werkzeuges,

β) die Vorschubbewegung, hervorgerufen durch eine translatorische Bewegung des Werkzeuges oder des Werkstückes.

Grundsätzlich werden zwei verschiedene Fräsverfahren unterschieden (Abb. 91), bei denen die kinematischen Verhältnisse jedoch gleich sind:

a) Walzenfräsen, b) Stirnfräsen.

Das Walzenfräsen ist hinsichtlich der Spanbildung, der erzielbaren Spänemenge pro Zeiteinheit und der Oberflächengüte der gefrästen

Fläche wesentlich ungünstiger als das Stirnfräsen. Auf Waagerecht-Bohr- und Fräswerken wird das Walzenfräsen nur ungern angewandt, da die Durchbiegung der Bohrspindel infolge der hohen Schnittkräfte beträchtliche Werte annehmen kann. Das trifft insbesondere dann zu, wenn das Waagerecht-Bohr- und Fräswerk keine Traghülse besitzt, die die auskragende Spindel umgibt und somit zur Erhöhung der Steifigkeit beiträgt.

Man unterscheidet zwei Arten des Walzenfräsens, das Gegen- und das Gleichlauffräsen. Während beim Gegenlauffräsen die Vorschubbewegung des Werkstückes der Drehbewegung des Fräsers entgegen-

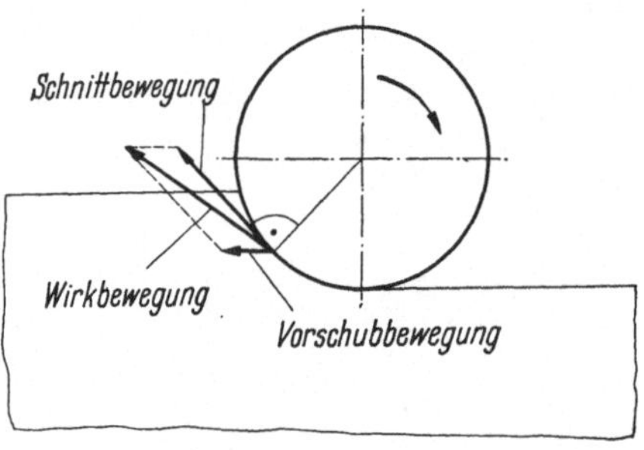

Abb. 90. Bewegungskomponenten beim Fräsen

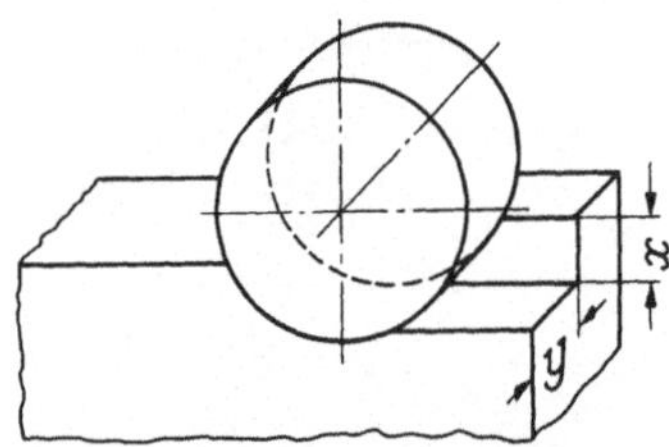

Abb. 91. Unterschied zwischen Walzen- und Stirnfräsen (nach G. RÖHLKE)
Walzenfräsen: $x:y < 1$
(x Frästiefe; y Fräsbreite)
Stirnfräsen: $x:y > 1$
(x Fräsbreite; y Frästiefe)

gerichtet ist, sind beim Gleichlauffräsen Vorschubbewegung des Werkstückes und Drehbewegung des Fräsers gleichgerichtet. Für Arbeiten auf Waagerecht-Bohr- und Fräswerken ist nur das Gegenlauffräsen von Bedeutung, da das Gleichlauffräsen einen erheblichen und aus wirtschaftlichen Gründen nicht tragbaren Aufwand für den spielfreien Vorschubantrieb erfordert.

1. Walzen- und Stirnfräsen

Beim geradverzahnten Walzenfräser stellt die Schnittbahn jedes Zahnes eine Epizykloide dar (Abb. 92). Dies gilt sowohl für das Gegenlauffräsen als auch für das Gleichlauffräsen. Der durch Breite b und Höhe h gegebene Spanquerschnitt ändert während des Fräsvorganges seine Größe (Kommaspan). Die Spandicke h steigt vom Wert $h_o = 0$ kontinuierlich bis $h_{\max} = s_e$ (Abb. 92) an und sinkt beim Austritt des Fräszahnes aus dem Werkstück wieder auf den Wert 0. Die nach G. SCHLESINGER [*17*] definierte Mittenspandicke h_M, d. h. die Spandicke bei halbem Eingriffswinkel, wird oft für die Bestimmung des Leistungsbedarfs beim Fräsen benutzt (vgl. Abschnitt Leistungsbedarf beim Fräsen).

Auch beim Stirnfräsen findet die eigentliche Zerspanung am Umfang des Fräsers statt, wobei aber stirnseitig die Nebenschneide den Span von der zu erzeugenden Fläche abtrennt und deren Oberflächengüte beeinflußt. Die Spanbildung ist ähnlich wie beim Walzenfräsen. Die am Umfang des Fräsers liegenden Hauptschneiden trennen einen Kommaspan ab, der entsprechend dem Verhältnis von Messerkopf-Durchmesser zu gefräster Werkstückbreite seine Form ändert. Ist der Messerkopf-Durchmesser etwa gleich der dreifachen Werkstückbreite oder größer, bleibt die Spandicke vom Anschnitt bis zum Auslauf des Fräserzahnes nahezu konstant. Man wählt deshalb beim Fräsen von Gußeisen den Messerkopf-Durchmesser mindestens um 25 bis 40% und beim Fräsen von Stahl mindestens um 50 bis 70% größer als die Fräsbreite. Dadurch wird vermieden, daß beim Anschnitt der beim Walzenfräser ungünstige Spanquerschnitt entsteht.

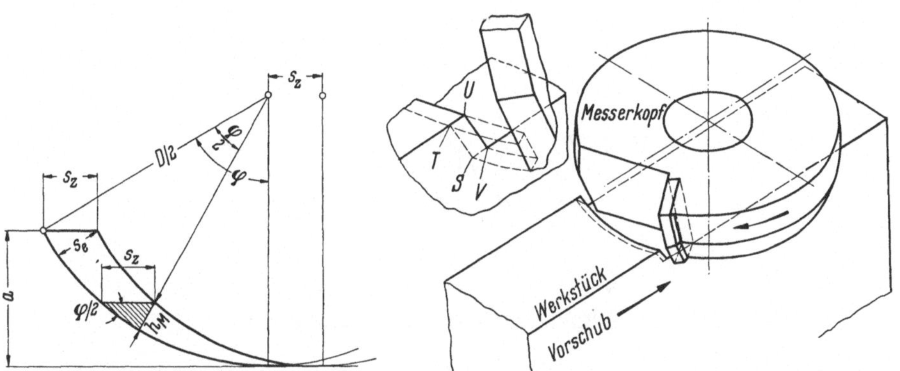

Abb. 92. Spanform beim Walzenfräsen

Abb. 93. Eingriffsverhältnisse beim Messerkopf-Fräsen (nach M. KRONENBERG)

Bei hartmetallbestückten Messerköpfen ist wegen der Empfindlichkeit des Hartmetalls gegen die stoßartigen Belastungen beim unterbrochenen Schnitt die Art des Anschnittes (d. h. des Auftreffpunktes und der Eindringzeit) von außerordentlicher Wichtigkeit. Je nach den Arbeitswinkeln der Messerkopfschneiden und der Stellung des Messerkopfes zum Werkstück trifft das Werkzeug mit einer anderen Stelle auf das Werkstück auf. In Abb. 93 sind die vier Ecken des Spanquerschnittes mit S, T, U, V bezeichnet. Um die Stoßbeanspruchungen der Hartmetallschneide gering zu halten, ist es günstig, wenn das Werkzeug das Werkstück zuerst im Punkt U, der am weitesten von Haupt- und Nebenschneide entfernt liegt, berührt (sog. U-Kontakt). Trifft das Messer zuerst im Punkt S auf das Werkstück auf (sog. S-Kontakt), so ist die Spitze des Messers besonders gefährdet.

M. Kronenberg [*18*] hat erstmals die Auftreffbedingungen untersucht und mathematische Beziehungen aufgestellt für die Bestimmung des ersten Auftreffpunktes und der Eindringzeit (erste Berührung der Schneide bis zum vollen Erfassen des Spanquerschnittes). Er hat gezeigt, daß die Eindringzeit möglichst groß zu wählen ist, da dann die Stoßwirkung auf die Schneide geringer wird. Auf Einzelheiten kann an dieser Stelle nicht eingegangen werden; es wird daher auf das Schrifttum verwiesen [*19, 20, 21, 22*].

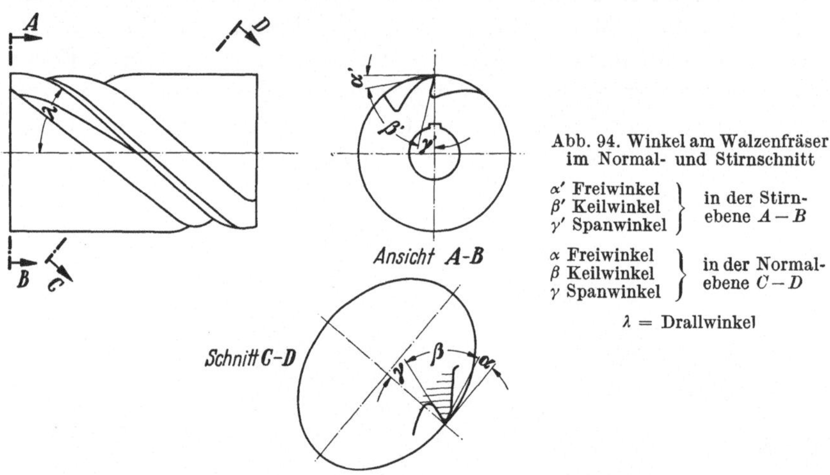

Abb. 94. Winkel am Walzenfräser im Normal- und Stirnschnitt

α' Freiwinkel, β' Keilwinkel, γ' Spanwinkel } in der Stirnebene $A-B$

α Freiwinkel, β Keilwinkel, γ Spanwinkel } in der Normalebene $C-D$

λ = Drallwinkel

2. Schneidenwinkel am Fräswerkzeug

Die Oberflächengüte des Werkstückes, die Spanbildung, die Standzeit des Werkzeuges und der Leistungsbedarf der Maschine sind in starkem Maße von den Werkzeugwinkeln abhängig. Die Bezeichnungen der Schneidenwinkel sind in DIN 768 festgelegt. Die in diesem Normblatt gemachten Winkelangaben beziehen sich auf die sogenannten Hauptebenen, die von der Einspannung und der Bewegungsrichtung des Werkzeuges abhängen.

J. Witthoff [*23*] unterscheidet demgegenüber zwei Arten von Winkeln, und zwar:

α) Werkzeugwinkel, die am ruhenden Werkzeug gemessen werden;

β) Arbeitswinkel, die sich aus der Stellung und der Relativbewegung von Werkzeug und Werkstück ergeben.

In einer Neuauflage des DIN-Blattes 768, die zur Zeit in Vorbereitung ist, sollen diese Begriffe neu festgelegt werden [*24, 25*].

Die folgenden Betrachtungen beziehen sich der Einfachheit halber nur auf die Werkzeugwinkel.

a) Winkel am Walzenfräser. In Abb. 94 sind die Werkzeugwinkel am Walzenfräser darstellt. Der Drall des Fräsers macht es notwendig, die Winkel sowohl an der Stirnseite (Stirnschnitt) als auch im Normalschnitt zu betrachten.

In der Werkstatt werden wegen der leichteren Meßbarkeit die Winkel an der Stirnseite gemessen; für den Zerspanungsvorgang sind jedoch die

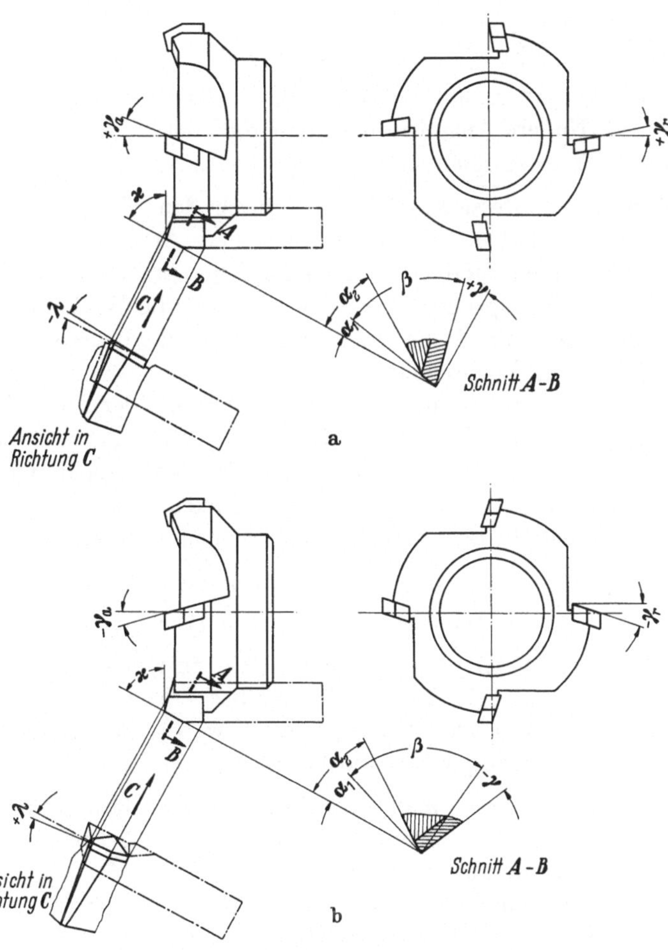

Abb. 95. Messerköpfe mit Hartmetallschneiden

a) Fräser mit positivem Axial- und Radialwinkel; b) Fräser mit negativem Axial- und Radialwinkel;

γ_a	Axial- oder Spiralwinkel	$\varkappa$	Anstellwinkel
γ_r	Radialwinkel	α_1	1. Freiwinkel
γ	Spanwinkel	α_2	2. Freiwinkel
λ	Neigungswinkel	β	Keilwinkel

Strichpunktiert eingezeichnet: Drehmeißel zum Vergleich

Schneidenwinkel in der Normalebene entscheidend. Die Winkel haben die Bezeichnung:

im Stirnschnitt α', β', γ' (Stirn-Winkel),
im Normalschnitt α, β, γ (Normal-Winkel).

Der Zusammenhang zwischen Normal- und Stirn-Winkeln ist durch den Drallwinkel gegeben. Es gilt

$$\operatorname{tg} \alpha = \frac{\operatorname{tg} \alpha'}{\cos \lambda} \tag{16}$$

$$\operatorname{tg} \gamma = \operatorname{tg} \gamma' \cdot \cos \lambda \tag{17}$$

Für den geradverzahnten Walzenfräser ($\lambda = 0°$) ist $\alpha = \alpha'$, $\beta = \beta'$ und $\gamma = \gamma'$. Nähere Angaben über die Größe der zu wählenden Winkel sind Kapitel V zu entnehmen.

b) Winkel am Messerkopf. Da die durch den Vorschub bedingten Unterschiede zwischen Werkzeugwinkel und Arbeitswinkel vernachlässigbar klein sind, sind beim Messerkopf die Arbeitswinkel praktisch gleich den Werkzeugwinkeln. Die Abb. 95 zeigt die Winkel am Messerkopf. Zum Vergleich mit dem Drehwerkzeug sind die Umrisse eines Drehmeißels gestrichelt eingezeichnet.

Für die Konstruktion und für den Nachschliff der Messerköpfe ist die Angabe von Radial- und Axialwinkel (γ_r und γ_a) zweckmäßig, da diese leicht gemessen werden können. Der für den Zerspanungsvorgang wichtige Spanwinkel γ und der Neigungswinkel λ kann mit ihnen bei gegebenem Einstellwinkel $\varkappa$ wie folgt berechnet werden:

$$tg\,\gamma = tg\,\gamma_r \cdot \sin \varkappa + tg\,\gamma_a \cdot \cos \varkappa \tag{18}$$

$$tg\,\lambda = tg\,\gamma_r \cdot \cos \varkappa - tg\,\gamma_a \cdot \sin \varkappa \tag{19}$$

Zur graphischen Bestimmung der Winkel hat M. Kronenberg [*19*] ein Nomogramm entwickelt. In Abb. 96 ist dieses Nomogramm mit zwei eingezeichneten Beispielen wiedergegeben, wobei die in Deutschland üblichen Definitionen gewählt wurden [*20*].

α) *Beispiel zur Bestimmung des Spanwinkels.* Man verbindet den Radialwinkel γ_r auf der linken Skala (z. B. $\gamma_r = +7°$) mit dem Axialwinkel γ_a auf der Skala rechts innen (z. B. $\gamma_a = +4°$). Für einen bestimmten Einstellwinkel (z. B. $\varkappa = 60°$) erhält man den Schnittpunkt A. Für diesen Schnittpunkt kann man auf der mittleren Skala den gesuchten Spanwinkel ablesen ($\gamma = +8°$).

β) *Beispiel zur Bestimmung des Neigungswinkels.* Man verbindet den Radialwinkel γ_r (z. B. $\gamma_r = +7°$) mit dem Axialwinkel γ_a auf der Skala rechts außen (z. B. $\gamma_a = +4°$). Für einen bestimmten Einstellwinkel (z. B. $\varkappa = 60°$) erhält man den Schnittpunkt B und liest auf der mittleren Skala den gesuchten Neigungswinkel λ ab ($\lambda = \pm 0°$).

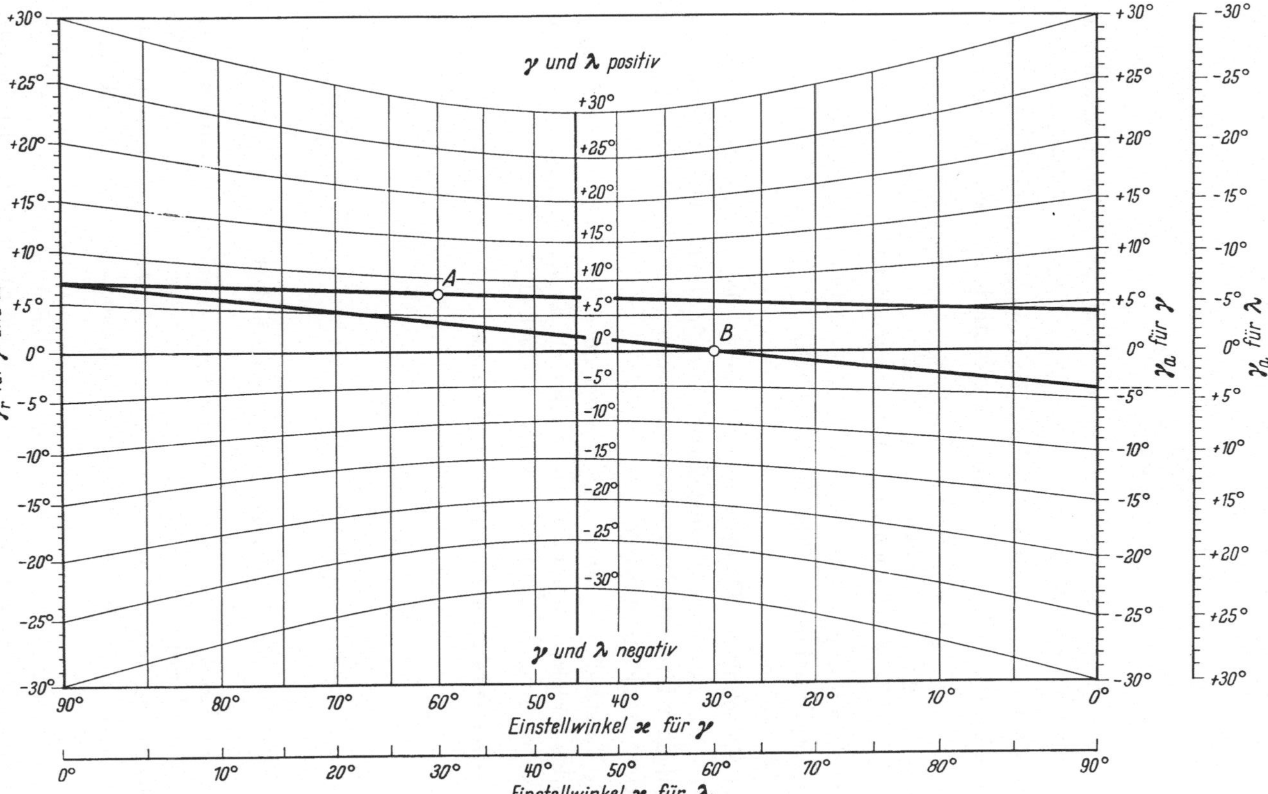

Abb. 96. Nomogramm zur Ermittlung von γ und λ. [19, 20] γ_r Radialwinkel, γ_a Axialwinkel, γ Spanwinkel, λ Neigungswinkel, $\varkappa$ Einstellwinkel. Eingetragenes Beispiel: für $\gamma_r = +7°$ und $\gamma_a = +4°$ erhält man bei $\varkappa = 60°$: $\gamma = +8°$ und $\lambda = 0°$

3. Schnittgeschwindigkeit und Vorschub

Analog der beim Kapitel Lochbearbeitung definierten Schnittgeschwindigkeit ist auch hier die Schnittgeschwindigkeit:

$$v = \frac{\pi \cdot D \cdot n}{1000} \quad [\text{m/min}] \tag{20}$$

wobei der Fräserdurchmesser D in mm und die Fräserdrehzahl n in U/min einzusetzen sind.

Während beim Drehen und Bohren der Vorschub stets in mm/U ausgedrückt wird, sind beim Fräsen drei verschiedene Angaben üblich:

1. s_z [mm/Zahn] Vorschub pro Fräserzahn
2. s_n [mm/U] Vorschub pro Fräserumdrehung
3. s' [mm/min] Vorschub pro Minute

Der Vorschub pro Zahn s_z ist ein Maß für die Beanspruchung der einzelnen Fräserschneide. Ihm sollte deshalb die größte Beachtung geschenkt werden.

Der Vorschub pro Umdrehung s_n ist der an den meisten Waagerecht-Bohr- und Fräswerken einstellbare Vorschubwert. Die Dimensionsgleichheit mit dem Vorschub beim Drehen sollte jedoch nicht zum direkten Vergleich verleiten.

Der Vorschub pro Minute s' kennzeichnet die Zerspanungsleistung, d. h. das zerspante Volumen pro Zeiteinheit. Er läßt sich bei Maschinen mit getrenntem Vorschubantrieb unmittelbar einstellen.

Die drei Vorschübe hängen folgendermaßen voneinander ab:

$$s_z = \frac{s_n}{z} \qquad s_n = s_z \cdot z \qquad s' = n \cdot s_z \cdot z$$

$$s_z = \frac{s'}{z \cdot n} \qquad s_n = \frac{s'}{n} \qquad s' = n \cdot s_n$$

4. Kräfte und Leistungsbedarf

Für die Konstruktion und Ausnutzung von Werkzeugmaschinen ist die genaue Kenntnis der beim Zerspanungsvorgang auftretenden Kräfte unumgänglich. Deshalb werden im folgenden Abschnitt die auftretenden Schnittkräfte beim Fräsen und der Leistungsbedarf ausführlich behandelt.

Der Einfachheit halber wird zunächst der geradverzahnte Walzenfräser betrachtet, bei dem alle Kräfte in einer Ebene liegen. In Abb. 97 sind die an einem Fräserzahn auftretenden Schnittkraftkomponenten zu erkennen. Die Vorschub- oder Waagerechtkraft P_2 und die Senkrechtkraft P_3 sind auf das Werkstück wirkend eingezeichnet, um sinnfällig zu zeigen, daß beim Gegenlauffräsen die Vorschubkraft der Vorschubrichtung des Werkstückes entgegen gerichtet ist. Beim Gleichlauffräsen stimmen Kraft- und Bewegungsrichtung überein; die Kraftrichtungen müssen entsprechend geändert werden. Die Vorschubkraft P_2 und die Senkrechtkraft P_3 bilden die Resultierende P_4, die zusammen mit

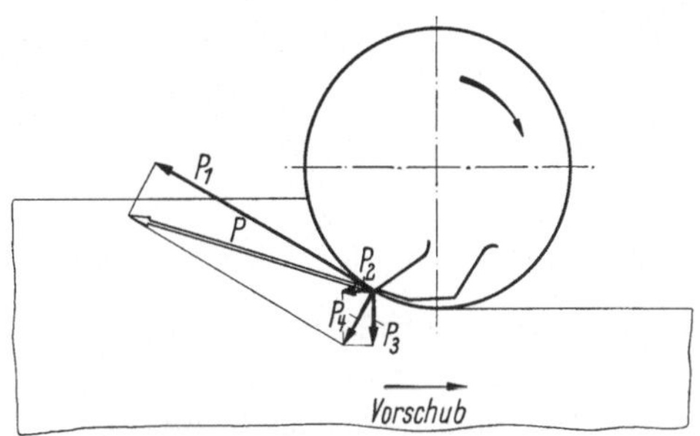

Abb. 97. Schnittkräfte beim Walzenfräsen
P Gesamtkraft P_1 Hauptschnittkraft P_2 Vorschubkraft P_3 Senkrechtkraft P_4 Radialkraft

der Hauptschnittkraft P_1 die Gesamtkraft P ergibt. Da sich die Hauptschnittkraft P_{m1}während des Schnittes in Richtung und Größe ändert, wird für die Berechnung der Fräsleistung die mittlere Hauptschnittkraft P_{m1} zu Grunde gelegt. Die kommaförmige Spanbildung bewirkt nämlich, daß die Schnittkraft auf einen Größtwert ansteigt, um dann vor dem Austritt des Fräserzahnes aus dem Werkstück sehr schnell wieder abzufallen.

Bei geradverzahntem Fräser dringt jeder Zahn über die gesamte Fräsbreite gleichzeitig in das Werkstück ein und aus, wodurch die Maschine stoßartig beansprucht wird. Um diese für die Maschine ungünstigen Stöße zu mildern, werden weitgehend drallverzahnte Fräser benutzt. Hierbei ist darauf zu achten, daß die Fräsbreite mindestens gleich dem in Achsrichtung des Fräsers gemessenen Zahnabstand oder dessen ganzzahligem Vielfachen gewählt wird. Nur dann tritt jeder Zahn in gleichem Maße aus dem Werkstück heraus, wie der folgende hineintritt. Bei Anwendung eines drallverzahnten Walzenfräsers ist die in Fräserachsrichtung wirkende Axialkraft P_A zu beachten; sie beträgt

$$P_A = P_1 \cdot \text{tg}\, \lambda$$

und kann für die üblichen Drallwinkel zwischen 10 und 45° beträchtliche Werte annehmen. Man wählt bei gegebener Schnittrichtung den Drall so, daß die entstehende Axialkraft gegen das Hauptspindellager gerichtet ist (Abb. 98). Eine in umgekehrter Richtung wirkende Axialkraft könnte den Fräser oder den Fräsdorn aus der Befestigung herausziehen.

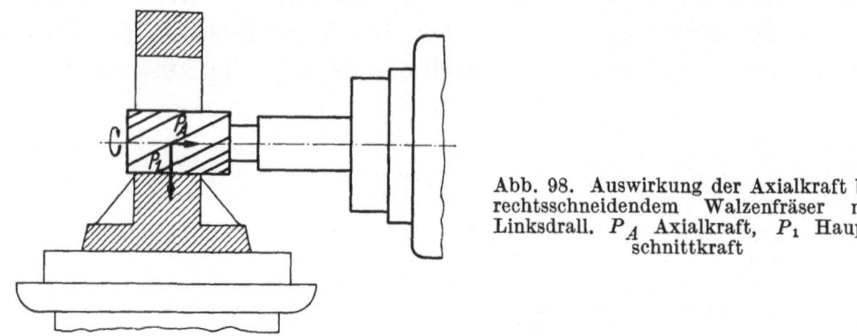

Abb. 98. Auswirkung der Axialkraft bei rechtsschneidendem Walzenfräser mit Linksdrall. P_A Axialkraft, P_1 Hauptschnittkraft

Beim Stirnfräsen (Messerkopffräsen) sind nach Abb. 99 an der einzelnen Schneide folgende Kräfte zu unterscheiden: die Vorschubkraft P_2 und die Senkrechtkraft P_3 und die daraus resultierende Abdrängkraft P_4. Das Verhältnis der Vorschubkraft P_2 bzw. der Senkrechtkraft P_3 zu

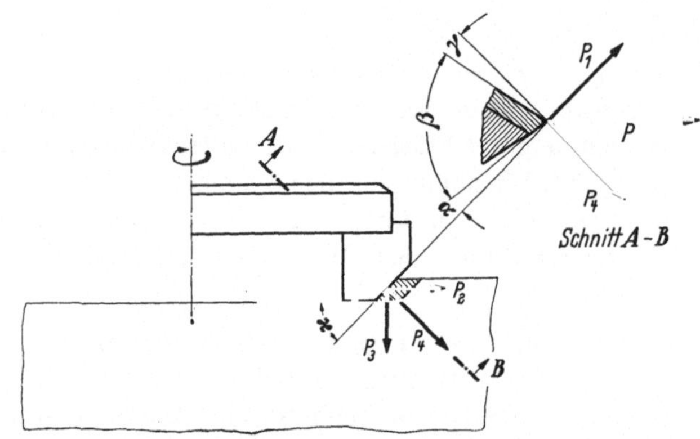

Abb. 99. Schnittkräfte beim Messerkopffräsen. P_1 Hauptschnittkraft P_2 Vorschubkraft P_3 Rückkraft P_4 Abdrängkraft

der in Richtung der Schnittgeschwindigkeit wirkenden Hauptschnittkraft P_1 ist vom Einstellwinkel $\varkappa$ abhängig.

Eine genaue Berechnung des Energiebedarfes beim Fräsen war bislang infolge der vielen Einflußgrößen schwierig. Erst neuere Forschungsergebnisse ermöglichen es, den Energiebedarf mit genügender Genauigkeit zu bestimmen. Von den zahlreichen Veröffentlichungen sei hier nur das Rechenverfahren von R. WEILENMANN [*26*] näher erläutert, bei dem sowohl für das Stirn- als auch für das Walzenfräsen auf verhältnismäßig einfache Weise der Leistungsbedarf bestimmt werden kann. Man muß allerdings die bei diesen Arbeitsvorgängen unterschiedlichen Definitionen von Schnittbreite und Schnittiefe berücksichtigen (vgl. auch Abb. 91).

Der Netto-Leistungsbedarf für alle Zerspanungsvorgänge ist

$$N_z = \frac{P_1 \cdot v}{60 \cdot 102} \text{ [kW]} \tag{21}$$

Wie erwähnt, rechnet man beim Fräsen mit der mittleren Hauptschnittkraft pro Zahn P_{m1} Es gilt folgende Beziehung:

$$N_z = \frac{z_e \cdot P_{m1} \cdot v}{6120} \text{ [kW]} \tag{22}$$

Hierin bedeuten:

N_z [kW]	die Zerspanungsleistung
P_{m1} [kg]	die mittlere Hauptschnittkraft eines Fräszahnes
z_e	die im Eingriff stehende Zähnezahl
v [m/min]	die Schnittgeschwindigkeit.

Die im Eingriff stehende Zähnezahl z_e ist:

$$z_e = \frac{z \cdot \varphi_s}{360} \tag{23}$$

wobei z die Gesamtzähnezahl des Fräsers und φ_s der Eingriffswinkel des Fräsers sind.

In Abb. 100 sind die für die Bestimmung des Winkels φ_s notwendigen Größen eingezeichnet. Es gelten folgende geometrische Beziehungen:

$$\cos \varphi_1 = \frac{B_1}{D/2} \quad ; \quad \cos \varphi_2 = \frac{B_2}{D/2} \tag{24}$$

Zu beachten ist, daß, je nach Lage der Fräserachse zum Werkstück, B_1 bzw. B_2 positiv oder negativ sein kann. Für das eingezeichnete Beispiel

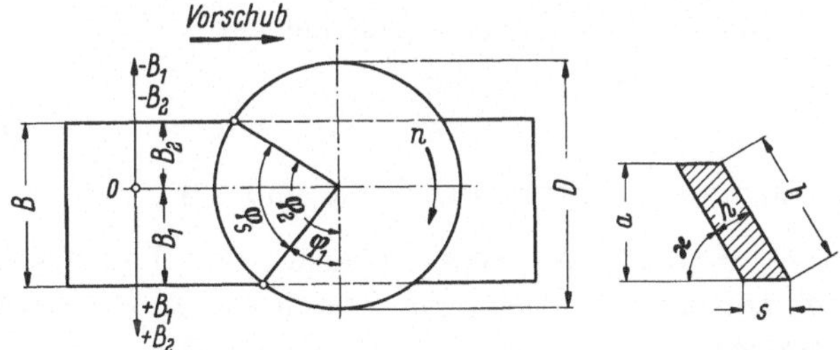

Abb. 100. Eingriffsverhältnisse beim Fräsen und Zusammensetzung des Spanquerschnittes

ist B_1 positiv, B_2 negativ; das ergibt nach Gl. (24) für φ_1 einen spitzen, für φ_2 einen stumpfen Winkel.

Der Eingriffswinkel des Fräsers ist

$$\varphi_s = \varphi_2 - \varphi_1 \, [°] \tag{25}$$

Der Augenblickswert der Hauptschnittkraft an einem Fräserzahn ist gegeben durch die Gleichung:

$$P_1 = b \cdot h \cdot k_s \text{ [kg]} \tag{26}$$

wobei k_s [kg/mm²] die spezifische Schnittkraft und $b \cdot h$ den in Abb. 100 erkennbaren Spanquerschnitt bedeuten.

Die Spanbreite b ist bei gegebenem Einstellwinkel $\varkappa$ konstant:

$$b = \frac{a}{\sin x} \text{ [mm]} \tag{27}$$

Dagegen ändert sich die Spandicke h während des Schnittes mit dem Winkel φ. Nach einer hier nicht näher erläuterten Mittelwertbildung und Umrechnung der Winkel vom Bogenmaß auf Gradmaß ergibt sich nach R. WEILENMANN [*26*] die mittlere Spandicke h_m zu:

$$h_m = \frac{57{,}3}{\varphi_s} \cdot s_z \cdot \sin x \cdot (\cos \varphi_1 - \cos \varphi_2) \text{ [mm]} \tag{28}$$

Die in der Leistungsformel (22) enthaltene mittlere Schnittkraft eines Fräserzahnes P_{m1} ist dann:

$$P_{m1} = b \cdot h_m \cdot k_s \text{ [kg]} \tag{29}$$

Spezifische Schnittkräfte (k_s-Werte) für das Fräsen können für verschiedene mittlere Spandicken h_m der Zahlentafel 1, S. 27, entnommen werden.

Zur Bestimmung der Schnittgeschwindigkeit v sei auf das Drehzahlnomogramm im Kapitel III A (S. 24) verwiesen. Damit sind alle Größen der Gl. (22) zur Berechnung der Nettofräsleistung gegeben.

Die vom Antriebsmotor aufzubringende effektive Leistung N_e ist wegen der Reibungsverluste größer und beträgt:

$$N_e = \frac{N_z}{\eta} \text{ [kW]} \tag{30}$$

Der Wirkungsgrad η liegt zwischen 0,6 und 0,9.

Der von R. WEILENMANN vorgeschlagene Berechnungsweg zur Ermittlung des Leistungsbedarfes beim Fräsen soll an einigen Beispielen erläutert werden:

α) Rechenbeispiel „Stirnfräsen" — Werkstückstoff: Gußeisen GG 26.

Werkzeug: Hartmetallmesserkopf, Durchmesser $D = 300$ mm,
Zähnezahl $z = 18$, Einstellwinkel $\varkappa = 60°$

Schnittbedingungen: Schnittgeschwindigkeit $v = 70$ m/min
Schnittiefe a = 5 mm
Vorschub pro Zahn $s_z = 0{,}3$ mm
Fräsbreite B = 240 mm

Lage des Messerkopfes zum Werkstück wie in Abb. 101.

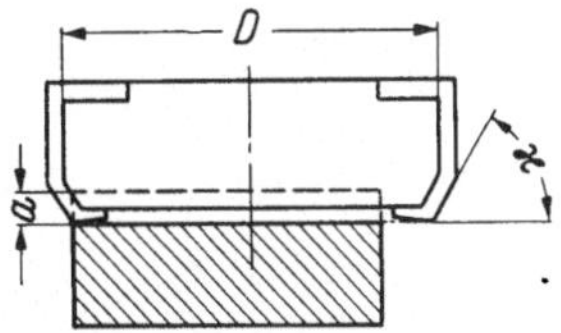

$$B_1 = 140 \text{ mm} \qquad B_2 = -\,100 \text{ mm}$$

$$\cos\varphi_1 = \frac{2\,B_1}{D} = \frac{280}{300} = 0{,}93;\ \varphi_1 = 21^\circ$$

$$\cos\varphi_2 = \frac{2\,B_2}{D} = -\,\frac{200}{300} = -\,0{,}667;$$

$$\varphi_2 = 180^\circ - 48^\circ = 132^\circ$$

$$\varphi_s = \varphi_2 - \varphi_1 = 132^\circ - 21^\circ = 111^\circ$$

$$z_e = \frac{z \cdot \varphi_s}{360} = \frac{18 \cdot 111}{360} = 5{,}55$$

$$b = \frac{a}{\sin\varkappa} = \frac{5}{0{,}866} = 5{,}77 \text{ mm}$$

$$h_m = \frac{57{,}3}{\varphi_s} \cdot s_z \cdot \sin\varkappa \cdot (\cos\varphi_1 - \cos\varphi_2) \qquad (28)$$

$$h_m = \frac{57{,}3}{111} \cdot 0{,}3 \cdot 0{,}866\ (0{,}93 + 0{,}667) = 0{,}213 \text{ mm}$$

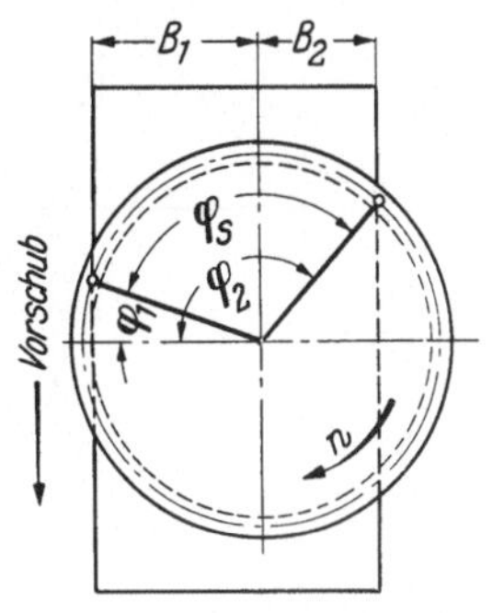

Abb. 101. Lage des Messerkopfes zum Werkstück für das Rechenbeispiel ‚Stirnfräsen'

Für diese mittlere Spandicke h_m ergibt sich nach Zahlentafel 1 bei GG 26 eine spezifische Schnittkraft $k_s = 176$ kg/mm².

Damit wird:

$$P_{m1} = b \cdot h_m \cdot k_s = 5{,}77 \cdot 0{,}213 \cdot 176 = 216 \text{ [kg]}$$

$$N_z = \frac{z_e \cdot P_{m1} \cdot v}{6120} = \frac{5{,}55 \cdot 216 \cdot 70}{6120} = 13{,}7 \text{ [kW]}$$

$$N_e = \frac{N_z}{\eta} = \frac{13{,}7}{0{,}8} = 17{,}1 \text{ [kW]} \quad (\eta = 0{,}8 \text{ angenommen}).$$

β) Rechenbeispiel „Walzenfräsen" Werkstückstoff: Stahl St 70.

Werkzeug: Walzenfräser aus Schnellstahl, Durchmesser $D = 100$ [mm]
Zähnezahl $z = 12$; Fräserbreite $l = 110$ [mm]

Schnittbedingungen: Drehzahl des Fräsers $n = 80$ [U/min]
Vorschub pro Minute $s' = 144$ [mm/min]
Frästiefe $a = 4$ [mm]
Schnittbreite $b = 90$ [mm]

$$\text{Schnittgeschwindigkeit } v = \frac{\pi \cdot D \cdot n}{1000} = \frac{\pi \cdot 100 \cdot 80}{1000} = 25{,}2 \text{ [m/min]}$$

Für das Walzenfräsen sind gegenüber dem Rechengang beim Stirnfräsen nach Abb. 102 und 103 folgende Vereinfachungen zu erkennen:

$$\varkappa = 90^\circ, \qquad \varphi_2 = 180^\circ.$$

Daraus folgt für den Eingriffswinkel:

$$\varphi_s = \varphi_2 - \varphi_1 = 180 - \varphi_1 \ [^\circ]$$

Weiter ist:

$$\cos \varphi_s = \frac{D/2 - a}{D/2} = 1 - \frac{2a}{D} \tag{31}$$

$$\cos \varphi_s = 1 - \frac{2 \cdot 4}{100} = 0{,}92$$

$$\varphi_s = 23°$$

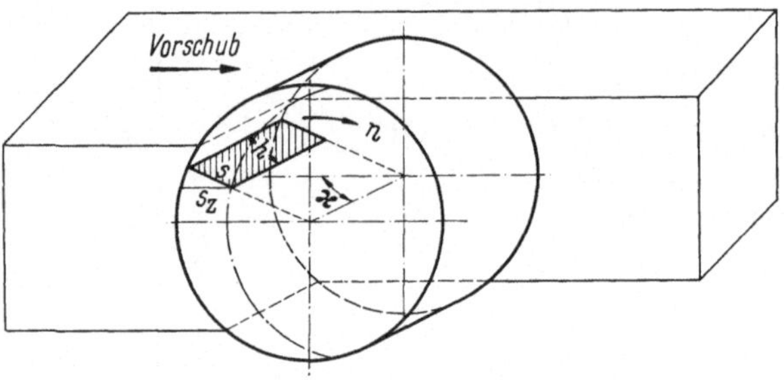

Abb. 102. Lage des Spanquerschnitts beim Fräsen

Die mittlere Spandicke h_m beträgt laut Gl. (28):

$$h_m = \frac{57{,}3}{\varphi_s} \cdot s_z \cdot \sin \varkappa \cdot (\cos \varphi_1 - \cos \varphi_2) \text{ [mm]}$$

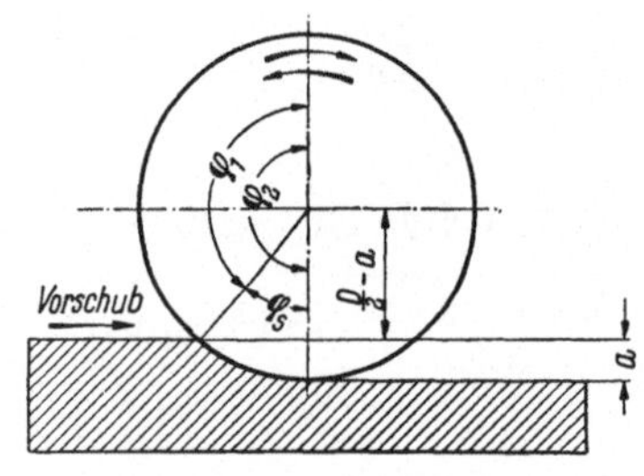

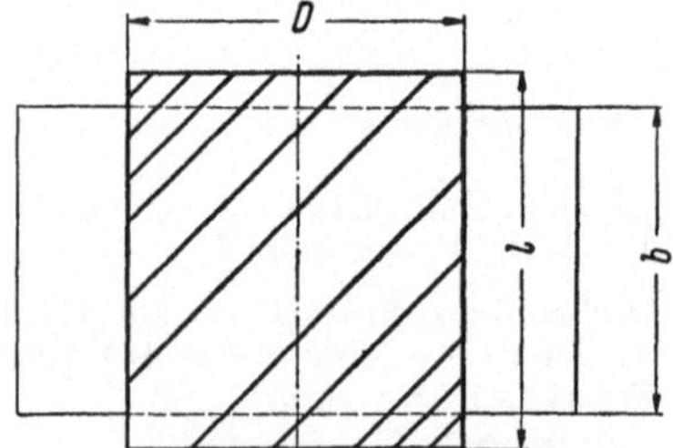

Abb. 103. Lage des Walzenfräsers zum Werkstück für Rechenbeispiel ‚Walzenfräsen'

Durch Einsetzen der Gl. (31) ergibt sich:

$$h_m = \frac{57{,}3}{\varphi_s} \cdot s_z \cdot 1 \cdot \left[-\left(1 - \frac{2a}{D}\right) + 1 \right] \quad \text{[mm]} \tag{32}$$

und hieraus

$$h_m = \frac{114{,}6}{\varphi_s} \cdot s_z \cdot \frac{a}{D} \quad \text{[mm]} \tag{33}$$

Mit $s_z = \frac{s'}{n \cdot z} = \frac{144}{80 \cdot 12} = 0{,}15$ [mm/Zahn] wird:

$$h_m = \frac{114{,}6}{\varphi_s} \cdot s_z \cdot \frac{a}{D} = \frac{114{,}6}{23} \cdot 0{,}15 \cdot \frac{4}{10} = 0{,}0299 \quad \text{[mm]}$$

Für diese mittlere Spandicke h_m ergibt sich nach Zahlentafel 1 für St 70 eine spezifische Schnittkraft k_s von etwa 540 [kg/mm²]. Damit wird:

$$P_{m1} = b \cdot h_m \cdot k_s = 90 \cdot 0{,}0299 \cdot 540 = 1453 \text{ [kg]}$$

Die im Eingriff befindliche Zähnezahl z_e beträgt:

$$z_e = \frac{z \cdot \varphi_s}{360} = \frac{12 \cdot 23}{360} = 0{,}766$$

und die Nettofräsleistung:

$$N_z = \frac{z_e \cdot P_{m1} \cdot v}{6120} = \frac{0{,}766 \cdot 1450 \cdot 25{,}2}{6120} = 4{,}5 \quad \text{[kW]}$$

$$N_e = \frac{N_z}{\eta} = \frac{4{,}5}{0{,}8} = 5{,}64 \quad \text{[kW]} \quad (\eta = 0{,}8 \text{ angenommen})$$

Häufig soll der Leistungsbedarf nur näherungsweise bestimmt werden. Man kann dann von dem je Minute zerspanten Werkstoffvolumen ausgehen, über das Richtwerte aus Versuchen vorliegen. Die Spanmenge pro Minute ist:

$$Q = \frac{a \cdot b \cdot s'}{1000} \left[\frac{\text{cm}^3}{\text{min}}\right] \tag{34}$$

Hierin bedeutet:

a [mm] beim Stirnfräsen: Schnittiefe,
beim Walzenfräsen: Frästiefe,
b [mm] beim Stirnfräsen: Fräsbreite,
beim Walzenfräsen: Schnittbreite,
s' $\left[\frac{\text{mm}}{\text{min}}\right]$ Vorschub pro Minute.

Für die mit 1 kW Leistung in der Minute erzielbare spezifische Spanmenge $q_s \left[\frac{\text{cm}^3}{\text{min kW}}\right]$ hat M. Geyer [*27*] Richtwerte angegeben, die in Zahlentafel 4 zusammengestellt sind.

Zahlentafel 4. *Richtwerte für die zulässige spezifische Spanmenge* q_s zul $\left[\frac{\text{cm}^3}{\text{kWmin}}\right]$ *beim Fräsen* nach M. Geyer [*27*]

(Für Messerköpfe und Walzenstirnfräser liegen die Werte 20...50% höher, für Hartmetallschneiden und hinterdrehte Formfräser bis zu 30% niedriger)

Werkstoff	q_s zul	Werkstoff	q_s zul
Stahl ≈ 60 kg/mm² ..	12...15	Rotguß	30...43
Stahl ≈ 90 kg/mm² ..	9...11	Messing Ms 58	30...43
Stahl ≈ 110 kg/mm² ..	8...10	Kupfer	25...30
Stahl ≈ 150 kg/mm² ..	5... 7	Bronze G-SnBz 14	18...22
Stahlguß GS-45	11...13	Aluminium DIN 1712 ...	50...70
Grauguß GG-26 bis 250 HB	22...28	Al Knet-Leg. DIN 1725 Bl. 1	45...65
Grauguß hart über 250 HB	15...20	Al Guß-Leg. DIN 1725 Bl. 2	50...68
Temperguß GTW 35	12...16	Mg Al-Leg. DIN 1729 ...	60...80

Hiermit läßt sich der effektive Leistungsbedarf N_e berechnen zu:

$$N_e = \frac{Q}{q_{s\ zul}} \quad [\text{kW}] \tag{35}$$

γ) Beispiel für Näherungsrechnung — Werkstückstoff: Stahl St 70.
Werkzeug: Walzenfräser aus Schnellstahl

$$\text{Frästiefe } a = 4 \ [\text{mm}]$$

$$\text{Schnittbreite } b = 90 \ [\text{mm}]$$

$$\text{Vorschub pro Minute } s' = 144 \ [\text{mm/min}]$$

$$\text{Spanmenge } Q = \frac{a \cdot b \cdot s'}{1000} \left[\frac{\text{cm}^3}{\text{min}}\right]$$

$$Q = \frac{4 \cdot 90 \cdot 144}{1000}$$

$$Q = 51{,}84 \left[\frac{\text{cm}^3}{\text{min}}\right]$$

$$q_{s\ zul} \ (\text{lt. Zahlentafel 4}): \ q_s = 9 \left[\frac{\text{cm}^3}{\text{kW min}}\right]$$

$$N_e = \frac{51{,}84}{9} = 5{,}76 \quad [\text{kW}]$$

5. Fräswerkzeuge für Waagerecht- Bohr- und Fräswerke

Für die Durchführung der Fräsarbeiten auf dem Waagerecht-Bohr- und Fräswerk kommen fast alle bekannten Fräswerkzeuge in Betracht. Zum Walzenfräsen benutzt man Walzenfräser, Schaftfräser und Formfräser, während zum Stirnfräsen Stirnfräser und vor allem Messerköpfe dienen. Die Eigenarten beider Werkzeugformen sind bei den Walzenstirnfräsern vereinigt. Eine Zusammenstellung der hauptsächlichen Fräserarten gibt Abb. 104.

Bei der Festlegung des Fräsers müssen viele Faktoren berücksichtigt werden, wie z. B. Art und Form der zu fräsenden Fläche, verlangte Oberflächengüte dieser Fläche und geforderte Standzeit. Bereits bei der Konstruktion des Werkstückes soll an die spätere Bearbeitung gedacht werden, damit genormte Fräser verwendet werden können.

Für die Bearbeitung ebener Flächen ist der Stirnfräser (für größere Abmessungen der Messerkopf) dem Walzenfräser vorzuziehen, da hinsichtlich der Oberflächengüte und Schnittleistung beim Stirnen günstigere Ergebnisse erzielt werden. Für das Fräsen von Nuten eignet sich jedoch ein Scheibenfräser besser als ein Schaftfräser, falls für den Fräserauslauf am Werkstück genügend Platz vorhanden ist. Soll beim Nachschliff das ursprüngliche Profil erhalten bleiben, muß der Fräser hinterdreht, hinterfräst oder hinterschliffen sein.

Die Zähnezahl am Fräser soll möglichst klein gehalten werden. Dadurch wird die gegebene Spanmenge in wenige, dicke Späne zerteilt;

Fräsverfahren	Fräserart	Fräserform	DIN
Walzenfräsen	Walzenfräser Typ NHW		884
	Schaftfräser Typ NHW	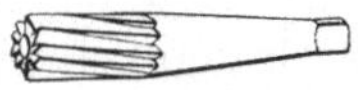	845
	Nutenfräser		1890
	Scheibenfräser Typ NHW		885
	Schlitzfräser (Metallkreissägeblätter)		1837 1838
	Profilfräser	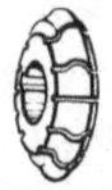	—
Stirnfräsen	Stirnfräser		841
	Winkelstirnfräser		842
	Messerkopf		—
Walzen- und Stirnfräsen	Walzenstirnfräser Typ NHW		1880

Abb. 104 Zusammenstellung der wichtigsten Fräserarten

und die Gesamtschnittkraft bleibt niedrig; außerdem begünstigen die großen Lücken zwischen den Zähnen das Abführen der Späne.

Andererseits ist die Schnittkraft pro Zahn beim grobzahnigen Fräser größer. Deshalb wählt man bei dünnen oder schlanken Fräsern (Schaftfräser, Fingerfräser, Sägen usw.) die Zähnezahl höher als bei anderen Fräsern gleichen Durchmessers; das gleiche gilt für Hartmetall-Messerköpfe wegen ihrer Stoßempfindlichkeit. Die Wahl der Zähnezahl ist auch vom Werkstückstoff abhängig. So wählt man z. B. bei legierten Stählen und hartem Grauguß besonders für Schlichtschnitte um 10 bis 25% höhere Zähnezahlen, als sie für die meisten anderen Werkstückstoffe üblich sind. In Zahlentafel 5 sind nach Angaben verschiedener Werkzeughersteller Richtwerte von Zähnezahlen zusammengestellt.

6. Praktische Durchführung von Fräsarbeiten auf Waagerecht-Bohr- und Fräswerken

a) Stirnfräsen. Die am häufigsten auf Waagerecht-Bohr- und Fräswerken durchzuführende Fräsarbeit ist das Bearbeiten der Werkstücke mit Messerköpfen und Stirnfräsern. Es bedurfte einer längeren Entwicklung, bis der Arbeitsbereich des ursprünglichen Waagerecht-Bohrwerkes auf das Fräsen im Schruppschnitt und auf ausreichend genauen Schlichtschnitt erweitert war.

Werden kleinere Flächen bearbeitet, liegt es nahe, die für die Einspannung von Bohrwerkzeugen benutzte Bohrspindel auch als Aufnahme-Element für den Messerkopf zu verwenden. Abb. 105 zeigt diese Anordnung. Das Fräswerkzeug wird mit dem kegeligen Schaft in dem Konus der Bohrspindel aufgenommen. Aus Sicherheitsgründen wird es durch einen Querkeil oder eine Überwurfmutter gegen Herausziehen gesichert. Werden an die Ebenheit der zu bearbeitenden Fläche besonders hohe Anforderungen gestellt, müssen Axial- und Radialschlag auf ein Mindestmaß herabgesetzt werden.

Da die Bohrspindel neben der Drehbewegung auch die Vorschubbewegung ausführen muß (z. B. für den Bohrvorgang), hat sie ein verhältnismäßig großes Lagerspiel, das beim Messerkopf-Fräsen die Ursache für das Auftreten von Rattermarken sein kann. Dies ist vor allem bei größerer Ausladung der Bohrspindel zu befürchten. Bei größeren Bohrwerken unterstützt man deshalb häufig die Bohrspindel durch eine Traghülse. Die Steifigkeit der Bohrspindel kann auch durch ein auf die stillstehende Planscheibe aufgeschraubtes Stützlager erhöht werden (Abb. 106). Im Prinzip ähnlich wirkt der sogenannte Unterarm mit Stützlager (Giddings & Lewis, USA). Er ist als kräftiger rechteckiger Balken ausgebildet und im Spindelkasten unterhalb der Spindel längsverschieblich gelagert (Abb. 107).

Zahlentafel 5. *Richtwerte für die Zähnezahlen z an Fräsern*

Durchmesser [mm]	Zähnezahl z für: Walzenfräser	Schaftfräser	Scheibenfräser		Messerkopf SS für Stahlbearbeitung	Messerkopf HM für Stahlbearbeitung		Messerkopf HM für Gußbearbeitung
	SS	HM	SS	HM		Schruppen	Schlichten	
50	6	4–5	10					
63	8	6–8	10					
80	8	6–8	12					
100	10		14		10	8		8
125	12		16	8–10	12	8		8
160	14		18	10–14	12	8	10	10
180			20		14	8	10	12
200			22	12–18	14	8	12	12
225					16	10	14	14
250				14–22	16	10	16	16
300					16	10	16	18
315				16–26	20	12	18	18
360					24	12	20	20
400					28	14	22	22
450					32	14	24	24
500					36	16	26	26
560						18	28	28
600						18	28	30
630						20	30	30
650						20	30	32
700						22	32	32
750						22	32	34
800						24	34	34
850						24	34	36
900						26	36	36
950						26	36	40
1000						28	40	40

Abb. 105. Befestigung eines Messerkopfes mittels Aufsteckdorn in der Bohrspindel

Wesentlich größere Schnittkräfte können aufgenommen werden, wenn eine andere Befestigungsart des Messerkopfes gewählt wird. Zwei Möglichkeiten kommen in Frage:

Abb. 106. Verstärkung der umlaufenden Bohrspindel durch feststehendes Stützlager

α) Durch einen geeigneten Zwischenflansch wird der Messerkopf mit der Planscheibe verbunden (Abb. 108). Der verwendete Messerkopf besitzt keinen Schaft und kann auch auf Plan-Fräsmaschinen Verwendung finden.

Die Aufspannung auf der Planscheibe hat den Vorteil, daß der Messerkopf wegen der großen umlaufenden Massen (Werkzeug, Zwischenflansch, Planscheibe), ruhiger läuft. Ein weiterer Vorteil ist, daß un-

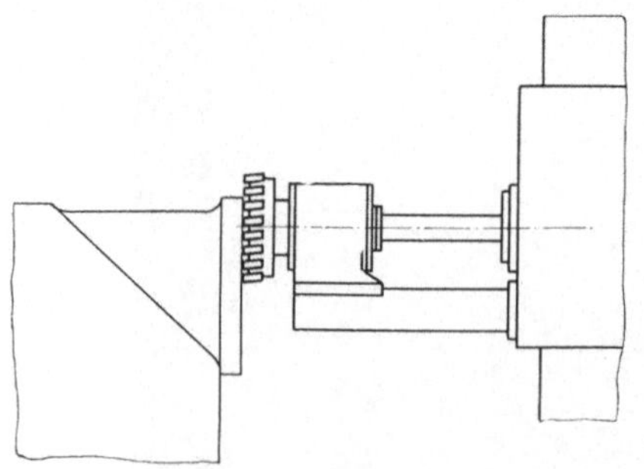

Abb. 107. Abstützung der Bohrspindel mit sog. Unterarm beim Messerkopffräsen (Bauart: Giddings & Lewis, USA).

mittelbar nach dem Planfräsen eine Lochbearbeitung durchgeführt werden kann, ohne daß der Messerkopf ausgespannt werden muß. Während des Fräsvorganges ist die Bohrspindel bis in die Bohrung des Messerkopfes zurückgefahren (Abb. 109).

Abb. 108. Messerkopf mit Zwischenflansch auf die Planscheibe gespannt

Abb. 109. Messerkopf auf der Planscheibe befestigt. Lochbearbeitung erfolgt nach Beendigung der Fräsarbeit

Soll eine sehr große Fläche in einem Durchgang bearbeitet werden, so kann dafür auch ein besonderer Messerkopf verwendet werden, der auf der Planscheibe befestigt ist (Abb. 110).

β) Größere Waagerecht-Bohr- und Fräswerke besitzen außer der Bohrspindel eine Fräshülse (auch Frässpindel genannt) und eine Traghülse. Diese Traghülse ist nur in Richtung der Bohrspindel zu bewegen (nicht drehbar) und unterstützt Bohrspindel und Fräshülse bei größerer Ausladung. Bei dieser Konstruktion kann auf die sonst übliche Planscheibe verzichtet und der Messerkopf auf der Fräshülse befestigt werden.

Bohrwerke der Fa. Scharmann & Co. haben nur eine Traghülse, die eine Vorschub- und Drehbewegung ausführen kann und in der die eigentliche Bohrspindel gelagert ist. Die Traghülse, die mit der Bohrspindel zusammen oder gesondert ausgefahren werden kann, versteift die Bohrspindel und kann außerdem als Messerkopfträger verwendet werden (Abb. 111).

Abb. 111.
Befestigung des Messerkopfes auf der Traghülse

Abb. 110.
Messerkopf zur Bearbeitung großer Flächen

Jeder Messerkopf muß folgende Bedingungen erfüllen:

großer Messerquerschnitt,
gute Befestigung der Messer im Tragkörper,
leichte Auswechselbarkeit der Messer.

Die Messer werden meistens unter Ausnutzung einer Keilwirkung befestigt. Ausführliche Beschreibungen der verschiedenen Befestigungsarten finden sich in den Katalogen der Werkzeughersteller.

Der Aufspannung des Werkstückes ist bei Fräsarbeiten besondere Aufmerksamkeit zu widmen. Dünnwandige Werkstücke neigen bei schweren Zerspanungsbedingungen leicht zu Schwingungen, die sich nachteilig auf das Werkzeug und auf die Oberflächengüte des Werkstückes auswirken. Hier kann nur durch Änderung der Zerspanungsbedingungen Abhilfe geschaffen werden.

Abb. 112. Bearbeitung von Planflächen mit Walzenfräser an einem Ständerdurchbruch

Abb. 113. Walzenfräser mit Aufsteckdorn in fliegender Aufspannung

b) Walzen- und Walzenstirnfräsen. Häufig verlangt die Werkstückform und die Anordnung der zu fräsenden Flächen das Bearbeiten mit Walzenfräsern oder Schaftfräsern (Abb. 112). Um in derartigen Fällen zu stirnen, wären kostspielige Sondereinrichtungen notwendig, wie z. B. Winkelfräsköpfe.

Walzenfräser größeren Durchmessers können für leichte Schnitte in fliegender Anordnung mittels Aufsteckdorn im Konus der Bohrspindel befestigt werden (Abb. 113 u. 114). Die Aufspanung des Walzenfräsers

Abb. 114. Spiralverzahnter Walzenfräser mit Aufsteckdorn in fliegender Aufspannung

Abb. 115. Fräsen einer Nut mit Nutenfräser

muß dagegen bei schweren Schnitten durch einen Gegenhalter stabiler gestaltet werden (Abb. 115 u. 116). Bei schwersten Schnitten oder großer Ausladung des Fräsers wird eine lange Frässtange benutzt, die auf der einen Seite im Konus der Bohrspindel und auf der anderen Seite im Lager des Setzstockes geführt ist.

Auf Waagerecht-Bohr- und Fräswerken kann auch mit Satzfräsern gearbeitet werden. Dabei ist eine Lagerung des Fräsdornes im Setzstock unumgänglich (Abb. 117). Diese Satzfräser können beliebig zusammengestellt werden, doch muß eine gute Spanabfuhr gewährleistet sein. Die bei schräg verzahnten Walzenfräsern auftretenden Axialkräfte können durch wechselnde Drallrichtung der einzelnen Fräser verringert werden.

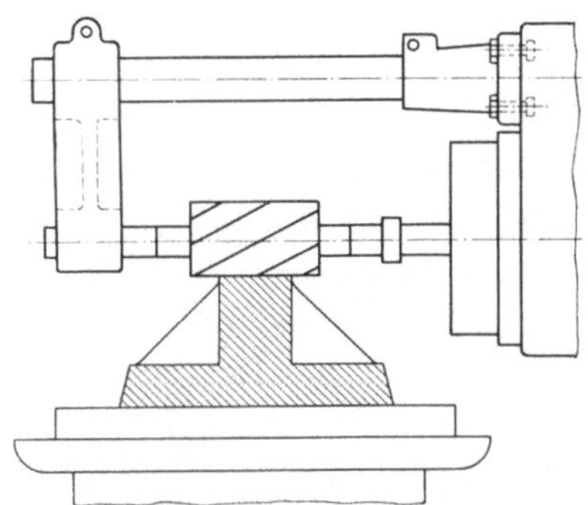

Abb. 116. Unterstützung des Fräsdornes durch Gegenhalter beim Walzenfräsen

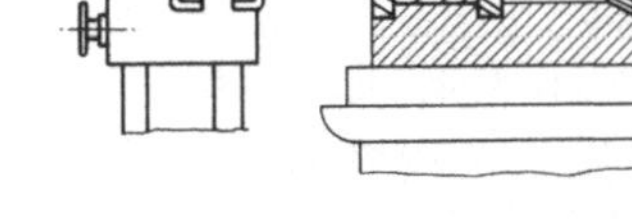

Abb. 117. Lagerung des Fräsdornes im Setzstock bei Satzfräsern

Fräser kleineren Durchmessers sind mit zylindrischem oder kegeligem Schaft versehen. Sie werden zunächst in Spannzangen, Spannfutter oder Einsatzhülsen aufgenommen und dann im Konus der Bohrspindel befestigt (Abb. 118).

Abb. 118. Befestigung eines Schaftfräsers in der Bohrspindel

Beim Arbeiten mit Walzen- und Walzenstirnfräsern auf dem Waagerecht-Bohr- und Fräswerk soll auf eine steife Anordnung der Werkzeuge geachtet werden, d. h. der Abstand zwischen Schnittstelle und Spindellager ist möglichst klein zu halten.

Vorteilhaft verwendet man Walzen- und Scheibenfräser mit möglichst kleinem Durchmesser, da kleinere Fräserdurchmesser ein geringeres Drehmoment benötigen und eine geringere Beanspruchung von Fräsdornen, Bohrspindel und Maschine ergeben.

C. Dreharbeiten

Die wichtigsten Zerspanungsvorgänge auf Waagerecht-Bohr- und Fräswerken sind, wie der Name sagt, das Bohren und das Fräsen. Aus Beobachtungen in den verschiedensten Industriezweigen, die Waagerecht-Bohr- und Fräswerke verwenden, geht hervor, daß beide Verfahren etwa gleich häufig zur Anwendung kommen, während das Drehen weniger weit verbreitet ist. Es sollte aber nicht verkannt werden, daß gerade die Möglichkeit, auch Dreharbeiten ausführen zu können, ein bedeutender Vorzug der Maschine ist.

Unter Drehen versteht man einen Zerspanungsvorgang, bei dem entweder das Werkzeug bei feststehendem Werkstück oder das Werkstück bei feststehendem Werzkeug rotiert. Der Vorschub wird entweder dem Werkzeug oder dem Werkstück erteilt, und zwar:

α) beim Längsdrehen in Richtung der Rotationsachse,

β) beim Plandrehen senkrecht zur Rotationsachse.

Schnittbewegung und Vorschubbewegung ergeben als Resultierende die Wirkbewegung (Abb. 119).

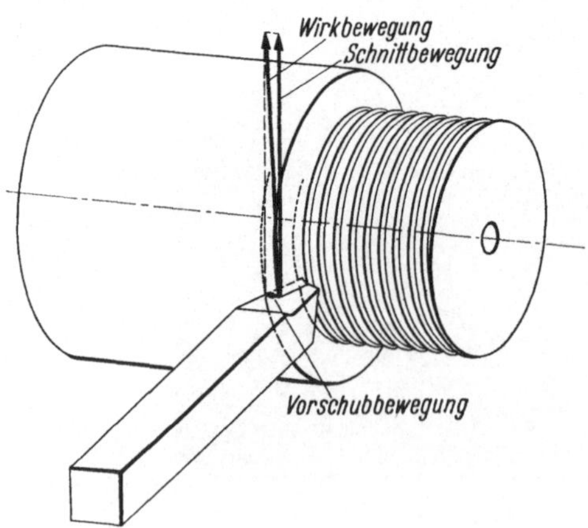

Abb. 119.
Bewegungskomponenten beim Drehen

Die Größe der Schnittbewegung ist durch die Schnittgeschwindigkeit v in m/min (Abb. 24) und die Größe der Vorschubbewegung durch den Vorschub s in mm/U gekennzeichnet.

1. Schneidenwinkel am Drehmeißel

Wie schon im Abschnitt Fräsen festgestellt wurde, ist es möglich, die Winkel im Werkzeugbezugssystem und im Arbeitsbezugssystem anzugeben. Die Werkzeugwinkel sind im Gegensatz zu den Arbeitswinkeln unabhängig von der Stellung und Bewegung des Werkzeugs zum Werkstück und können am ausgespannten Werkzeug gemessen werden. Auch hier sollen lediglich die Werkzeugwinkel betrachtet werden.

In Abb. 120 und 121 sind die Werkzeugwinkel am Drehmeißel dargestellt.

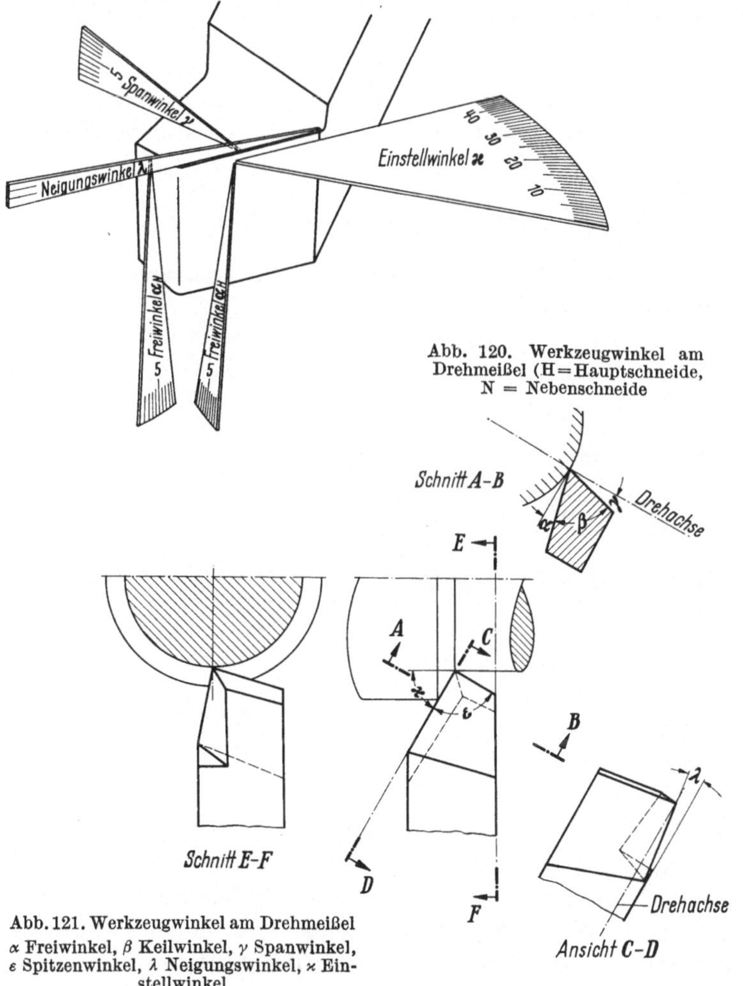

Abb. 120. Werkzeugwinkel am Drehmeißel (H = Hauptschneide, N = Nebenschneide

Abb. 121. Werkzeugwinkel am Drehmeißel
α Freiwinkel, β Keilwinkel, γ Spanwinkel, ε Spitzenwinkel, λ Neigungswinkel, $\varkappa$ Einstellwinkel

Für die gezeichnete Stellung des Werkzeuges stimmen die Werkzeugwinkel mit dem Arbeitswinkel überein, wenn man von der geringen, durch den Vorschub bedingten Winkeländerung von Freiwinkel und Spanwinkel absieht.

2. Der Spanquerschnitt

Zu Schnittgeschwindigkeit v und Vorschub s als Bewegungsgrößen des Zerspanungsvorgangs kommt die Schnittiefe a in mm als Einstellgröße hinzu. Die Schnittiefe a und der Vorschub s bestimmen die Größe des Spanquerschnittes F:

$$F = a \cdot s \quad [\text{mm}^2] \tag{35}$$

Der Spanquerschnitt kann auch als Produkt aus Spanbreite b und Spandicke h berechnet werden (Abb. 122):

$$F = b \cdot h \quad [\text{mm}^2] \tag{36}$$

Der Zusammenhang zwischen Schnittiefe und Vorschub einerseits und Spanbreite und Spandicke andererseits ist durch den Einstellwinkel $\varkappa$ gegeben. Es gilt

$$b = \frac{a}{\sin\varkappa} \quad [\text{mm}] \quad \text{und} \quad h = s \cdot \sin\varkappa \quad [\text{mm}] \tag{37}$$

Abb. 123 zeigt die Änderung der Spangrößen bei konstanten Einstellgrößen a und s und variablem Einstellwinkel $\varkappa$.

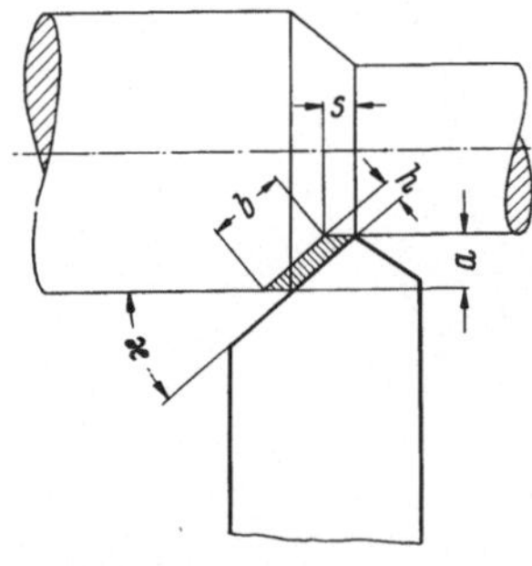

Abb. 122. Spanquerschnitt F beim Längsdrehen
a Schnittiefe, s Vorschub, b Spanbreite, h Spandicke, $\varkappa$ Einstellwinkel

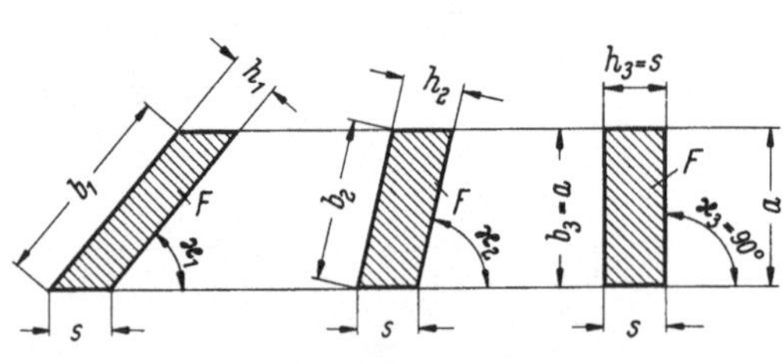

Abb. 123. Aufteilung des Spanquerschnitts bei verschiedenen Einstellwinkeln
F; a; s konstant b; h variabel

Zur Ermittlung des Spanquerschnitts für die Berechnung der Spanmenge wird man der Einfachheit halber immer die Einstellgrößen Schnittiefe und Vorschub heranziehen. Da durch den Einstellwinkel $\varkappa$ der Zerspanungsvorgang aber stark beeinflußt wird, kommt den Spangrößen Spanbreite b Spandicke h die größere Bedeutung zu.

3. Kräfte und Leistungsbedarf

Auf die Wichtigkeit der Schnittkräfte für die Konstruktion von Werkzeugmaschinen und deren leistungsgerechte Verwendung wurde bereits hingewiesen. Da beim Drehvorgang einfachere Verhältnisse als beim Bohren und Fräsen vorliegen, ist es verständlich, daß hier der Ausgangspunkt für alle Untersuchungen zur Vorausbestimmung des Energiebedarfes bei der Zerspanung lag. Allgemein bringt die Kenntnis der Schnittkraft wertvolle Hinweise auf die Zerspanbarkeit der verschiedenen Werkstoffe.

In Abb. 124 sind die an der Werkzeugschneide auftretenden Schnittkräfte beim Längsdrehen mit einem geraden rechten Schruppmeißel dargestellt. Ähnliche Verhältnisse liegen beim Plandrehen vor. Bekanntlich liegt die resultierende Gesamtschnittkraft P aller Einzelkräfte schief im

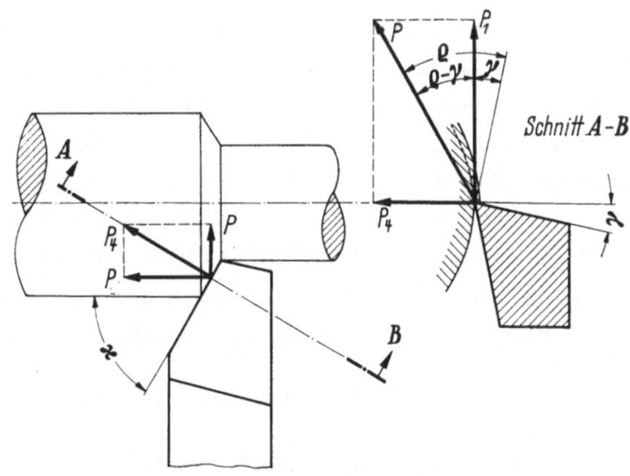

Abb. 124. Schnittkräfte an der Werkzeugschneide
P Gesamtkraft, P_1 Hauptschnittkraft, P_2 Vorschubkraft, P_3 Schaftkraft, P_4 Abdrängkraft

Raum. Die Gesamtschnittkraft P setzt sich zusammen aus der in Richtung der Schnittbewegung wirkenden Hauptschnittkraft P_1 und der zur Hauptschnittkraft und zur Werkzeugschneide senkrecht stehenden Abdrängkraft P_4. Die Abdrängkraft P_4 wirkt jedoch nur dann senkrecht zur Schneide, wenn die Ecken beide frei oder wie beim Einstechen beide im Eingriff stehen. Normalerweise ergibt sich durch die Nebenschneide eine Unsymmetrie, die aber vernachlässigbar klein ist.

Es ist üblich, die Abdrängkraft P_4 nicht unmittelbar zu betrachten, sondern auch sie in ihre Komponenten Vorschubkraft P_2 und Rückkraft P_3 (auch Schaftkraft genannt) zu zerlegen. Dadurch ist die Gesamtschnittkraft P in drei senkrecht zueinander stehende Komponenten P_1, P_2 und P_3 aufgeteilt. Wenn auch der Hauptschnittkraft P_1 die weitaus größte Bedeutung zukommt, so ist es doch wichtig zu wissen, in welchem Größenverhältnis die Schnittkraftkomponenten zueinander stehen. Dieses Verhältnis wird im wesentlichen durch den Reibungswinkel ϱ, den Einstellwinkel $\varkappa$ und den Spanwinkel γ bestimmt. Um den Einfluß der Werkzeugwinkel zu zeigen, sind die Kräfteverhältnisse in den folgenden Formeln unter Vernachlässigung des Reibungswinkels ϱ angegeben:

$$\frac{P_4}{P_1} = \operatorname{tg} \gamma \tag{38}$$

$$\frac{P_2}{P_4} = \sin \varkappa \qquad \frac{P_2}{P_1} = \sin \varkappa \cdot \operatorname{tg} \gamma \tag{39}$$

$$\frac{P_3}{P_4} = \cos \varkappa \qquad \frac{P_3}{P_1} = \cos \varkappa \cdot \operatorname{tg} \gamma \tag{40}$$

Zur Berücksichtigung der Reibung müßte in obigen Gleichungen $(\varrho - \gamma)$ an Stelle von γ gesetzt werden. Der Reibungswinkel $\varrho = \operatorname{arc} \operatorname{tg} \mu$ ist allerdings nur sehr schwer bestimmbar. Im allgemeinen rechnet man mit einem Reibungsbeiwert von $\mu = 0{,}8 - 1{,}0$, der einem Reibungswinkel von etwa 40 bis 45° entspricht. Da dieser Wert im Verhältnis zu den üblichen Werten des Spanwinkels γ sehr groß ist und in die Gleichungen die Differenz beider Werte eingeht, ist die Größe des Spanwinkels für das Verhältnis der Schnittkräfte untereinander nur von untergeordneter Bedeutung.

Nimmt man einen Einstellwinkel $\varkappa = 60°$, einen Spanwinkel $\gamma = 8°$ und einen Reibungsbeiwert $\mu = 0{,}8$ an, so verhalten sich durchweg:

$$P_1 : P_2 : P_3 \text{ wie } 10 : 5 : 3$$

Die in der Werkstattpraxis bekannteste Formel zur Bestimmung der Größe der Hauptschnittkraft P_1 lautet:

$$P_1 = F \cdot k_s \quad [\text{kg}] \tag{41}$$

wobei $F = a \cdot s$ [mm²] der Spanquerschnitt und k_s [kg/mm²] die spezifische Schnittkraft ist.

Es wurde bereits gezeigt, daß der Spanquerschnitt F sowohl durch das Produkt von Schnittiefe a und Vorschub s (Einstellgrößen), als auch als das Produkt von Spanbreite b und Spandicke h (Spangrößen) ausgedrückt werden kann.

Die spezifische Schnittkraft k_s ist im wesentlichen vom Werkstückstoff und von der Spandicke h abhängig. Bei Angaben der spezifischen Schnittkraft in Abhängigkeit vom Vorschub s ist deshalb darauf zu achten, daß die k_s-Werte nur für einen gegebenen Einstellwinkel $\varkappa$ gelten. Der bisher umfassendsten Zusammenstellung der k_s-Werte, dem AWF-Blatt 158, ist $\varkappa = 45°$ zugrunde gelegt. Da aber bekanntlich auch andere

Einstellwinkel angewendet werden, ist es zweckmäßiger die k_s-Werte in Abhängigkeit von der Spandicke h anzugeben (Zahlentafel 1).

Die Hauptschnittkraft P_1 ergibt sich bei Verwendung der k_s-Werte nach Zahlentafel 1 zu:

$$P_1 = b \cdot h \cdot k_s \text{ [kg]} \tag{42}$$

Die so errechnete Hauptschnittkraft ist für die Beurteilung der Beanspruchung von Maschine, Werkzeug und Werkstück ausreichend genau. Es sind aber noch eine Reihe von Faktoren vorhanden, die, wenn auch in geringem Maße, die Hauptschnittkraft beeinflussen; sie werden im folgenden kurz beschrieben.

α) Einfluß der Werkzeugwinkel. Die Werte für die spezifische Schnittkraft sind nur für bestimmte Werkzeugwinkel gültig.

Während eine Änderung des Freiwinkels α keinen merklichen Einfluß auf die Hauptschnittkraft P_1 ausübt, zeigt sich, daß sie mit kleiner werdendem Spanwinkel γ ansteigt. Man kann als Faustregel bei 1° Winkeländerung mit 1 bis 2% Schnittkraftänderung rechnen.

Auf eine Diskussion des Einflusses des Neigungswinkels λ kann hier verzichtet werden, da dieser Winkel in der Praxis nur in engen Grenzen variiert wird und sein Einfluß auf die Hauptschnittkraft gering ist.

β) Einfluß des Werkzeugverschleißes. Jeder Betriebsmann weiß, daß die Schnittkräfte und somit die erforderliche Motorleistung mit zunehmendem Werkzeugverschleiß ansteigen. Aus Versuchsergebnissen ist bekannt, daß beim Arbeiten mit frisch geschliffenem Werkzeug die Schnittkräfte nach Schnittbeginn in sehr kurzer Zeit ansteigen, um dann im Bereich der sogenannten „Arbeitsschärfe" einen Beharrungszustand zu erreichen. (Die in der Zahlentafel 1 aufgeführten k_s-Werte gelten für die Arbeitsschärfe.)

Der rasche Anstieg der Schnittkräfte ist bedingt durch die schnelle Abstumpfung der frisch geschliffenen Schneidkante. Um diesen Anfangsverschleiß auszuschalten, wird häufig die scharfe, frische Schneidkante angefast, so daß der Zerspanungsvorgang schon im oben erwähnten Beharrungszustand beginnt. Mit zunehmender Drehzeit und mit langsam größer werdendem Verschleiß steigt die Schnittkraft weiter an und kann bei Ende der Werkzeugstandzeit 150% der bei Arbeitsschärfe vorhandenen Kraft erreichen.

γ) Einfluß der Schnittgeschwindigkeit. Als letzter Einflußfaktor auf die Höhe der Schnittkräfte sei noch die Schnittgeschwindigkeit v erwähnt. Während im Geschwindigkeitsbereich für Schnellstahl ein Maximum feststellbar ist, zeigt der Bereich für Hartmetall mit steigender Schnittgeschwindigkeit eine hyperbelähnlich abnehmende Tendenz der Schnittkräfte. Bei hohen Schnittgeschwindigkeiten bleiben die Schnittkräfte nahezu konstant.

Aus der Hauptschnittkraft P_1 und der Schnittgeschwindigkeit v läßt sich die Zerspanungsleistung wie folgt bestimmen:

$$N_z = \frac{P_1 \cdot v}{60 \cdot 102} \quad [\text{kW}] \tag{43}$$

Aus der Gleichung ist erkennbar, daß die Zerspanungsleistung für eine bestimmte Schnittkraft und Schnittgeschwindigkeit unabhängig vom Bearbeitungsdurchmesser ist. Für die Auslegung des Hauptantriebes muß noch der Wirkungsgrad berücksichtigt werden.

4. Praktische Durchführung von Dreharbeiten auf Waagerecht-Bohr- und Fräswerken

Während auf Spitzendrehbänken, Karusselldrehbänken usw. das umlaufende Werkstück die Hauptschnittbewegung ausführt, ruht auf Waagerecht-Bohr- und Fräswerken, von Ausnahmefällen abgesehen, das Werkstück, während das Werkzeug umläuft.

Der Gesamtaufbau des Waagerecht-Bohr- und Fräswerkes mit der leichten allseitigen Zugänglichkeit des Werkstücks ermöglicht es, an großen und unsymmetrischen Werkstücken Dreharbeiten auszuführen. Das Ausrichten der Werkstücke ist deshalb einfach, weil infolge der vielen Bewegungsmöglichkeiten des Tisches oder der Verschiebbarkeit des Ständers Werkstück und Bohrspindel in die richtige Lage zueinander gebracht werden können.

Die Vielgestaltigkeit der zu bearbeitenden Formen verlangt jedoch viele Einspann- und Vorschubmöglichkeiten für das Werkzeug. So unterscheidet man Drehvorgänge auf dem Waagerecht-Bohr- und Fräswerk zweckmäßigerweise nach den verschiedenen Möglichkeiten zum Befestigen und Führen des Meißels, die im folgenden besprochen werden sollen.

a) Werkzeugbefestigung auf der Planscheibe. Für die meisten Dreharbeiten, besonders bei großen Durchmessern, wird das Werkzeug auf der Planscheibe befestigt. Um die Schnittkräfte sicher aufnehmen zu können, sind an ihre Konstruktion und Lagerung hohe Anforderungen hinsichtlich Steifigkeit und Rundlaufgenauigkeit zu stellen. Bei den Planscheibenkonstruktionen können zwei Arten unterschieden werden: die einfache Planscheibe mit T-Nuten und die Planscheibe mit eingebautem Planschieber, der eine radiale Vorschubbewegung ausführen kann. Es sei darauf hingewiesen, daß eine Ausführung des Planschiebers mit zwei sich gegenläufig bewegenden Hälften wegen der geringeren Unwucht höhere Drehzahlen zuläßt.

In Abb. 125 ist eine derartige Planscheibe mit Planschieber und darauf befestigtem Meißelhalter zu erkennen. Der Vorschub des Planschiebers richtet sich nach der Öffnung im Planschieber, durch welche die Bohrspindelhülse hindurch tritt. Auf dem Planschieber ist der Meißelhalter befestigt. Je nach Ausführung nimmt er den Drehmeißel direkt oder mittels eines Zusatzwerkzeugs wie Bohrdorn, Querbohrstange usw. auf (Abb. 125 bis 129). Die Wahl der Werkzeugspannvorrichtung richtet sich nach der Größe des Werkstückes und nach der Art der Dreharbeit wie Plan-, Längs- oder Hinterdrehen. Abb. 130 zeigt einen gebräuchlichen

Abb. 125. Planscheibe mit Planschieber und aufgesetztem Meißelhalter

Werkzeugsatz für den Planschieber. In Abb. 131 ist zu erkennen, wie eine Bohrstange in einem besonderen Meißelhalter befestigt wird. Dieser Meißelhalter ist in Schweißkonstruktion ausgeführt und auf den Planschieber aufgesetzt. Für das Arbeiten mit schweren Schnitten beim Längsdrehen hat sich diese Konstruktion gut bewährt.

Werden mit am Planschieber befestigten Werkzeugen Längsdreharbeiten ausgeführt, so erfolgt der Vorschub immer durch Verfahren des Tisches. Ist eine Längsbewegung des Tisches oder des Ständers nicht möglich, z. B. bei Plattenbohrwerken, so wird für das Längsdrehen ein Axial-Meißelhalter benutzt (Abb. 132). Der Axial-Vorschub erfolgt hierbei werkzeugseitig über Anschlag, Sternrad und Gewindespindel. Der Vorschub ist bestimmt durch die Steigung der Spindel, Zähnezahl

Abb. 126. Aufnahme des Drehmeißels im Meißelhalter beim Plandrehen

Abb. 127. Plandrehen einer Tischunterseite

Abb. 128. Plandrehen einer Stirnfläche (Drehmeißel in Kopfbohrstange gespannt)

Abb. 129. Rückseitiges Plandrehen mit Querbohrstange.
Meißelhalter auf Planschieber befestigt

des Sterns, Zahl der Anschläge pro Umdrehung und eine evtl. vorhandene Übersetzung zwischen Sternrad und Spindel. Der Hub der Axial-Meißelhalter beträgt meist 80 bis 90 mm.

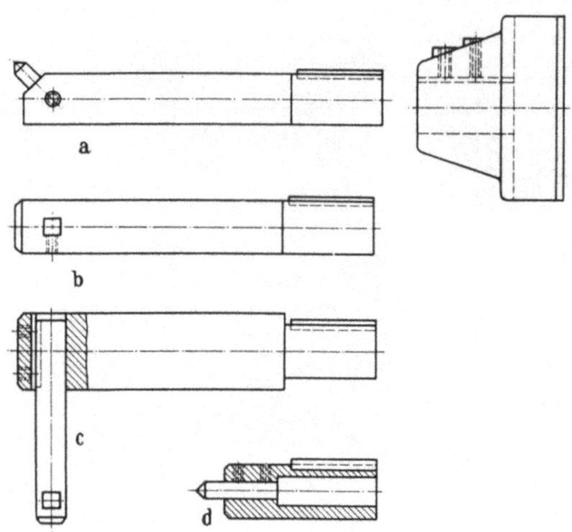

Abb. 130. Werkzeugsatz für Plansupport a) Bohrdorn, b) Kopfbohrstange, c) Querbohrstange, d) Meißelhalter

Abb. 131. Auf Planschieber aufgesetzter geschweißter Meißelhalter

Bei Bohrwerken ohne eingebauten Plansupport wird für Plandreharbeiten eine Plandrehscheibe, die gelegentlich auch als Plandrehkopf bezeichnet wird, aufgesetzt (Abb. 133). Auf dieser Plandrehscheibe werden

Abb. 132. Längsdrehen eines Flansches mit Axial-Meißelhalter

Abb. 133. Auf Planscheibe geschraubte Plandrehscheibe (Plandrehkopf)

die schon beschriebenen Meißelhalter befestigt, und es kann in ähnlicher Weise wie mit dem Planschieber gearbeitet werden. Der radiale Vorschub des Schiebers im Plandrehkopf wird vom Bohrspindelvorschub abgeleitet.

Eine andere Möglichkeit, auf einem Waagerecht-Bohr- und Fräswerk Plan- und Längsdreharbeiten auszuführen, besteht darin, auf die Planscheibe einen ein- oder doppelarmigen Flanschendrehsupport zu schrauben. Der Quervorschub wird über Anschlag, Sternrad und Gewindespindel am Meißelhalter, der Längsvorschub über den Tisch am Werkstück erzeugt (Abb. 134).

Abb. 134. Doppelarmiger Flanschendrehsupport an Planscheibe angeschraubt

b) Werkzeugbefestigung auf der Frässpindel. Bei Waagerecht-Bohr- und Fräswerken mit Frässpindel kann, wie Abb. 135 zeigt, an Stelle des Messerkopfes ein Stirndrehschlitten auf die Frässpindel aufgesetzt werden. Eine vom Spindelstock her angetriebene Teleskopwelle überträgt über einen Innenzahnkranz die Drehbewegung auf die Scheibe. Der Radialvorschub des Planschiebers wird von einer zweiten Teleskopwelle, die mit der ersten Teleskopwelle über ein Differentialgetriebe gekoppelt ist, über Stirnräder, ein Kegelradpaar, Schnecke und Schneckenzahnstange abgenommen. Die Vorrichtung eignet sich trotz der ziemlich großen Ausladung der Traghülse für besonders schwere Schnitte an großen Flanschen und Bohrungen.

Abb. 135. Auf Frässpindel aufgesetzter Stirndrehschlitten (Maschinenfabrik Froriep GmbH., Rheydt/Rheinland)

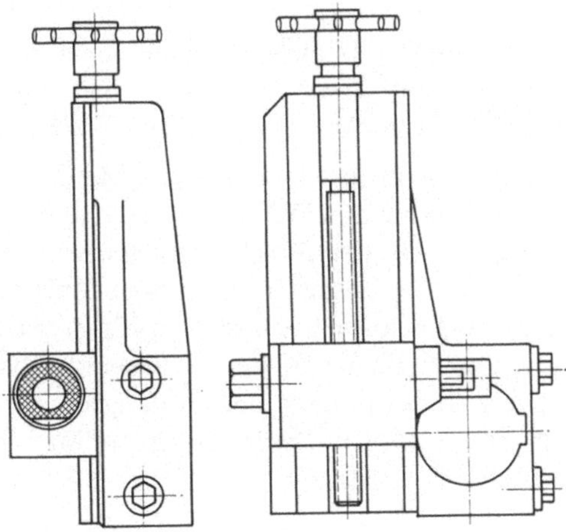

Abb. 136. Einarmiger Flanschendrehsupport zum Festklemmen auf Bohrstangen

c) Werkzeugbefestigung auf der Bohrstange. Die mit Bohrmeißeln und Bohrmessern durchgeführten Ausbohrvorgänge wurden wegen ihrer besonderen Bedeutung bereits gesondert im Kapitel III A Lochbearbeitung (Bohren mit Bohrstange) beschrieben; zerspanungstechnisch entsprechen sie dem Innendrehen. An dieser Stelle soll lediglich ein auf der Bohrstange befestigtes Werkzeug beschrieben werden. Eine solche einfache und leicht zu montierende Vorrichtung ist der Flanschendrehsupport mit Sternradvorschub (Abb. 136). Er kann an beliebiger Stelle auf die Bohrstange aufgeklemmt werden. Die Zustellung der Schneide

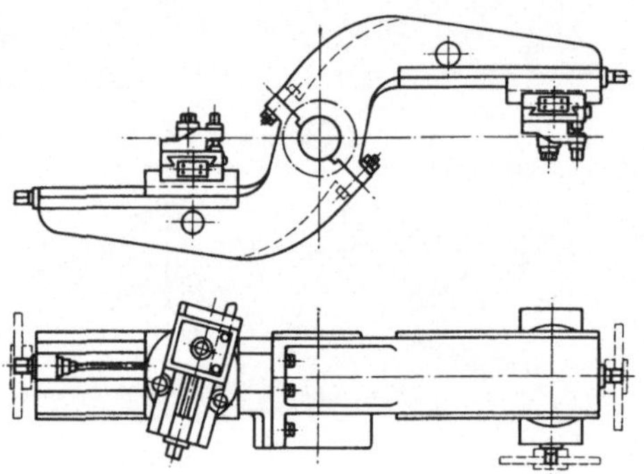

Abb. 137. Doppelarmiger Flanschendrehsupport zum Festklemmen auf Bohrstangen

auf Schnittiefe erfolgt durch Längsverschiebung der Bohrstange. Zum gleichzeitigen Arbeiten mit zwei Meißeln kann der Flanschendrehsupport auch doppelarmig gebaut werden (Abb. 137).

d) Werkzeugbefestigung in der Bohrspindel. Für Plan- und Ausdreharbeiten bei mittleren und kleinen Durchmessern haben sich einige Werkzeugträger bewährt, die in der Werkzeugaufnahme der Bohrspindel befestigt werden. Diese sogenannten Plan- und Ausdrehköpfe werden auf fast allen Arten von Lochbearbeitungsmaschinen verwendet. Abb. 48 zeigt einen über Aufnahmekegel in der Bohrspindel befestigten Plan- und Ausdrehkopf mit einem je nach den verlangten Drehdurchmessern verschiebbaren Werkzeugträger. Seine Feinzustellung kann auf einer 0,01-mm-Skala abgelesen werden.

IV. Kombinierte Arbeiten und Sonderarbeiten auf Waagerecht-Bohr- und Fräswerken

Die zahlreichen Bewegungs- und Verstellmöglichkeiten machen das Waagerecht-Bohr- und Fräswerk zu einer außerordentlich vielseitigen Maschine. Eine Übersicht soll zeigen, welche Bewegungen im einzelnen ausgeführt werden können (Abb. 138):

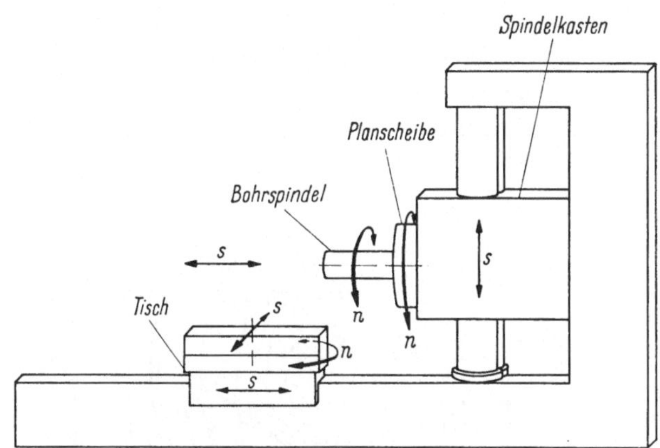

Abb. 138. Bewegungsmöglichkeiten am Tisch-Bohr- und Fräswerk
n Drehbewegungen, s Vorschubbewegungen

α) Drehbewegungen

1. Bohrspindel allein,
2. Planscheibe allein,
3. Bohrspindel und Planscheibe mit gleicher Drehzahl,
4. Bohrspindel und Planscheibe mit unterschiedlicher Drehzahl,
5. Tisch.

β) Vorschubbewegungen

1. Bohrspindel in Axialrichtung,
2. Tisch in Längsrichtung,
3. Tisch in Querrichtung,
4. Spindelkasten in Vertikalrichtung,
5. Planschieber in Radialrichtung (in der Planscheibe).

Zusätzliche Bewegungsmöglichkeiten, die meist nur zur Einstellung dienen, sind bei den Sonderbauarten möglich (vgl. Kap. II).

In den folgenden Abschnitten werden Beispiele kombinierter Arbeiten und Sonderarbeiten beschrieben, die die universelle Anwendbarkeit der Waagerecht-Bohr- und Fräswerke verdeutlichen.

A. Kombinierte Arbeiten

Zur Einsparung von Bearbeitungszeiten kann man auf Waagerecht-Bohr- und Fräswerken gleichzeitig und unabhängig voneinander mit mehreren Werkzeugen arbeiten, die auf der Planscheibe bzw. in der Bohrspindel befestigt sind. Die Kombination zweier Arbeiten hat sich beim Schruppen gut bewährt und lohnt sich besonders bei der Fertigung großer Serien.

1. Gleichzeitiges Bohren und Plandrehen

In Abb. 139 sind als Beispiel einer kombinierten Arbeit die Bewegungen der Werkzeuge beim gleichzeitigen Bohren und Plandrehen skizziert. Während der auf fliegend angeordneter Bohrstange befestigte Bohrmeißel eine Bohrung bestimmter Länge in einem Hub ausdreht, wandert

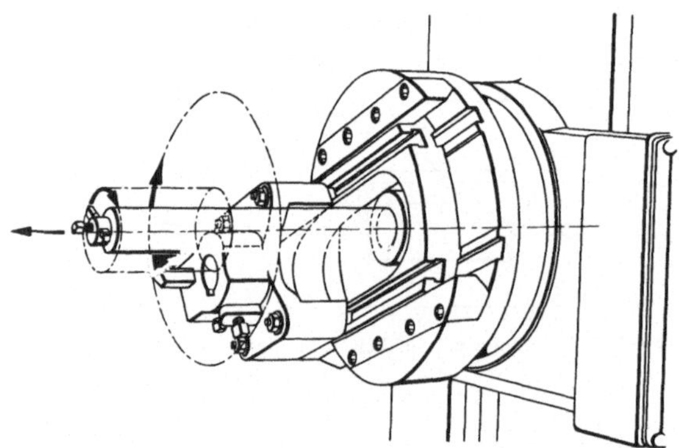

Abb. 139. Gleichzeitiges Arbeiten mit Kopfbohrstange und Plandrehscheibe (Plandrehkopf) bei gleichen Drehzahlen

der in den Schieber der Plandrehscheibe (vgl. Kap. III C) gespannte Drehmeißel in radialer Richtung und dreht die Stirnfläche plan. Nachteilig ist, daß die beiden Meißel auf verschiedenen Durchmessern mit gleicher Drehzahl umlaufen. Eine Anpassung an die verschieden hohen Schnittgeschwindigkeiten ist möglich durch einen hartmetallbestückten Meißel im Schieber und einen Schnellstahlmeißel in der Bohrstange.

Abb. 140 zeigt einen ähnlichen Vorgang, bei dem jedoch ein Plandrehsupport (vgl. Kap. III C) benutzt wird. Bohrspindel und Planscheibe können mit verschiedenen Drehzahlen umlaufen. Dadurch kann man sowohl für den Plandreh- als auch für den Bohrmeißel innerhalb gewisser Grenzen günstige Drehzahlen wählen. Die Grenzen sind durch das konstruktiv bedingte Verhältnis der Drehzahlen von Bohrspindel und Plandrehsupport gegeben.

Abb. 140. Arbeitsbeispiel für Aufbohren und gleichzeitiges Plandrehen

2. Gleichzeitiges Bearbeiten zweier koaxialer Bohrungen

In Abb. 141 ist das gleichzeitige Bearbeiten zweier Bohrungen mit der Bohrstange und einem auf dem Planschieber der Planscheibe aufgesetzten Axialmeißelhalter (Turmstahlhalter) zu erkennen. Der Bohrmeißel des Axialmeißelhalters erhält seinen Axialvorschub über Anschlag und Sternrad. Bei Tischbohrwerken kann der Axialvorschub auch durch Verfahren des Tisches ausgeführt werden.

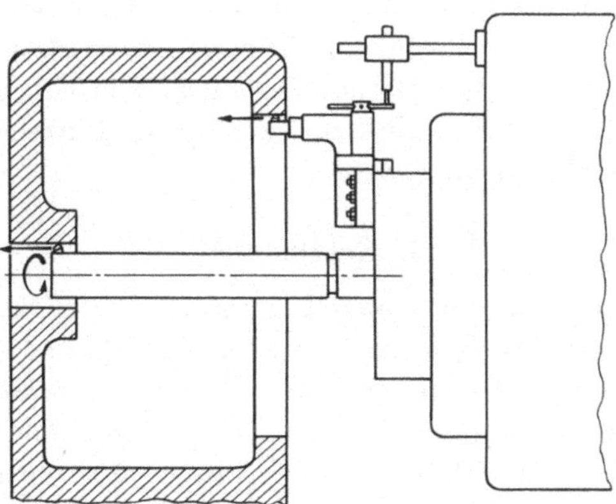

Abb. 141. Gleichzeitiges Bearbeiten zweier Bohrungen auf Waagerecht-Bohr- und Fräswerken mittels Axial-Meißelhalter und Bohrstange

3. Gleichzeitiges Plandrehen zweier Stirnflächen

Abb. 142 zeigt das gleichzeitige Plandrehen eines großen Hohlkörpers auf beiden Stirnseiten mit Plandrehsupport und einem auf der Bohrstange befestigten Flanschendrehsupport. Letzterer erhält den Radialvorschub ruckweise über Anschlag, Sternrad und Gewindespindel. Mit dem Flanschendrehsupport kann man auch kleine Absätze, Naben usw. mit gekröpftem Meißel oder querverstelltem Schieber längsdrehen (vgl. Kap. III C).

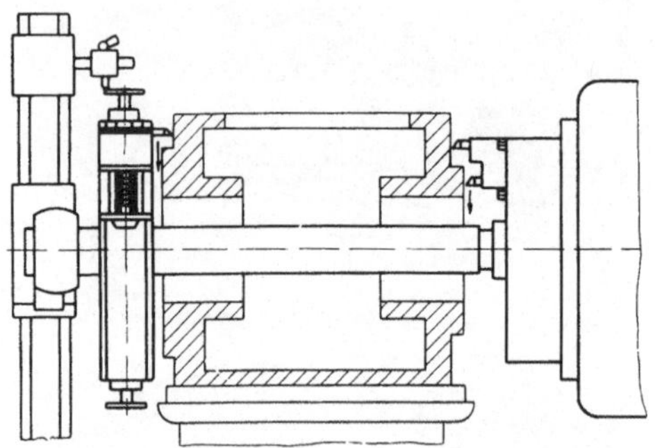

Abb. 142. Beiderseitiges Plandrehen mit Plandrehsupport und Flanschendrehsupport

B. Sonderarbeiten

Bei den hier einzuordnenden Beispielen handelt es sich meist darum, durch Anbau geeigneter Zusatzeinrichtungen auch selten vorkommende Arbeiten zu ermöglichen. Durch die Zusatzeinrichtungen wird das Waagerecht-Bohr- und Fräswerk zu einer für die Einzelfertigung besonders geeigneten Universalmaschine.

1. Kegelbohren

Ist die Bohrung von der Spindelkastenseite her zugänglich, so kann die Kegelbohrvorrichtung je nach Ausführung entweder an der Planscheibe angeflanscht oder an den Planschieber geschraubt werden.

Abb. 143 zeigt eine auf dem Schieber einer Plandrehscheibe befestigte Kegel-Bohrvorrichtung. Die im Prinzip gleiche Ausführung, jedoch auf den Planschieber eines Plandrehsupports geschraubt, zeigt Abb. 144.

Der Bohrungsdurchmesser wird durch Verschieben des Planschiebers, die Kegelsteigung durch Neigen der Werkzeugführung eingestellt. Der ruckweise Vorschub in Richtung des Kegelmantels erfolgt über Anschlag, Sternrad und Gewindespindel.

Bekannt sind auch Kegel-Bohrvorrichtungen mit kontinuierlichem Vorschub, bei denen z. B. die Vorschubbewegung von der Bohrspindel über eine Vielkeilwelle auf den Bohrmeißel übertragen wird.

Abb. 143. Kegelbohren mit einer auf dem Schieber einer Plandrehscheibe befestigten Kegel-Bohrvorrichtung (Kegelwinkel einstellbar)

Bei Planscheiben ohne Planschieber verwendet man eine Bohrvorrichtung, die einen eigenen Schlitten zur Radialverstellung besitzt und direkt auf der Planscheibe befestigt ist. Mit diesen Vorrichtungen können Kegel bis zu einem Öffnungswinkel von 45° hergestellt werden.

Abb. 144. Auf dem Schieber eines Plandrehsupports befestigte Kegel-Bohrvorrichtung (Kegelwinkel einstellbar)

Abb. 145 zeigt eine auf die Bohrstange geklemmte Vorrichtung für die Bearbeitung schwer zugänglicher kegeliger Bohrungen im Innern des Werkstückes. Der ruckweise Vorschub des Werkzeuges erfolgt über Anschlag, Sternrad und Gewindespindel.

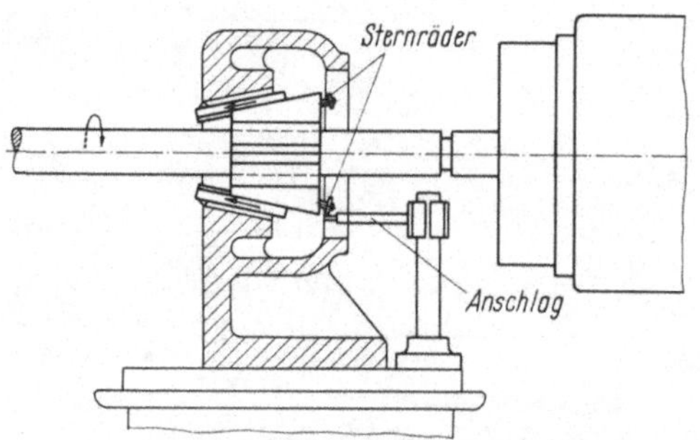

Abb. 145. Auf Bohrstange aufgeklemmte Kegel-Bohrvorrichtung (Kegelwinkel nicht einstellbar)

2. Bohren mit Winkelbohrkopf

Häufig muß an kastenförmigen Teilen, wie Vorrichtungen, Spindelkästen, Getriebekästen usw. auch senkrecht zur Bohrspindelachse gebohrt und gefräst werden, wenn das Umspannen des Werkstückes schwierig oder gar unmöglich ist. In diesem Fall verwendet man einen Winkelbohr-

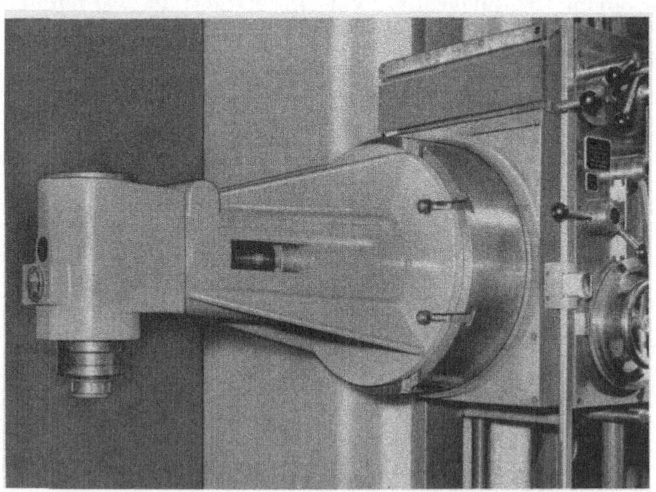

Abb. 146. Auf Planscheibe befestigter Winkel-Bohrkopf

kopf, wie er in Abb. 146 gezeigt ist. Die Drehbewegung für das Werkzeug wird von der Bohrspindel über Kegelräder abgenommen, der Vorschub erfolgt meist durch Bewegung des Spindelkastens, kann aber auch je nach Bauform des Bohrwerkes vom Tisch bzw. Ständer ausgeführt werden.

3. Bohren mit Vielfachbohrkopf

Durch Anbau eines Vielfachbohrkopfes kann das Waagerecht-Bohr- und Fräswerk auch für Mehrspindelarbeiten eingerichtet werden, so daß mehrere Bohrungen gleichzeitig bearbeitet werden können (Abb. 147). Die Drehbewegung der Spindeln wird über Stirnräder von der Haupt-

Abb. 147. Gleichzeitiges Bearbeiten von 3 Bohrungen mit Vielfach-Bohrkopf

spindel abgenommen, der Vorschub erfolgt werkstückseitig durch Verschieben des Maschinentisches. Während bei der gezeigten Bauart die Lage der Spindeln nicht veränderbar ist, sind auch einstellbare Ausführungen bekannt, bei denen die Spindeln über Zahnradscheren radial verschoben und mit Endmaßen eingestellt werden können.

4. Bohren nach Koordinaten

a) Bohren nach rechtwinkligen Koordinaten in der waagerechten Ebene. Nachdem bereits im Kap. III A das Bohren nach Koordinaten in der senkrechten Ebene beschrieben wurde, soll hier nur darauf hingewiesen werden, daß auch in der waagerechten Ebene nach Koordinaten gebohrt werden kann.

Man benutzt für diese Arbeit den in Abb. 146 gezeigten Winkelbohrkopf. Die Koordinaten werden von einem festen Bezugspunkt aus mit Hilfe der Tischverstellung in Längs- und Querrichtung eingestellt.

b) Bohren nach Polarkoordinaten. Zur Herstellung von Bohrungen auf Lochkreisen ist das Bohren nach Polarkoordinaten am günstigsten. Die Lage der einzelnen Bohrungen ist gegeben durch die Radien der Lochkreise und die Winkel zwischen den Verbindungslinien von der Lochkreismitte zu den Bohrungsmitten. Liegt der Lochkreis in der

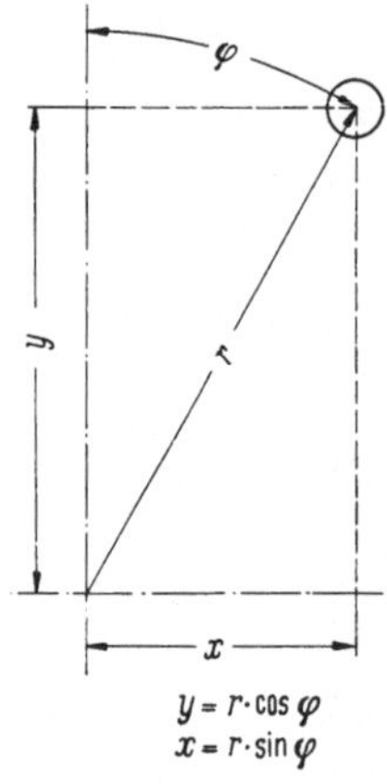

waagerechten Ebene, so wird das Werkstück auf dem Tisch so ausgerichtet und festgespannt, daß die Lochkreismitte mit dem Drehmittelpunkt des Tisches zusammenfällt. Die Radien können dann durch entsprechende Längs- oder Querverschiebung, die Koordinatenwinkel durch Drehung des Tisches eingestellt werden. In der senkrechten Ebene ist das Bohren nach Polarkoordinaten nur mit komplizierten Zusatzeinrichtungen möglich. In diesem Fall ist es vorteilhafter, nach rechtwinkligen Koordinaten zu arbeiten (Abb. 148).

Abb. 148. Umrechnung von Polar- in rechtwinklige Koordinaten

5. Fräsen mit Winkel-Fräseinrichtung

Oft verlangt die Bearbeitung komplizierter Werkstücke auch beim Fräsen eine senkrechte oder unter einem bestimmten Winkel geneigte Werkzeugachse. In solchen Fällen arbeitet man mit einer Vertikal- oder

Abb. 149. Auf Planscheibe aufgeschraubter Universal-Fräskopf

Winkel-Fräseinrichtung. Sie kann als Winkel-Fräskopf mit der Planscheibe oder dem Spindelkasten der Maschine fest verbunden sein. Abb. 149 zeigt einen auf die Planscheibe geschraubten Universal-Fräskopf, der bei senkrechtem oder waagerechtem Vorschub sogar „über Kopf" arbeiten kann. Da das Werkzeug in zwei Ebenen schwenkbar ist, findet diese Vorrichtung für die Bearbeitung schwierigster Werkstückformen Verwendung. Um bei schweren Schnitten ein Verspannen der Planscheibenlager und den erhöhten Aufwand für die Klemmung der Planscheibe zu vermeiden, ist der in Abb. 150 dargestellte Vertikal-Fräskopf auf der Planscheibenhaube befestigt und außerdem im Setzstocklager abgestützt. Dagegen ist der Winkel-Fräskopf nach Abb. 151 unter Einführung eines beliebig breiten Zwischenringes an den Spindelkasten geschraubt, so daß sich eventuelles Lagerspiel der Planscheibenlagerung

Abb. 150. Vertikalfräsapparat an Planscheibenhaube angeschraubt und im Setzstocklager abgestützt

nicht mehr auswirken kann. Die Lage des Fräskopfes kann nach Lösen der Befestigungsschrauben für den Zwischenring geändert werden. Bei allen Ausführungen wird die Drehbewegung der Bohrspindel über Kegelräder auf die Spindel des Fräskopfes übertragen.

Im Gegensatz zum Winkel-Fräskopf ist der Winkel-Fräsapparat (Abb. 152) in Richtung der Bohrspindelachse verschiebbar und klemmbar. Bei Tischbohrwerken kann er als Vertikal-Fräsapparat in der Bohrspindel und dem Setzstocklager aufgenommen und mit Hilfe einer Stützstange, die in je einem Zusatzlager am Spindelkasten und Setzstock gelagert ist, in seiner Lage gehalten werden. Er läßt sich über die gesamte Tischlänge verschieben und klemmen. Die Drehbewegung des Fräsers wird von der Bohrstange abgenommen und über Kegelräder in die senkrechte Richtung umgeleitet. Bei großen Plattenbohrwerken befestigt

Abb. 151. Am Spindelkasten auf einem Zwischenflansch befestigter Winkelfräskopf

Abb. 152. Vertikalfräsapparat durch Bohrspindel angetrieben und mit Stützstange gehalten

man den Fräsapparat auf der nicht drehbaren aber verschiebbaren Traghülse. Den Antrieb erhält er über Kegelräder von der Bohrspindel.

Es ist auch möglich, bestimmte Winkel ohne Benutzung einer besonderen Fräseinrichtung nur unter Ausnutzung der verschiedenen Bewegungsmöglichkeiten der Maschine zu fräsen. Man schaltet zwei Vorschübe, z. B. Querbewegung des Tisches und senkrechte Bewegung des Spindelkastens, gleichzeitig ein, und erhält Winkel, die dem Verhältnis der beiden Vorschübe entsprechen.

Mit zwei voneinander unabhängigen Vorschubgetrieben ist das Fräsen jedes Winkels möglich, wenn eines der beiden Getriebe stufenlos einstellbar ist (s. auch Kapitel VI D).

6. Karusselldrehen

Ist an einem Waagerecht-Bohr- und Fräswerk der Tisch mittels Getriebe kontinuierlich drehbar, so können auch Karusselldreharbeiten ausgeführt werden. Der Tisch muß dann mit einem Bronzering als Gleitführung oder mit einem Plankugellager als Wälzführung versehen sein, um bei hohen Umdrehungsgeschwindigkeiten ein Verschleißen der Führungen zu vermindern.

Abb. 153. Karusselldrehen mit Drehtisch

Zum Spannen der Werkzeuge müssen besondere Vorrichtungen verwendet werden. Der Meißelhalter in Abb. 153 ähnelt einer Bohrstange. Er wird auf der einen Seite in der Bohrspindel gehalten und auf der anderen Seite im Setzstock geführt. An die Genauigkeit und die Oberflächengüte der bearbeiteten Fläche können bei dieser Anordnung keine hohen Anforderungen gestellt werden.

Abb. 154 zeigt einen Meißelhalter, der an die Planscheibe oder den Plandrehkopf angeflanscht wird. Mit ihm kann nur am Umfang des Werkstückes gearbeitet werden, da die Ausladung des Meißelhalters gering ist. Der Längsvorschub wird durch Bewegen des Spindelkastens, der Planvorschub durch Verschieben des Tisches ausgeführt. Um ein Verkanten der Planscheibe zu vermeiden, ist es günstiger, den Meißelhalter an einem am Spindelkasten angeschraubten Zwischenflansch zu befestigen.

Abb. 155 zeigt einen Rundtisch, bei dem die Drehzahlen für Karussell-Dreharbeiten an einem zusätzlich eingebauten PIV-Getriebe eingestellt werden können. Dieser Tisch kann auch zum Rundfräsen benutzt werden.

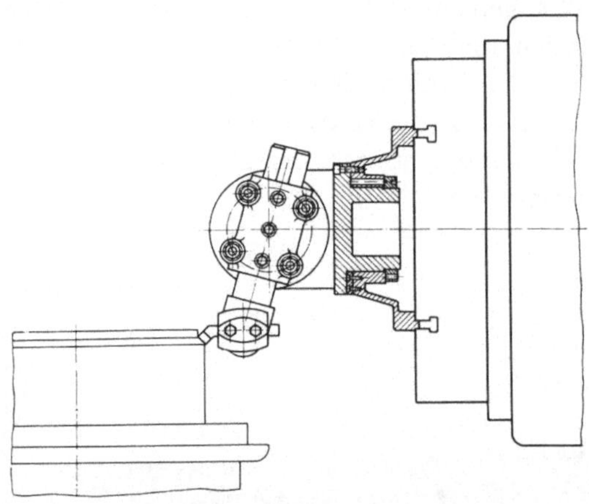

Abb. 154. An der Planscheibe befestigter Meißelhalter für Karusselldreharbeiten (Fa. Marcel Pégard; Andenne/Belgien)

Abb. 155. Sonderausführung eines Rundtisches für Rundfräs- und Karusselldreharbeiten

7. Rundfräsen

In Abb. 156 ist ein Rundfräsvorgang dargestellt. Rundfräsarbeiten sind oft nur unter großen Schwierigkeiten durchführbar. Sollen beispielsweise am Umfang eines Rotationskörpers Nuten eingefräst werden, so ist die Erzeugung einwandfreier Seitenflächen durchaus möglich. Problematisch dagegen ist die Herstellung eines einwandfreien Nutengrundes. Je nach Stellung des Fräsers erhält man nämlich eine konkave oder konvexe Form.

Abb. 156. Arbeitsbeispiel für Rundfräsen

8. Nutenstoßen

Das Waagerecht-Bohr- und Fräswerk kann in Ausnahmefällen sogar zum Nutenstoßen benutzt werden. Allerdings handelt es sich hierbei um Arbeiten, die nur ausgeführt werden, wenn das langwierige Umspannen schwerer und sperriger Werkstücke vermieden werden soll. Man beschränkt sich jedoch auf das Stoßen von Nuten mittlerer Genauigkeit.

Wie Abb. 157 zeigt, nimmt die gegen Rundlauf geklemmte Bohrspindel das Werkzeug auf, und der Tisch führt die geradlinige Arbeitsbewegung aus. Der Tischvorschub muß genügend groß sein.

9. Längsdrehen mittels Tischvorschubes

Abschließend sei noch auf eine Sonderarbeit hingewiesen, bei der das Waagerecht-Bohr- und Fräswerk funktionsmäßig wie eine Drehbank benutzt wird. Kurze, zylindrische Werkstücke werden im Futter der Planscheibe fliegend aufgenommen; lange Werkstücke können auf der Gegenseite gestützt werden. Wie in Abb. 158 dargestellt, wird ein verstellbarer Support auf den Tisch des Waagerecht-Bohr- und Fräswerkes gespannt, so daß bei rotierender Planscheibe mit Hilfe des Tischvorschubes gedreht werden kann.

Abb. 157. Nutenstoßen bei feststehender Bohrspindel

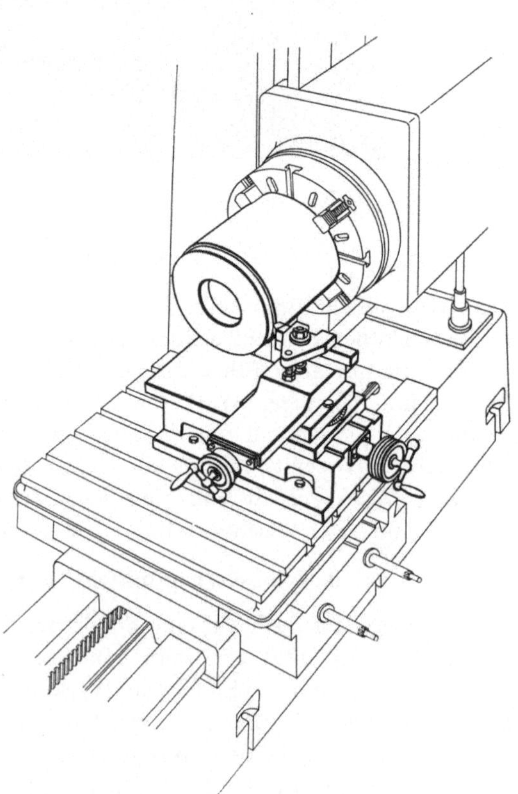

Abb. 158. Längsdrehen eines auf der Planscheibe befestigten Werkstückes, Drehsupport mit Drehmeißel auf den Tisch gespannt

V. Wahl wirtschaftlicher Schnittbedingungen

Die Wirtschaftlichkeit einer Fertigung hängt in starkem Maße von der Wahl zweckmäßiger Werkzeuge und Arbeitsbedingungen ab, da diese Faktoren die verschiedenen Kostenarten, wie Lohnkosten, Werkzeugkosten, Energiekosten usw. entscheidend beeinflussen. Der Betriebsmann weiß, daß sich die Veränderung einer Arbeitsbedingung leider nicht im gleichen Sinne auf alle Kosten auswirkt; man denke z. B. an die umgekehrte Abhängigkeit der Lohn- und Werkzeugkosten von der Schnittgeschwindigkeit. Er wird deshalb bestrebt sein, immer die günstigste Kombination herauszufinden.

Da die Zahl der Einflußgrößen groß ist, ist es im Rahmen dieses Handbuches unmöglich, eindeutige Bearbeitungsvorschriften für alle Fälle festzulegen. Wohl aber sollen dem Leser Richtwerte angegeben werden, die mit entsprechender Überlegung und unter Berücksichtigung der betriebsmäßigen Besonderheiten angewendet werden können. Besonders bei der Fertigung größerer Stückzahlen ist es unumgänglich, durch geeignete Verfahren die günstigsten Arbeitsbedingungen genauer zu ermitteln. Es sei in diesem Zusammenhang auf die Arbeiten von J. Witthoff [*28*, *29*, *30*, *31*] zur rechnerischen Ermittlung der kostengünstigsten Bearbeitungsbedingungen hingewiesen. Hier werden u. a. die Zusammenhänge zwischen den Fertigungskosten und der die Standzeit der Werkzeuge am stärksten beeinflussenden Größe, nämlich der Schnittgeschwindigkeit v dargestellt. Voraussetzung für die Anwendung der in diesen Arbeiten angegebenen Gleichungen ist das Vorhandensein von Unterlagen über die Beziehung zwischen der Standzeit und der Schnittgeschwindigkeit. Als Kriterium für die Standzeit eignet sich am besten die Verschleißmarkenbreite B an der Freifläche des Werkzeuges. Es können jedoch auch andere Standzeitkriterien zugrunde gelegt werden, wie z. B. das Erliegen der Schneide infolge Wärmebeanspruchung, der Kolkverschleiß oder die Oberflächengüte des Werkstückes. Als Voraussetzung für die Anwendung der Gleichungen gilt, daß in jedem Fall der Zusammenhang zwischen der Standzeit und der Schnittgeschwindigkeit im doppellogarithmischen System, im zu betrachtenden Bereich durch eine Gerade dargestellt werden kann.

Der Betriebsmann darf indessen nie unterlassen, sich durch ständige Standzeitbeobachtungen einen Überblick über die Zweckmäßigkeit der von ihm angewandten Arbeitsbedingungen zu schaffen. Eine wertvolle Hilfe für derartige Untersuchungen bilden Beobachtungsbogen, wie z. B.

Beobachter:
Beginn:
Ende:

Standzeit-Beobachtung
Fräsen mit Messerkopf

Nr.

Arbeitsgang

Werkzeug

Durchmesser $d =$ mm
Drehrichtung:
Messerzahl $z =$
Hartmetallqualität:
Aufnahme:

$\gamma_r =$
$\gamma_a =$
$\gamma_w =$
$\lambda =$
$\alpha =$

$\varkappa =$
$\varkappa_1 =$
$\varkappa_n =$
x = mm
y = mm
z = mm

Werkstück

Werkstoff:
Härte: $H_n =$ kg/mm²
Gefüge:
Fläche, voll: $F' =$ cm²
Fläche, unterbr.: $F =$ cm²

Starrheit der Fräsfläche:

Stabilität der Aufspannung:

Skizze mit Hauptabmessungen und Stellung des Messerkopfes:

Arbeitsbedingungen

Stromaufnahme
b. Leerlauf
$i_L =$ A
b. vollem Schnitt:
$i_S =$ A

Drehzahl $n =$ U/min
Schnittgeschw. $v =$ m/min
Vorschub $s =$ mm/min
Vorschub pro Zahn $s_z =$ mm/Z.
Schnittiefe $a =$ mm
Schneidkantenlänge $k =$ mm

Eingr. Winkel $\varepsilon =$
Kennl. Winkel i =
Auftreffpunkt:
Stoßfaktor:

Kühlung:

Maschine Firma: Leistung $N =$ kW
Bem.: Maschinenart:

Standzeitkriterium

Verschleißmarkenbreite $V_B =$ mm

Standzeit Mittelwert aus Beobachtungen
Streuung nach +: ; nach −: [%]
Anzahl Werkstücke bzw. gefräste Flächen:
Fläche, unterbrochen: $F =$ m² | $F_z =$ m² /Zahn
Spanvolumen: $V =$ dm³ | $V_z =$ dm³/Zahn
Spanvol. pro Einh. d. Schneidkantenlg. $V_K =$ dm³/mm

Anzahl der beschädigten Messer:
Ursache:

Zeit zum Schärfen u. Instandsetzen des Werkzeuges:

Firma:

Abbildung 159. *Standzeit-Beobachtungsbogen für das Stirnfräsen mit Messerkopf*

der von W. Leyensetter [*32*] vorgeschlagene Standzeitbeobachtungsbogen für Fräsarbeiten mit Messerköpfen, der in Abb. 159 gezeigt wird.

Die in den folgenden Abschnitten angegebenen Richtwerte wurden aus dem einschlägigen Schrifttum, aus Katalogen verschiedener Werkzeughersteller und auf Grund eigener Versuche und Erfahrungen zusammengestellt.

A. Richtwerte für Dreharbeiten

Die meisten der auf dem Gebiete der Zerspanungstechnik durchgeführten Forschungsarbeiten und Untersuchungen beziehen sich auf den Drehvorgang, der infolge seiner Einfachheit für grundlegende Untersuchungen besonders geeignet ist. Wegen der guten Anschaulichkeit und auf Grund der Tatsache, daß infolge der zahlreichen und an vielen Stellen durchgeführten Versuche für diesen Bearbeitungsfall ungleich mehr Richtwerte vorliegen als für andere Zerspanungsverfahren, sollen zuerst günstige Arbeitsbedingungen für das Drehen angegeben werden.

a) Schneidenwinkel. Durch die Wahl geeigneter Schneidenwinkel (Zahlentafel 6) ist es möglich, das Werkzeug dem Werkstoff und der Form des Werkstückes anzupassen.

Zahlentafel 6. *Richtwerte für Schneidenwinkel beim Drehen mit Schnellstahl- oder Hartmetallwerkzeugen in Abhängigkeit vom Werkstückstoff* [11]

Werkstoff	σ_B bzw. Härte [kg/mm²]	Schnellstahlwerkzeuge		Hartmetallwerkzeuge	
		α^0	γ^0	α^0	γ^0
Unlegierter Stahl.....	bis 50	8	14	5	10
	50... 60	8	14	5	10
	60... 70	8	14	5	10
	70... 85	8	14	5	10
	85...100	8	10	5	6
Legierter Stahl	100...120	8	6	5	6
Nichtrostender Stahl .		8	14	5	10
Stahlguß............	38... 52	8	10	5	6
Grauguß	bis 200 HB	8	0	5	0
Grauguß	über 200 HB	8	0	5	0
Temperguß		8	10	5	10
Aluminiumlegierungen		12	18	12	18
Magnesiumlegierung .		8	6	5	6
Messing.............		8	0	5	6
Rotguß		8	0	5	6
Gußbronze		8	0	5	6
Novotext, Bakelit, Pertinax		12	14	12	14

Der Freiwinkel α sollte einerseits nicht zu groß gewählt werden, da eine Freiwinkelvergrößerung den Schneidenkeil schwächt, andererseits muß er so groß sein, daß die Reibung zwischen Werkstück- und Freifläche in erträglichen Grenzen bleibt und der Verschleiß nicht zu stark wird. Beim Außendrehen erfordern größere Durchmesser, beim Innendrehen kleinere Durchmesser die Anwendung größerer Freiwinkel.

Der Spanwinkel γ beeinflußt in starkem Maße die Spanbildung und die Höhe der Schnittkräfte, und zwar ergibt eine Vergrößerung des Spanwinkels geringere Schnittkräfte und bessere Spanbildung. Nähe-

Zahlentafel 7. *Richtwerte für Schnittgeschwindigkeiten* v_{60}, v_{240} [m/min] *in Abhängigkeit vom Vorschub* s [mm/U] *und verschiedenen Werkstoffen beim Drehen mit Werkzeugen aus Schnellstahl und mit Hartmetall-Schneiden* [*88*]

Werkstoff	σ_B bzw. Härte [kg/mm²]	Hartmetallschneiden						Schnellstahl SS				
		Vorschub in [mm/U] / Schnittgeschwindigkeiten v_{240} [m/min]					Hartmetall Sorte	Vorschub in [mm/U] / Schnittgeschwindigkeiten v_{60} [m/min]				
		0,1	0,2	0,4	0,8	1,6		0,2	0,4	0,8	1,6	3,2
Unlegierter		290	245	210	180	—	P 10					
Stahl	bis 50	—	170	145	125	105	P 20	60	45	34	25	19
		—	—	94	80	67	P 30					
		260	215	185	155	—	P 10					
	50... 60	—	145	121	103	85	P 20	48	36	27	20	15
		—	—	78	67	56	P 30					
		225	188	160	155	—	P 10					
	60... 70	—	122	104	89	71	P 20	40	30	22	17	13
		—	—	65	56	48	P 30					
		188	155	128	108	—	P 10					
	70... 85	—	98	83	70	52	P 20	32	24	18	13	10
		—	—	50	44	34	P 30					
		167	135	112	95	—	P 10					
	85...100	—	84	71	61	45	P 20	25	19	14	11	8
		—	—	43	38	28	P 30					
Legierter		105	86	70	56	—	P 10					
Stahl	100...120	—	55	45	36	28	P 20	16	11	8	5,6	4,0
		—	—	27	22	18	P 30					
Nichtrosten-		90	71	56	48	—	P 10					
der Stahl....		—	43	34	28	22	P 20	21	15	11	7,5	5,3
		—	—	22	19	15	P 30					
		142	120	101	88	—	P 10					
Stahlguß	38... 52	—	78	66	57	45	P 20	50	38	28	21	10
		—	—	43	36	30	P 30					
Grauguß	bis 200 HB	130	108	90	75	63	K 20	48	34	19	13	11
		95	80	70	61	50	K 40	44	27	18	14	9,5
	über 200 HB	63	52	46	38	32	K 10	32	18	13	9,5	6,3
		38	32	28	23	20	K 10 K 05	24	15	10	7,1	4,8
Temperguß .		100	84	70	60	50	K 10 P 10 P 20	43	28	20	13	9
Aluminium-legierungen												
bis 9% Si		226	192	164	140	118	K 20	125	85	56	36	24
über 9% Si		100	90	80	71	67	K 20	67	45	30	19	11
Magnesium-legierung ...		1800	1500	1250	1060	900	K 20	900	800	750	716	600
Messing		600	530	450	400	355	K 20	125	85	56	36	24
Rotguß		500	450	375	335	300	K 20	85	63	48	34	24
Gußbronze ..		355	280	236	200	180	K 20	63	53	43	36	28
Novotext.... Bakelit ..... Pertinax		280	212	170	132	100	K 10 K 20	—	—	—	—	—

Umrechnungstafel für Schnittgeschwindigkeiten bei verschiedenen Einstellwinkeln

	Umrechnungsfaktor für v 60, v 240, bei einem Einstellwinkel von		
	45°	60°	90°
Schnellstahl bei Zerspanung von Stahl und Stahlguß.....	1,0	0,80	0,66
Schnellstahl bei Zerspanung von Gußeisen	1,0	0,89	0,72
Schnellstahl bei Zerspanung der übrigen Werkstoffe	1,0	0,96	0,90
Hartmetall bei Zerspanung sämtlicher angegebener Werkstoffe	1,0	0,96	0,90

rungsweise rechnet man, daß eine Erhöhung des Spanwinkels um 1° die Schnittkräfte um etwa 1% verringert. Mit steigender Festigkeit des Werkstückstoffes und zunehmender Sprödigkeit des Schneidstoffes sind große positive Spanwinkel jedoch ungünstig, da die auftretenden Beanspruchungen einen großen Keilwinkel β erfordern. Man arbeitet in derartigen Fällen oft mit negativen Spanwinkeln.

Die Größe des Spitzenwinkels ε richtet sich in erster Linie nach den auftretenden Schnittkräften und den abzutragenden Spanquerschnitten. Im allgemeinen werden Spitzenwinkel von $\varepsilon = 90°$ angewendet, für sehr harte Werkstoffe (z. B. Hartguß) haben sich Spitzenwinkel bis zu 140° bewährt.

Ein positiver Neigungswinkel λ, d. h. eine zur Spitze abfallende Schneidkante, ist besonders für Schruppschnitte und bei Anwendung von Hartmetallwerkzeugen wichtig, weil hierdurch die harte Kruste bzw. der Außendurchmesser der Spanquerschnitte voreilend auf die Schneide auftrifft und die empfindliche Schneidenspitze geschont wird. Man wählt für λ Werte zwischen 5 und 8°. Lediglich für Schlichtschnitte kann die Anwendung negativer Neigungswinkel Vorteile bringen, da durch die damit verbundene Verringerung der Abdrängkräfte glattere Oberflächen erreicht werden können.

Der Einstellwinkel $\varkappa$ liegt für übliche Schnitte zwischen 45 und 75°. Kleine Einstellwinkel sind mit großen Schneideneingriffslängen verbunden und halten die spezifische Schneidenbelastung klein. Große Einstellwinkel ergeben zwar eine große spezifische Schneidenbelastung, haben aber den Vorteil, daß die Rückkräfte klein sind und infolge geringerer Werkstückdurchbiegung Schwingungen weitgehend vermieden werden.

b) Einstellbedingungen. Die Einstellbedingungen sind die Größen, welche sich an der Werkzeugmaschine einstellen lassen, d. h. der Vorschub s, die Schnittiefe a und die Drehzahl n bzw. die Schnittgeschwindigkeit v. Richtwerte für günstige Einstellbedingungen beim Drehen enthält Zahlentafel 7. Um in der Zeiteinheit möglichst viel Werkstoff mit geringsten Kosten zu zerspanen, müssen der Vorschub s und die

Spantiefe a so groß wie möglich gewählt werden. Von J. WITTHOFF [33] wurden für Hartmetallwerkzeuge je nach Art des Schnittes folgende oberen Grenzwerte für Vorschub und Spantiefe angegeben, die auch für Schnellstahl Gültigkeit haben:

Art des Schnittes	Vorschub s [mm/U]	Spantiefe a [mm]
fein	0,1	0,5
leicht	0,3	3
mittel	0,6	6
schwer	$>0{,}6$	>6

In Fällen, bei denen zwischen großem Vorschub und großer Spantiefe gewählt werden kann, ist eine größere Spantiefe zu bevorzugen. Schon A. WALLICHS und H. DABRINGHAUS [34] fanden für den Schruppschnitt mit Schnellstahlwerkzeugen, daß eine Verdopplung des Vorschubs angenähert einen doppelt so großen Abfall der Stundenschnittgeschwindigkeit v_{60}*, zur Folge hat wie die Verdopplung der Spantiefe; eine Vergrößerung der Spantiefe setzt die v_{60} nur verhältnismäßig geringfügig herab. Außerdem ist es grundsätzlich günstiger, mit einem großen Spanquerschnitt zu arbeiten als mit hohen Schnittgeschwindigkeiten v, denn von allen Zerspanungsgrößen beeinflußt die Schnittgeschwindigkeit die Standzeit der Werkzeuge am stärksten. Kleine Schnittgeschwindigkeitsänderungen bewirken große Standzeitänderungen; so kann beispielsweise die Vergrößerung der Schnittgeschwindigkeit um etwa 10% die Standzeit um die Hälfte verkürzen.

B. Richtwerte für Lochbearbeitung

1. Richtwerte für Bohren mit Spiralbohrer

Im folgenden Abschnitt werden Richtwerte für das Bohren ins Volle mit ausgespitzten Spiralbohrern angegeben. Die Werte gelten nur für Lochtiefen bis etwa zum vierfachen Bohrerdurchmesser.

a) Schneidenwinkel. Angaben über die Schneidenwinkel enthält Zahlentafel 8. Die meisten Stahl- und Graugußsorten lassen sich günstig mit Spiralbohrern bearbeiten, deren Spitzenwinkel $\varphi = 116°-118°$ und deren Drallwinkel $\sigma = 26°-30°$ betragen. Abweichungen von diesen Werten sind lediglich für das Bohren von Nichteisenmetallen und Nichtmetallen vorteilhaft. Zu beachten ist, daß mit einer Drallwinkelvergrößerung die

---

* Stundenschnittgeschwindigkeit v_{60} = Schnittgeschwindigkeit, für die die Standzeit des Werkzeuges 60 Minuten beträgt.

Spanabfuhr verschlechtert wird. Für Sonderfälle werden deshalb Bohrer mit veränderlichem, zum Schaftende allmählich kleiner werdenden Drallwinkel verwendet [*35*].

Zahlentafel 8. *Richtwerte für Spitzenwinkel und Drallwinkel an Spiralbohrern aus Schnellstahl* [5]

Bearbeiteter Werkstoff	Spitzenwinkel	Drallwinkel
Stahl und Grauguß	115...118°	26...30°
Aluminium und zähe Aluminiumlegierungen	140°	30...45°
Ausgehärtete Aluminiumlegierungen	120°	
Magnesiumlegierungen für flache Löcher	100°	10...16°
für tiefe Löcher	120°	
Schraubenmessing (Ms 58) und Schmiedemessing (Ms 60)	130°	10...25°
Kupfer und Tombak (Ms 80–Ms 90) für flache Löcher	120°	30...45°
für tiefe Löcher	125°	
Zelluloid	100°	10...25°
Hartgummi und dünne Preßstoffteile	30°	10...25°
Marmor, Schiefer, Kohle	80°	10...25°
Porzellan, Glas (Hartmetall Spitz- und Dreikantbohrer)	100...120°	10...25°

Der Hinterschliffwinkel η muß einerseits genügend groß sein, damit der Bohrer frei schneidet; andererseits sind kleine Hinterschliffwinkel erwünscht, um die Schneide möglichst wenig zu schwächen. Bei der Bearbeitung von Stahl und Grauguß beträgt der Hinterschliffwinkel am Außendurchmesser normalerweise etwa 5°.

b) Einstellbedingungen. Anhaltswerte für die Wahl der Vorschübe in Abhängigkeit vom Bohrerdurchmesser werden in Zahlentafel 9 und 10

Zahlentafel 9. *Richtwerte für Vorschübe s* [mm/U] *beim Bohren mit Spiralbohrern aus Schnellstahl*

Werkstoff	σ_B bzw. Härte [kg/mm²]	Vorschub s [mm/U] in Abhängigkeit vom Bohrer-⌀ [mm] 2...10	10...20	20...40	40...60
Unlegierter Stahl	bis 50	0,03...0,2	0,2 ...0,3	0,3 ...0,4	0,4 ...0,5
	50... 70	0,03...0,16	0,16...0,24	0,24...0,32	0,32...0,4
	70... 90	0,02...0,125	0,12...0,18	0,18...0,24	0,24...0,32
	90...110	0,01...0,1	0,1 ...0,14	0,14...0,2	0,2 ...0,24
Legierter Stahl	100...120	0,01...0,1	0,1 ...0,14	0,14...0,2	0,2 ...0,24
Nichtrostender Stahl		0,02...0,125	0,12...0,18	0,18...0,24	0,24...0,32
Stahlguß	38... 52	0,03...0,16	0,16...0,24	0,24...0,32	0,32...0,4
Grauguß	bis 200 HB	0,06...0,24	0,24...0,32	0,32...0,45	0,45...0,56
	über 200 HB	0,04...0,18	0,18...0,24	0,24...0,36	0,36...0,45
Sphäroguß		0,04...0,18	0,18...0,24	0,24...0,36	0,36...0,45
Temperguß		0,02...0,125	0,12...0,18	0,18...0,24	0,24...0,32
Aluminiumlegierungen		0,05...0,24	0,24...0,3	0,3 ...0,45	0,45...0,56
Messing		0,04...0,18	0,18...0,24	0,24...0,36	0,36...0,45
Bronze		0,04...0,18	0,18...0,24	0,24...0,36	0,36...0,45
Kunststoffe		0,08...0,32	0,32...0,45	0,45...0,56	0,56...0,70

Zahlentafel 10. *Richtwerte für Vorschübe s* [mm/U] *beim Bohren mit hartmetallbestückten Spiralbohrern*

Werkstoff	σ_B bzw. Härte [kg/mm²]	Vorschub *s* [mm/U] in Abhängigkeit vom Bohrer-⌀ [mm]			
		2...10	10...20	20...40	40...60
Unlegierter Stahl....	bis 50	0,02...0,06	0,06...0,1	0,1 ...0,14	0,14...0,18
	50... 70	0,02...0,06	0,06...0,1	0,1 ...0,14	0,14...0,18
	70... 90	0,02...0,05	0,05...0,08	0,08...0,12	0,12...0,14
	90...110	0,02...0,05	0,05...0,08	0,08...0,12	0,12...0,14
Legierter Stahl	100...120	0,03...0,04	0,04...0,06	0,06...0,08	0,08...0,12
Nichtrostender Stahl		0,02...0,04	0,04...0,06	0,06...0,08	0,08...0,12
Stahlguß...........	38... 52	0,02...0,05	0,05...0,08	0,08...0,12	0,12...0,14
Grauguß...........	bis 200 HB	0,04...0,08	0,08...0,15	0,15...0,3	0,3 ...0,45
	über 200 HB	0,03...0,05	0,05...0,1	0,1 ...0,2	0,2 ...0,3
Sphäroguß.........		0,03...0,05	0,05...0,1	0,1 ...0,2	0,2 ...0,3
Temperguß		0,02...0,05	0,05...0,08	0,08...0,12	0,12...0,14
Aluminiumlegierungen		0,06...0,1	0,1 ...0,18	0,18...0,25	0,25...0,32
Messing............		0,06...0,1	0,1 ...0,15	0,15...0,2	0,2 ...0,3
Bronze		0,06...0,1	0,1 ...0,15	0,15...0,2	0,2 ...0,3
Kunststoffe		0,03...0,06	0,06...0,12	0,12...0,2	0,2 ...0,3

gegeben. Die Werte gelten für die Bearbeitung von Stählen mit Bohrölemulsion und für trockenes Bohren von Grauguß.

Auch beim Bohren soll im Hinblick auf die Standzeit mit großen Vorschüben und mäßigen Schnittgeschwindigkeiten gearbeitet werden. Es empfiehlt sich, die Schneidverhältnisse an der Querschneide durch Ausspitzen zu verkürzen, um die Vorschubkräfte P_2 und die damit verbundenen Verformungen von Werkstück und Maschine möglichst gering zu halten [*36*].

Bohrer mit Hartmetallschneiden lassen nur geringe Vorschübe zu, da die bei großen Vorschüben auftretenden Schnittkraftschwankungen

Zahlentafel 11. *Richtwerte für Schnittgeschwindigkeiten v* [m/min] *beim Bohren mit Spiralbohrern aus Schnellstahl und mit Hartmetall-Schneiden*

Werkstoff	σ_B bzw. Härte [kg/mm²]	Schnellstahl Schnittgeschw. *v* [m/min]	Hartmetall Schnittgeschw. *v* [m/min]
Unlegierter Stahl......	bis 50	25... 40	55... 70
	50... 70	25... 30	45... 50
	70... 90	12... 20	40... 45
	90...110	6... 12	35... 55
Legierter Stahl	100...120	10... 15	35... 50
Nichtrostender Stahl ..		7... 12	20... 35
Stahlguß............	38... 52	12... 20	20... 30
Grauguß	bis 200 HB	20... 35	60... 80
	über 200 HB	15... 25	30... 40
Sphäroguß		15... 30	35... 50
Temperguß		12... 20	30... 40
Aluminiumlegierungen		bis 160	230...300
Messing.............		bis 70	80... 90
Bronze		bis 70	80... 90
Kunststoffe		15... 30	70...100

leicht zu Beschädigungen der Schneidplatten führen können. Durch die Anwendung höherer Schnittgeschwindigkeiten ist es trotzdem möglich, auch mit Hartmetallbohrern, und zwar speziell bei der Bearbeitung harter Werkstoffe wirtschaftlich zu arbeiten. Die Zahlentafel 11 enthält erprobte Werte von Schnittgeschwindigkeiten für die Bearbeitung verschiedener Werkstoffe mit Schnellstahl- und Hartmetallbohrern.

2. Richtwerte für Senkarbeiten

Vorgebohrte oder vorgegossene Löcher werden oft mit Senkwerkzeugen weiter bearbeitet, wenn an die endgültigen Löcher hinsichtlich Oberflächengüte und Rundheit Ansprüche gestellt werden, die mit den zweischneidigen Spiralbohrern nicht erfüllbar sind.

a) Schneidenwinkel. Spiralsenker haben durchweg 3 Nuten, die unter einem Drallwinkel σ von etwa 24° verlaufen. Der Spitzenwinkel φ liegt bei 120°. Aufstecksenker dagegen werden meistens vierschneidig ausgeführt. Der Drallwinkel σ beträgt hier etwa 14°, der Spitzenwinkel φ durchweg 90°.

b) Einstellbedingungen. Da die Kräfte beim Senken geringer sind als beim Bohren, ist es möglich, größere Vorschübe s anzuwenden, während die Schnittgeschwindigkeiten v geringer gehalten werden. Angaben über die zu wählenden Vorschübe enthält Zahlentafel 12; Hinweise für die Wahl geeigneter Schnittgeschwindigkeiten die Zahlentafel 13.

Zahlentafel 12. *Richtwerte für Vorschübe s* [mm/U] *beim Senken*

Werkstoff	σ_B bzw. Härte [kg/mm²]	Schnellstahl: Spiral- und Aufstecksenker Vorschub s [mm/U]	Schnellstahl: Zapfensenker Vorschub s [mm/U]	Schnellstahl: Spitzsenker und Zweischneider Vorschub s [mm/U]	Hartmetall: Spiral- und Aufstecksenker Vorschub s [mm/U]	Hartmetall: Zapfensenker Vorschub s [mm/U]
Unlegierter Stahl	bis 50	0,2... 0,6	0,08...0,25	0,2 ...0,5	0,2...0,8	0,1 ...0,2
	50... 70	0,2 ...0,6	0,08...0,25	0,2 ...0,5	0,2...0,8	0,1 ...0,2
	70... 90	0,2 ...0,6	0,08...0,25	0,2 ...0,5	0,2...0,8	0,1 ...0,2
	80...120	0,2 ...0,6	0,08...0,25	0,2 ...0,5	0,2...0,8	0,1 ...0,2
Legierter Stahl	100...120	0,2 ...0,6	0,08...0,25	0,2 ...0,5	0,2...0,8	0,1 ...0,2
Nichtrostender Stahl...		0,2 ...0,6	0,08...0,25	0,2 ...0,5	0,2...0,8	0,1 ...0,2
Stahlguß...	38... 52	0,2 ...0,6	0,08...0,25	0,2 ...0,5	0,3...2,8	0,08...0,3
Grauguß ...	bis 200 HB	0,25...0,7	0,15...0,3	0,25...0,6	0,3...2,0	0,08...0,3
	über 200 HB	0,25...0,7	0,15...0,3	0,25...0,6	0,2...2,0	0,05...0,2
Sphäroguß .		0,25...0,7	0,15...0,1	0,25...0,6	0,2...2,0	0,05...0,2
Temperguß		0,15...0,6	0,08...0,25	0,2 ...0,5	0,2...0,8	0,1 ...0,2
Aluminiumlegierungen		0,3 ...0,7	0,15...0,36	0,25...0,6	0,2...0,8	0,1 ...0,3
Messing....		0,25...0,56	0,15...0,36	0,25...0,6	0,3...0,8	0,08...0,2
Bronze		0,25...0,56	0,15...0,36	0,25...0,6	0,3...0,8	0,08...0,2
Kunststoffe					0,4...1,0	0,15...0,25

Zahlentafel 13. *Richtwerte für Schnittgeschwindigkeiten* v [m/min] *beim Senken*

Werkstoff	σ_B bzw. Härte [kg/mm²]	Schnellstahl: Spiral- und Aufstecksenker Schnittgeschw. v [m/min]	Schnellstahl: Zapfensenker Schnittgeschw. v [m/min]	Schnellstahl: Spitzsenker und Zweischneider Schnittgeschw. v [m/min]	Hartmetall: Spiral- und Aufstecksenker Schnittgeschw. v [m/min]	Hartmetall: Zapfensenker Schnittgeschw. v [m/min]
Unlegierter Stahl	bis 50	15...20	12...14	10...12	20...30	15...28
	50... 70	14...18	10...12	10...12	20...30	15...28
	70... 90	10...15	8...10	5... 8	20...30	15...28
	80...120	10...15	6... 8	5... 8	20...30	15...28
Legierter Stahl	100...120	10...15	8...10	5... 8	20...30	15...28
Nichtrostender Stahl...		12...16	9...11	8...10	20...30	15...28
Stahlguß ...	38... 52	15...20	10...12	5... 8	15...25	15...20
Grauguß ...	bis 200 HB	15...20	9...11	12...14	20...30	15...20
	über 200 HB	12...15	8...10	10...12	15...25	15...20
Sphäroguß .		12...15	8...10	10...12	15...25	15...20
Temperguß		10...15	8...10	5... 8	15...30	15...28
Aluminiumlegierungen		50...80	25...30	30...40	30...80	20...70
Messing		30...40	20...25	20...25	35...45	30...40
Bronze		40...50	20...25	20...25	35...45	30...40
Kunststoffe					70...80	60...70

3. Richtwerte für Reibarbeiten

Genau zylindrische Bohrungen mit hochwertigen Oberflächen lassen sich vorteilhaft mit Reibahlen erzeugen. Reiben an Stelle von Feinbohren bzw. Feinschleifen ist besonders dann zu empfehlen, wenn viele gleich große Bohrungen hergestellt werden sollen, da die Reibahle ein maßgebundenes Werkzeug ist, d. h. ihr Durchmesser festliegt. Der Wunsch nach einem konstant bleibenden Durchmesser ist nur durch einen Werkzeugbaustoff mit sehr gutem Standzeitverhalten zu verwirklichen. Es war daher naheliegend, Reibahlen mit Hartmetallschneiden zu entwickeln, die neben ihrem erheblich besseren Standzeitverhalten gegenüber den Schnellstahlwerkzeugen meistens auch noch die Erzeugung glatterer Lochwandungen ermöglichen [*37*].

a) Schneidenwinkel. Für die Bearbeitung gerader, in Längsrichtung nicht unterbrochener Bohrungen werden durchweg Reibahlen mit geraden Schneiden verwendet. Besteht jedoch die Gefahr des Einhakens, so werden gedrallte Reibahlen verwendet.

Der Hinterschliffwinkel α_2 beträgt für alle Reibahlen 5°. Während die rundgeschliffenen Werkzeuge an ihrer 0,05 bis 0,2 mm breiten Rundschliffase einen Freiwinkel von $\alpha_1 = 0°$ aufweisen, wird bei hinterwetzten Reibahlen der Freiwinkel α_1 dem zu bearbeitenden Material angepaßt. Richtwerte für den Freiwinkel enthält die Zahlentafel 14 [*37*, *38*].

Zahlentafel 14. *Richtwerte für Freiwinkel α und Anschnittwinkel von Reibahlen*

Werkstoff	σ_B bzw. Härte [kg/mm²]	Schnellstahl Freiwinkel α [°]	Schnellstahl Anschnitt-winkel [°]	Hartmetall Freiwinkel α [°]	Hartmetall Anschnitt-winkel [°]
Unlegierter Stahl.....	bis 80	1 ...1,5	45	8...10	20...30
	über 80	2	45	8...10	20...30
Legierter Stahl	bis 140	2	45	8...10	30...45
	über 140	2	45	8...10	30...45
Stahlguß............	bis 50	1,5...2	45	8...10	20...30
	50... 70	1,5...2	45	8...10	20...30
	über 70	1,5...2	45	8...10	20...30
Grauguß............	bis 200 HB	2 ...3	45	8...10	15...20
	über 200 HB	3	45	8...10	20...30
Aluminiumlegierungen		1	45	10...15	30
Kunst- und Preßstoffe		—	—	10...15	10...30

Besondere Sorgfalt muß der Wahl eines geeigneten Anschnittwinkels geschenkt werden, da der Anschnitt der Reibahle die gesamte Zerspanungsarbeit leistet, während die Schneiden am Umfang für die Maßhaltigkeit, Rundheit und Oberflächengüte der Bohrung entscheidend sind. Kleine Anschnittwinkel verursachen leicht ein Festklemmen der Werkzeuge, während große Anschnittwinkel zu schlechteren Oberflächen führen können. In der Praxis hat sich ein Anschnittwinkel von 45° bewährt (Zahlentafel 14). Für Sonderfälle wird ein zusätzlicher Anschnitt angewendet. Er beträgt für die Gußbearbeitung 2 bis 4° und für Werkstoffe hoher Festigkeit 10 bis 15°.

b) Einstellbedingungen. Die Spantiefe *a* beim Reiben darf nicht zu groß gewählt werden, um das Werkzeug nicht zu überlasten; sie darf aber auch nicht zu klein sein, weil das Werkzeug sonst nicht schneidet,

Zahlentafel 15. *Richtwerte für Vorschübe s* [mm/U] *beim Reiben*

Werkstoff	σ_B bzw. Härte [kg/mm²]	Schnellstahl Vorschub *s* [mm/U]	Hartmetall Vorschub *s* [mm/U]
Unlegierter Stahl......	bis 50	0,3 ...1,2	0,2 ...0,6
	50... 70	0,3 ...1,2	0,2 ...0,6
	70 ...90	0,16...0,8	0,2 ...0,6
	90...110	0,16...0,8	0,2 ...0,6
Legierter Stahl	100...120	0,1 ...0,6	0,1 ...0,4
Nichtrostender Stahl ..		0,16...0,8	0,1 ...0,4
Stahlguß............	38... 52	0,16...0,8	0,2 ...0,7
Grauguß	bis 200 HB	0,4 ...2,0	0,25...1,0
	über 200 HB	0,3 ...2,0	0,2 ...0,8
Sphäroguß		0,3 ...2,0	0,2 ...0,8
Temperguß		0,3 ...1,2	0,2 ...0,6
Aluminiumlegierungen .		0,4 ...2,0	0,25...0,7
Messing..............		0,4 ...2,0	0,2 ...0,8
Bronze		0,4 ...2,0	0,2 ...0,6
Kunststoffe			0,2 ...0,5

sondern lediglich die Oberfläche der Bohrung verformt. Als Richtwerte gelten [*39, 40*]:

für Schnellstahlwerkzeuge $a = 0{,}1 \text{ mm} + 0{,}005 \cdot D$
für Hartmetallwerkzeuge $a = (0{,}005 \cdot D \text{ bis } 0{,}006 \cdot D)$

Die Größe des Vorschubes wird durch die verlangte Oberflächengüte bestimmt (Zahlentafel 15). Mit steigenden Vorschüben nimmt im allgemeinen die Oberflächengüte ab und die Reibüberweite zu, während sich bei zu kleinen Vorschüben leicht Rattermarken bilden, die die Oberflächengüte der Bohrung ebenfalls ungünstig beeinflussen.

Zahlentafel 16. *Richtwerte für Schnittgeschwindigkeiten v* [m/min] *beim Reiben*

Werkstoff	σ_B bzw. Härte [kg/mm²]	Schnellstahl Schnittgeschw. v [m/min]	Hartmetall Schnittgeschw. v [m/min]
Unlegierter Stahl......	bis 50	8...10	12...16
	50... 70	6... 8	10...14
	70... 90	4... 7	9...13
	90...110	3... 5	8...12
Legierter Stahl	100...120	2... 3	5... 8
Nichtrostender Stahl ..		3... 5	9...16
Stahlguß............	38... 52	3... 5	9...16
Grauguß	bis 200 HB	7... 9	12...15
	über 200 HB	4... 6	8...11
Sphäroguß		4... 6	8...11
Temperguß		3... 4	6... 9
Aluminiumlegierungen		14...17	15...20
Messing..............		11...14	12...15
Bronze		9...11	10...12
Kunststoffe			10...18

Wie Zahlentafel 16 zeigt, muß wegen der empfindlichen Schneiden beim Reiben mit erheblich niedrigeren Schnittgeschwindigkeiten als beim Bohren gearbeitet werden.

4. Richtwerte für Gewindebohrarbeiten

Im Gegensatz zu anderen Zerspanungsverfahren werden die Werkzeuge beim Gewindebohren praktisch nicht durch Wärme beansprucht, da mit sehr niedrigen Schnittgeschwindigkeiten gearbeitet wird und die Schnittemperaturen deshalb klein bleiben.

Je nach Art des Loches und des Werkstückstoffes läßt sich das Gewinde mit Einzelschneidern oder Satzgewindebohrern herstellen. Für durchgehende Löcher bis etwa 25 mm Durchmesser werden bei Werkstoffen bis zu mittlerer Festigkeit im allgemeinen Einzelschneider angewendet, während Satzgewindebohrer hauptsächlich für die Herstellung von Gewinden in Sacklöchern benötigt werden, weil sie einen kürzeren Anschnitt zulassen.

a) Schneidenwinkel. Die Spanbildung und das Drehmoment beim Gewindebohren lassen sich durch den Spanwinkel γ beeinflussen. Die in Zahlentafel 17 angegebenen Werte wurden von F. Pütz [*35*] vorgeschlagen. Besonders zu beachten ist, daß die empfohlenen Spanwinkel auch im Anschnitteil vorhanden sind, da ausschließlich hier die Zerspanungsarbeit geleistet wird.

Zahlentafel 17. *Richtwerte für Spanwinkel an Gewindebohrern* [*35*]

Werkstoff	Spanwinkel γ
Messing, Bronze Hartes Gußeisen Zäher Stahl	0... 5°
Stahl bis 70 kg/mm² Festigkeit Gußeisen bis 200 Brinell	5...10°
Langspanende Leichtmetalle	20...30°

Hinsichtlich des Anschnittes gilt, daß kurze Anschnitte kleinere Schnittkräfte und höheren Verschleiß zur Folge haben als längere Anschnitte. Will man mit kurzen Anschnitten arbeiten, so empfiehlt sich, das zu zerspanende Volumen durch Verwendung von Satzgewindebohrern in mehrere Schnitte aufzuteilen.

b) Einstellbedingungen. Charakteristisch für die Herstellung von Gewinden ist, daß der Vorschub durch die Steigung des Gewindes festgelegt ist und die Spantiefe durch die Kernlochbohrung bestimmt wird. Hinsichtlich des Kernlochdurchmessers haben neuere Untersuchungen gezeigt, daß durch eine geringe Vergrößerung der genormten Kernlochdurchmesser ohne nennenswerte Verschlechterung der Qualität der Ge-

Zahlentafel 18. *Richtwerte für Schnittgeschwindigkeiten beim Schneiden mit Gewindebohrern* [*35*]

Werkstoff	σ_B bzw. Härte [kg/mm²]	Schnittgeschwindigkeiten in m/min bei Gewindebohrern aus	
		Werkzeugstahl	Schnellstahl
Unlegierter Stahl	bis 50	8...10	20...25
	50... 70	4... 8	10...15
	70... 90	2... 4	6... 8
	über 90	1... 2	2... 4
Grauguß	bis 150 HB	6...10	12...16
	über 150 HB	4... 6	8...12
Messing		10...15	25...30
Bronze		8...12	20...25
Aluminium		bis 30	bis 50

windeverbindung die Standzeiten der Gewindebohrer erheblich gesteigert werden können [*41*].

Richtwerte für die Schnittgeschwindigkeit v bei Gewindebohrarbeiten sind in Zahlentafel 18 angegeben. Die Erfahrung hat gezeigt, daß bei höherer Schnittgeschwindigkeit das Gewinde etwas weiter wird.

C. Richtwerte für Fräsarbeiten

Das Fräsen hat als Arbeitsverfahren während der letzten 10 bis 20 Jahre immer stärkeren Eingang in die Industrie gefunden. Die Entwicklung wurde durch das Aufkommen hartmetallbestückter Messerköpfe und die Konstruktion leistungsstarker, steifer und hinsichtlich ihres Schwingungsverhaltens günstiger Werkzeugmaschinen stark vorangetrieben. Die Frage, inwieweit die Anwendung hartmetallbestückter Messerköpfe auf Waagerecht-Bohr- und Fräswerken sinnvoll ist, muß von Fall zu Fall entschieden werden. Ausschlaggebend für die Entscheidung sind die konstruktive Gestaltung und der Zustand der Maschine, denn die Wirtschaftlichkeit des Fräsvorganges ist in besonderem Maße von der Schwingungsbeanspruchung des Messerkopfes abhängig. Auf älteren und leichten Maschinen empfiehlt es sich oft, mit schnellstahlbestückten Messerköpfen zu arbeiten, da diese weniger schwingungsempfindlich sind [*42*].

a) Schneidenwinkel. Wie im Kapitel III B gezeigt wurde, wird für die Festlegung der geometrischen Verhältnisse an Fräswerkzeugen eine große Anzahl verschiedener Winkel benötigt. In den Zahlentafeln 19 und 20 werden Richtwerte der für den Zerspanungsvorgang wichtigen

Zahlentafel 19. *Richtwerte für Schneidenwinkel an Fräsern aus Schnellstahl*

Werkstoff	σ_B bzw. Härte [kg/mm²]	Walzen-fräser			Walzen-stirnfräser			Scheiben-fräser			Schaft-fräser		
		α^0	γ^0	λ^0	α^0	γ^0	λ^0	α^0	γ^0	λ^0	α^0	γ^0	λ^0
Unlegierter Stahl..	bis 50												
	50... 70	7	18	45	7	15	25	7	15	20	8	15	40
	70... 90	6	15	45	6	12	25	6	12	15	6	12	30
	90...110	6	10	40	6	8	25	6	8	12	6	8	30
Legierter Stahl ...		5	8	40	5	6	20	5	6	10	6	8	20
Stahlguß	38... 52	5	14	40	5	10	22	5	10	20	6	12	40
Grauguß	bis 200 HB	6	15	45	6	12	25	6	12	15	6	12	30
	über 200 HB	6	12	40	6	12	20	6	12	15	7	12	30
Sphäroguß		6	14	40	6	12	22	6	12	15	6	12	30
Temperguß		5	15	40	5	12	22	5	12	20	6	12	35
Aluminiumlegierungen...........		8	25	45	8	25	35	8	25	35	8	25	40
Messing..........		6	15	40	6	12	20	6	12	20	6	10	30
Bronze		6	12	40	6	12	20	6	12	15	6	10	30
Kunststoffe		8	25	40	8	25	35	8	20	35	8	20	40

Zahlentafel 20. *Richtwerte für Schneidenwinkel an Messerköpfen*

Werkstoff	σ_B bzw. Härte [kg/mm²]	Schnellstahl						Hartmetall					
		α	γ	λ	$\varkappa$	γ_A	γ_R	α	γ	λ	$\varkappa$	γ_A	γ_R
Unlegierter Stahl	bis 50	7	15	15	60	–6	19	8	–5	4	60	–6	–3
	50... 70	7	15	15	60	–6	19	8	–8	5	60	–8	–5
	70... 90	6	10	12	60	–6	14	8	–12	5	60	–11	–9
	90...110	5	6	7	60	–4	8	8	–12	5	60	–11	–9
Legierter Stahl		5	6	7	60	–4	8	8	–15	10	60	–16	–8
Stahlguß	38.. 52 .	5	10	7	60	–1	11	6	–11	5	60	–10	–7
Grauguß	bis 200 HB	6	15	12	60	–3	18	5	5	5	60	–3	6
	über 200 HB	6	12	12	60	–5	16	5	–3	5	60	–6	–1
Sphäroguß		6	5	10	30	–2	11	5	0	5	30	–3	4
Temperguß ...		5	12	12	60	–5	16	8	–12	5	60	–11	–9
Aluminium-legierungen ...		8	25	20	30	12	28	10	20	–4	30	19	8
Messing		6	10	12	60	–6	14	5	10	5	60	0	11
Bronze		6	15	12	60	–3	18	5	6	–5	60	7	2
Kunststoffe ...		8	20	20	30	7	27	8	20	–4	30	19	7

Winkel angegeben. Für die Wahl des Freiwinkels α gelten ähnliche Gesichtspunkte wie beim Drehen, d. h. er sollte möglichst groß gewählt werden, ohne den Schneidkeil übermäßig zu schwächen. Auch die Spanwinkel sollten im allgemeinen im Hinblick auf gute Spanbildung und geringen Leistungsbedarf positiv gewählt werden. Positive Spanwinkel in der Größe von etwa $\gamma = 10$ bis 15° werden überall dort angewendet, wo es der Werkzeugbaustoff zuläßt, z. B. bei Schnellstahlfräsern. Bei den von Natur aus spröden und gegen Stoß empfindlichen Sinterhartmetallen führen positive Spanwinkel jedoch leicht zu Zerstörungen der Schneidkante. Da die Beanspruchung der Werkzeugschneide bei gleicher Schnittkraft mit steigendem Keilwinkel abnimmt, ist man deshalb bei Messerköpfen zum Arbeiten mit negativen Spanwinkeln übergegangen. Eine Übersicht über die Vor- und Nachteile negativer Spanwinkel wurde von C. Ballhausen und G. Vieregge [*43*] mit folgender Zusammenstellung gegeben:

Vorteile	*Nachteile*
Große Schneidenstabilität	Große Spanverformung
Verminderung der Schneidkantenausbrüche	Ungünstigere Spanbildung bei niedrigen Schnittgeschwindigkeiten
Geringere Schneidenschartigkeit beim Schliff	Erhöhte Schnittkraft
Weniger Sorgfalt beim Anschliff erforderlich	Größere Leistung der Maschine erforderlich

Vorteile	*Nachteile*
Verschleißfeste Werkzeugbaustoffe mit geringer Biegefestigkeit können benutzt werden	Größerer Werkzeugverschleiß
Bessere Wärmeableitung im Werkzeug	Größere Ratterneigung
Anwendbarkeit hoher Schnittgeschwindigkeiten	Wenig geeignet für zähe Werkstoffe geringer Festigkeit
Glatte Werkstückoberflächen	
Spanleitstufe kann häufig entfallen	
Besonders geeignet zur Bearbeitung harter und spröder Werkstoffe	
Auskolkung der Spanfläche schwächt die Schneide nur wenig	
Günstiger Anschnitt beim unterbrochenen Schnitt	
Werkzeug kann beim Anschnitt und während des Schnittes nicht in das Werkstück gezogen werden	

Die Berechnung des Radialwinkels γ_R und des Axialwinkels γ_A wurde im Kapitel IIIB ausführlich beschrieben. Nach H. Opitz und J. Kob [*44*] sollte bei Anwendung eines negativen Spanwinkels beim Messerkopffräsen auch mit negativem Neigungswinkel λ gearbeitet werden.

Zahlentafel 21. *Richtwerte für Vorschübe* s_z [mm/Zahn] *beim Fräsen mit Schnellstahl-Fräsern* (Schnittiefe 3...5 mm)

Werkstoff	σ_B bzw Härte [kg/mm²]	Vorschub pro Zahn s_z [mm/Zahn]				
		Walzenfräser	Walzenstirnfräser	Scheibenfräser	Schaftfräser	Formfräser
Unlegierter Stahl	bis 50	0,2	0,25	0,07	0,05	0,04
	50... 70	0,15	0,2	0,06	0,05	0,04
	70... 90	0,1	0,15	0,06	0,04	0,03
	90...110	0,08	0,1	0,05	0,03	0,02
Legierter Stahl		0,08	0,1	0,05	0,03	0,02
Stahlguß ...	38... 52	0,15	0,15	0,07	0,05	0 04
Grauguß ...	bis 200 HB	0,2	0,2	0,07	0,05	0,05
	über 200 HB	0,1	0,15	0,05	0,03	0,02
Sphäroguß .		0,2	0,2	0,07	0,05	0,05
Temperguß		0,2	0,2	0,07	0,05	0,04
Aluminiumlegierungen		0,15	0,1	0,07	0,04	0,03
Messing		0,2	0,2	0,07	0,05	0,04
Bronze		0,15	0,15	0,06	0,04	0,03
Kunststoffe		0,15	0,2	0,1	0,06	0,04

b) Einstellbedingungen. Beim Fräsen werden die zulässigen Vorschübe auf den einzelnen Fräserzahn bezogen; dies ist besonders deshalb vorteilhaft, weil ein Vergleich mit den Werten beim Drehen leicht möglich ist. Für die richtige Wahl des Vorschubes pro Zahn s_z gilt in Analogie zum Drehvorgang, daß größeren Vorschüben gegenüber höheren Schnittgeschwindigkeiten der Vorzug zu geben ist. Richtwerte für den Vorschub s_z sind in den Zahlentafeln 21, 22 und 23 enthalten.

Zahlentafel 22. *Richtwerte für Vorschübe* s_z [mm/Z.] *beim Fräsen mit Hartmetall-Fräsern*

Werkstoff	σ_B bzw. Härte [kg/mm²]	Vorschub pro Zahn s_z [mm/Zahn] Walzenfräser	Walzenstirnfräser	Scheibenfräser	Schaftfräser	Formfräser
Unlegierter Stahl	bis... 50	0,25	0,28	0,1	0,05	0,04
	50... 70	0,2	0,25	0,07	0,04	0,03
	70... 90	0,15	0,22	0,06	0,04	0,03
	90...110	0,15	0,22	0,05	0,03	0,02
Legierter Stahl		0,15	0,22	0,04	0,02	0,02
Stahlguß ...	38... 52	0,15	0,22	0,07	0,05	0,04
Grauguß ...	bis 200 HB	0,2	0,25	0,07	0,05	0,04
	über 200 HB	0,2	0,22	0,07	0,05	0,04
Sphäroguß .		0,2	0,22	0,07	0,05	0,04
Temperguß		0,2	0,25	0,07	0,05	0,04
Aluminiumlegierungen		0,1	0,15	0,07	0,05	0,04
Messing		0,25	0,3	0,07	0,05	0,04
Bronze		0,25	0,3	0,07	0,05	0,04
Kunststoffe		0,25	0,3	0,1	0,07	0,06

Zahlentafel 23. *Richtwerte für Vorschübe* s_z [m/Z] *beim Fräsen mit Messerköpfen*

Werkstoff	σ_B bzw. Härte [kg/mm²]	Schnellstahl Vorschub s_z [mm/Zahn]	Hartmetall Vorschub s_z [mm/Zahn]
Unlegierter Stahl	bis 50	0,15...0,25	0,1 ...0,25
	50... 70	0,15...0,2	0,1 ...0,25
	70... 90	0,12...0,15	0,08...0,2
	90...110	0,12...0,15	0,08...0,2
Legierter Stahl		0,1 ...0,12	0,1 ...0,2
Stahlguß	38... 52	0,12...0,2	0,1 ...0,3
Grauguß	bis 200 HB	0,1 ...0,3	0,1 ...0,35
	über 200 HB	0,1 ...0,2	0,1 ...0,3
Temperguß		0,1 ...0,3	0,15...0,3
Aluminiumlegierungen		0,1 ...0,2	0,1 ...0,25
Messing		0,1 ...0,25	0,1 ...0,3
Bronze		0,1 ...0,25	0,1 ...0,25
Kunststoffe		0,1 ...0,2	0,1 ...0,2

Die Schnittiefe a beeinflußt auch beim Fräsen die Standzeit nicht im gleichen Maße wie der Vorschub. Ihre Wahl hängt deshalb in erster Linie von der Steifigkeit der Maschine und des Werkstückes sowie von der zur Verfügung stehenden Antriebsleistung ab. Die Schnittiefe sollte für Schruppvorgänge nicht größer sein als 6 mm, kann aber in Sonderfällen auf etwa den doppelten Wert erhöht werden. Für das Schlichten sind Spantiefen von 0,3 bis 0,5 mm zu empfehlen.

Zahlentafel 24. *Richtwerte für Schnittgeschwindigkeiten v* [m/min] *beim Fräsen mit Schnellstahl- und Hartmetall-Fräsern* (*außer Messerköpfen*)

Werkstoff	σ_B bzw. Härte [kg/mm²]	Schnellstahl Schnittgeschw. v [m/min]	Hartmetall Schnittgeschw. v [m/min]
Unlegierter Stahl......	bis 50	17... 24	100...150
	50... 70	16... 24	80...120
	70... 90	15... 20	60...100
	90...110	11... 18	50... 80
Legierter Stahl		13... 17	60...100
Stahlguß.............	38... 52	13... 19	40... 70
Grauguß	bis 200 HB	14... 19	50... 80
	über 200 HB	10... 16	40... 60
Sphäroguß		10... 20	50...100
Temperguß		16... 22	50... 80
Aluminiumlegierungen		200...300	200...600
Messing..............		34... 48	80...120
Bronze		30... 40	80...120
Kunststoffe		30... 50	80...100

Zahlentafel 25. *Richtwerte für Schnittgeschwindigkeiten v* [m/min] *beim Fräsen mit Messerköpfen*

Werkstoff	σ_B bzw. Härte [kg/mm²]	Schnellstahl Schnittgeschw. v [m/min]	Hartmetall Schnittgeschw. v [m/min]
Unlegierter Stahl......	bis 50	21... 30	90... 200
	50... 70	20... 28	80... 160
	70... 90	15... 23	60... 110
	90...110	12... 19	50... 100
Legierter Stahl		12... 20	45... 80
Stahlguß.............	38... 52	15... 25	50... 90
Grauguß	bis 200 HB	19... 26	65... 100
	über 200 HB	14... 25	40... 70
Temperguß		18... 28	80... 120
Aluminiumlegierungen		180...270	300...1000
Messing..............		50... 70	120... 240
Bronze		40... 65	100... 220
Kunststoffe		60... 80	80... 120

Der Wahl der richtigen Schnittgeschwindigkeit ist beim Fräsen besondere Beachtung zu schenken, da die Kosten für den Wiederanschliff bei Fräswerkzeugen sehr hoch sind und die Standzeiten sorgfältig auf die Anschliffkosten abgestimmt werden müssen. Bei Anwendung negativer Spanwinkel sollten Schnittgeschwindigkeiten von 100—120 m/min nicht unterschritten werden. Richtwerte für die Schnittgeschwindigkeit enthalten die Zahlentafeln 24 und 25.

VI. Neuzeitliche Waagerecht-Bohr- und Fräswerke

A. Anforderungen an Waagerecht-Bohr- und Fräswerke

An anderer Stelle wurden bereits einige Gesichtspunkte genannt, die für die Güte eines Waagerecht-Bohr- und Fräswerkes als Universalmaschine von Bedeutung sind. Hier sollen nun konstruktive Merkmale behandelt werden, die darüber Aufschluß geben, in welchem Maße mit der Maschine die an sie gestellten Anforderungen bewältigt werden können.

1. Genauigkeitsanforderungen an Waagerecht-Bohr- und Fräswerke

Das Waagerecht-Bohr- und Fräswerk soll die Durchführung verschiedener Bearbeitungsverfahren auf einer Maschine durch sinnvolle Kombination mehrerer Verschiebe- und Drehbewegungen ermöglichen. Diese Aufgabe stellt den Konstrukteur vor große Probleme, denn einerseits sollen viele Bewegungsmöglichkeiten vorhanden sein und andererseits soll trotz der notwendigen mehrfachen Führungen die Genauigkeit hohen Ansprüchen genügen. Die Herstellungsgenauigkeit für Waagerecht-Bohr- und Fräswerke wird durch eine Abnahmeprüfung nach den Abnahmebedingungen gemäß DIN 8620 und 8621 ermittelt. Diese DIN-Blätter enthalten u. a. Vorschriften über Geradheit und Ebenheit von Führungselementen, Lage der Führungen zueinander sowie Toleranzen für Rundlauf- und Planlaufgenauigkeiten von Arbeitsspindel und Planscheibe. Außerdem wird in den letzten Jahren auch bei Waagerecht-Bohr- und Fräswerken häufiger gefordert, die Bohrspindel ähnlich wie bei Lehrenbohrwerken auf Mittelpunktsabstände einfahren zu können.

Bei der Beurteilung der Genauigkeit solcher koordinatenmäßigen Einstellungen mittels mechanischen und optischen Meßgeräten unterscheidet man nach H. Schallbroch [*45*]:

Ablesemöglichkeit,
Positionsgenauigkeit,
Arbeitsgenauigkeit.

Während die Ablesemöglichkeit durch die Meßeinrichtung gegeben ist, hängt die Positionsgenauigkeit sowohl von der Meßeinrichtung als auch von der Konstruktion und der Herstellungsgenauigkeit des Bohrwerkes ab.

Die Arbeitsgenauigkeit ist in erster Linie von der Ablesemöglichkeit und der Positionsgenauigkeit abhängig. Sie wird darüber hinaus beeinflußt durch die Geschicklichkeit des Bedienungsmannes, der Aufstellung des Waagerecht-Bohr- und Fräswerkes und die Temperaturunterschiede an verschiedenen Stellen der Maschine. Die Lageveränderung der Führungsbahnen durch Temperatureinflüsse sowie die unterschiedliche Erwärmung des Spindelstockes gegenüber Bett und Ständer können zu Maßabweichungen führen, die die zulässigen Toleranzen im Werkzeugmaschinenbau überschreiten.

Neben den bisher genannten Fehlerquellen haben auch die infolge der von den Schnittkräften verursachten Verformungen einen erheblichen Einfluß auf die Arbeitsgenauigkeit der Maschine.

2. Statisches und dynamisches Verhalten

Kennzeichnend für die Fähigkeit eines Maschinenelementes bzw. einer ganzen Werkzeugmaschine, alle ruhenden oder wechselnden Kräfte so aufzunehmen, daß die Formänderungen in zulässigen Grenzen bleiben, ist die Steifigkeit des Elementes oder der Maschine.

Die statische Steifigkeit ist das Maß für die Verformung eines Maschinenteiles durch statische Kräfte.

Sie wird gekennzeichnet durch die Federzahl c [kg/cm], dem Quotienten aus der Kraft P [kg] und der Verformung w [cm] an der Stelle des Kraftangriffs:

$$c = \frac{P}{w} \quad \left[\frac{\text{kg}}{\text{cm}}\right] \tag{44}$$

Nach den Arten der Formänderung unterscheidet man eine statische Zugdrucksteifigkeit, eine statische Biegesteifigkeit und eine statische Torsionssteifigkeit.

Demgegenüber ist die dynamische Steifigkeit der Maschine nicht so einfach zu beschreiben. Deren Erläuterung setzt die ausführliche Darstellung der Grundlagen der Schwingungslehre voraus, was den Rahmen dieses Buches weit überschreiten würde. Es muß daher auf das einschlägige Schrifttum verwiesen werden [*46*, *47*].

3. Auslegung und Steuerung des Antriebes

Für alle auf Waagerecht-Bohr- und Fräswerken durchführbaren Arbeiten wird ein Hauptantrieb mit konstanter Leistung benötigt, da aus zerspanungstechnischen Gründen der Spanquerschnitt (Schnittkraft) und die Schnittgeschwindigkeit konstant zu halten sind.

Das Drehmoment M ist also bei konstanter Leistung N der Drehzahl n umgekehrt proportional:

$$M = \text{const.} \cdot \frac{N}{n} \tag{45}$$

Die universelle Anwendungsmöglichkeit des Waagerecht-Bohr- und Fräswerkes setzt einen Antrieb mit großem Drehzahlbereich voraus. Diese Forderung kann durch Drehzahländerung des Antriebsmotors oder durch Zwischenschaltung von Getrieben verwirklicht werden.

Im Hinblick auf die Einstellbarkeit der für den jeweiligen Bearbeitungsfall günstigsten Schnittgeschwindigkeit sind stufenlos einstellbare Antriebe erwünscht. Zu beachten ist ferner, daß bei Großwerkzeugmaschinen, wie sie Waagerecht-Bohr- und Fräswerke darstellen, das Beschleunigen und Bremsen der großen Massen ohne Schwierigkeiten möglich sein muß.

Als elektrische Antriebe stehen Drehstrommotoren und Gleichstrommotoren zur Verfügung. Der Drehstrommotor (Asynchronmotor) ist als Kurzschlußläufer wegen seiner Einfachheit und Betriebssicherheit für Antriebsaufgaben besonders gut geeignet. Wie Abb. 160 zeigt, fällt die

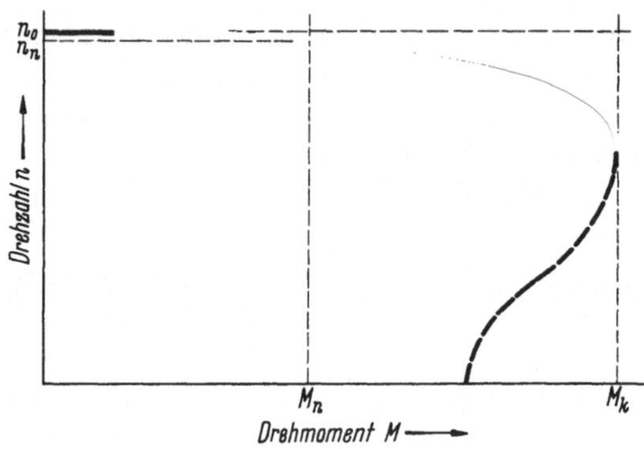

Abb. 160. Drehzahlcharakteristik eines Drehstrommotors (Asynchronmotor). n_0 Leerlaufdrehzahl, n_n Nenndrehzahl, M_n Nennmoment, M_k Kippmoment

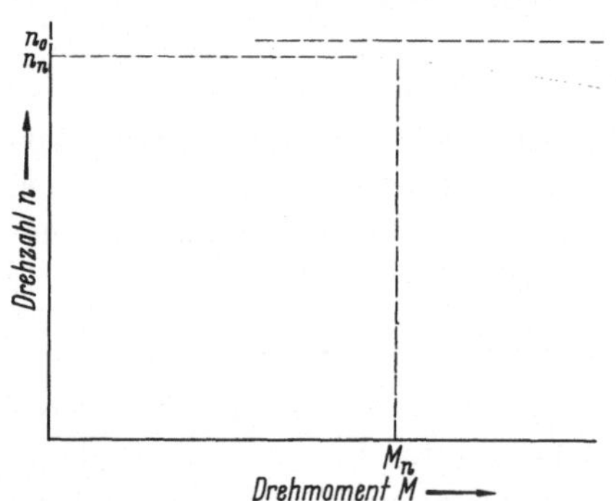

Abb. 161. Drehzahlcharakteristik eines Gleichstrom-Nebenschlußmotors. n_0 Leerlaufdrehzahl, n_n Nenndrehzahl, M_n Nennmoment

Motordrehzahl mit wachsender Belastung nur wenig ab („harte Charakteristik"), sofern nicht das Kippmoment überschritten wird. Beim Nennmoment M_n liegt die Nenndrehzahl n_n etwa 5% unter der Leerlaufdrehzahl. Darüber hinaus kann der Motor durch Polumschaltung auf zwei oder drei feste Drehzahlen bei konstant bleibender Leistung umschaltbar ausgeführt werden.

Der Gleichstrom-Nebenschlußmotor ist besonders für eine stufenlose Drehzahleinstellung geeignet. Auch hier fällt die Drehzahl, wie Abb. 161

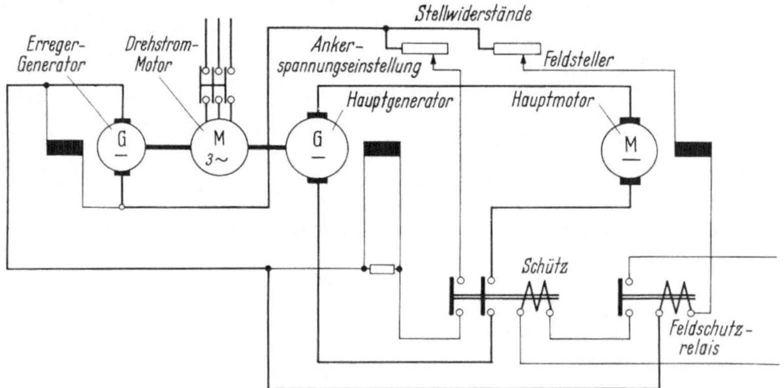

Abb. 162. Stufenlos einstellbarer Antrieb durch Leonardschaltung

Abb. 163. Leonard-Satz am Waagerecht-Bohr- und Fräswerk

zu entnehmen ist, mit wachsendem Belastungsmoment nur wenig ab. Verwendet wird der Gleichstrommotor meist in Antriebssystemen mit Leonardschaltung (Abb. 162 und 163). Den Verlauf von Drehmoment M und mechanischer Leistung N in Abhängigkeit von der eingestellten Drehzahl n zeigt Abb. 164. Die Drehzahl wird im allgemeinen unterhalb der Nenndrehzahl durch Verändern der Ankerspannung, oberhalb der Nenndrehzahl durch Feldschwächung eingestellt. Bei Veränderung der Ankerspannung bleibt das Drehmoment konstant, die Leistung dagegen

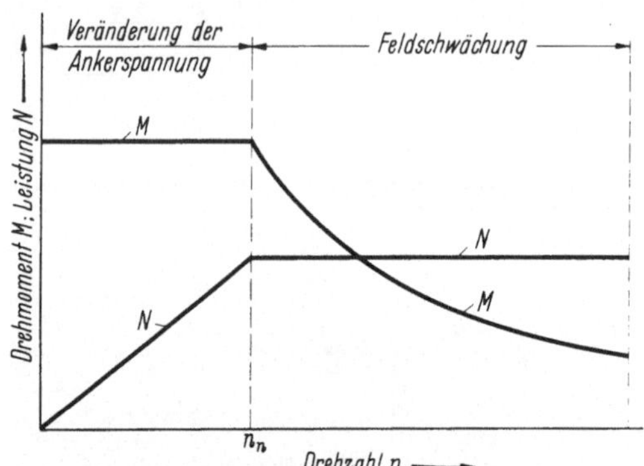

Abb. 164. Drehmoment M und Leistung N des Gleichstrom-Nebenschlußmotors bei konstanter Ankerstromstärke
Drehzahleinstellung: Unterhalb Nenndrehzahl n_n durch Veränderung der Ankerspannung
Oberhalb Nenndrehzahl n_n durch Feldschwächung

nimmt proportional zu. Bei Feldschwächung nimmt das Drehmoment wegen des geschwächten Flusses proportional mit steigender Drehzahl ab, während die Leistung konstant bleibt.

Während bei großen Waagerecht-Bohr- und Fräswerken dem Leonardsatz unbedingt der Vorzug zu geben ist, werden bei kleineren Maschinen oft aus preislichen Gründen gestufte oder stufenlose mechanische Getriebe eingebaut.

Die Getriebe werden meist mit Hilfe elektro-magnetischer oder mechanischer Kupplungen geschaltet. Wegen ihres geringen Platzbedarfs und ihrer Unempfindlichkeit gegenüber Lastspitzen werden für Hauptgetriebe mechanische Kupplungen bevorzugt.

Ein Antrieb ist nur dann gut gestaltet und läßt sich voll ausnutzen, wenn Einstellmöglichkeiten vorhanden sind, die die bequeme und rationelle Bedienung der Maschine zulassen.

Im Gegensatz zu einer einfachen Druckknopfsteuerung kann man mit Vorwähleinrichtungen bereits bei arbeitender Maschine die Bedingungen für den folgenden Arbeitsgang einstellen und somit die Nebenzeiten in die Hauptzeiten verlegen.

B. Entwicklungsrichtungen im Bohrwerksbau

Aus arbeitsphysiologischen Gründen sind die Konstrukteure von Waagerecht-Bohr- und Fräswerken dazu übergegangen, die Hauptbedienungselemente der Maschine so anzuordnen, daß der Bedienungsmann als Rechtshänder alle oft zu benutzenden Hebel und Handräder auf seiner rechten Seite greifen kann. Die Rechtsbauart wird heute mehr und mehr von allen Herstellern gebaut; sie besitzt gegenüber der Linksbauart auch den Vorzug, daß die Einführung und Beobachtung der Meßwerkzeuge für einen Rechtshänder zweckmäßiger und ermüdungsfreier ist.

Die seit Jahrzehnten übliche Art der Verbindung des Spindelkastens mit dem Ständer stellt bei Waagerecht-Bohr- und Fräswerken die sog. Konsol-Bauart dar, bei der der Spindelkasten an einem aus der Bohrwerksmittelachse versetzten Ständer geführt wird (Abb. 165). Wenn

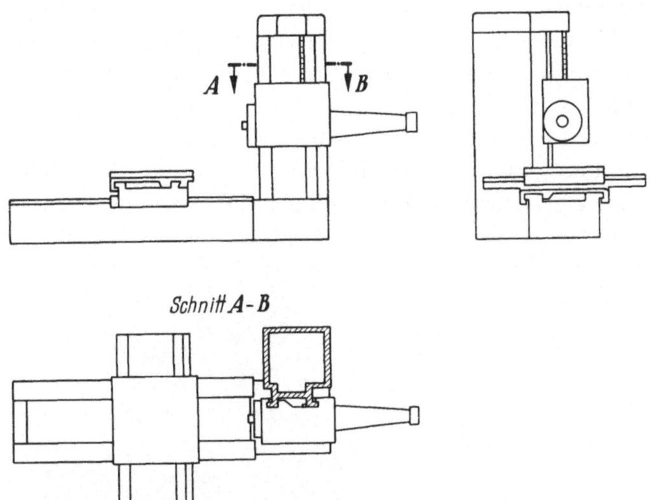

Abb. 165. Waagerecht-Bohr- und Fräswerk in Konsolbauweise (schematische Darstellung)

auch die Maschinen dieser Bauart bei sachgemäßer Konstruktion und Fertigung ihre Aufgaben sehr gut erfüllten, so trat infolge der durch die steigenden Betriebsanforderungen immer schwerer und größer werdenden Spindelkästen der Wunsch zutage, eine grundsätzlich andere Konstruktion zu entwickeln. Bei dieser sollte insbesondere die Biege- und Kippbeanspruchung zwischen Spindelkasten und Ständerführungsbahn verringert werden, denn die Konsol-Bauart hat in diesem Punkt gewisse grundsätzliche Nachteile, die sich besonders auf die statische Steifigkeit und die dynamische Steifigkeit wie auch auf das Verhalten bei wechselnden Temperaturen auswirken.

Wenn die Zugkraft des Gegengewichtes nicht genau über dem Schwerpunkt des Spindelkastens liegt, kann bei der Konsolbauweise der Ständer auf Biegung beansprucht werden. Es bildet sich ein Moment, dessen Angriffspunkt von der Höhenlage des Spindelkastens abhängt [*48*]. Bei richtiger Anbringung des Ausgleichsgewichtes wird der Ständer lediglich durch die an der Spindel angreifenden Schnittkräfte verformt. Die Verformungen sind um so größer, je höher die Arbeitsstellung des Spindelkastens ist [*49*]. Darüber hinaus ist zu bedenken, daß die Übertragung der Momente vom Spindelkasten auf den Ständer über die Untergriffleisten der Führungsbahnen erfolgt, die nur eine geringe Steifigkeit besitzen. Außerdem soll hier erwähnt werden, daß bei der Konsolbauart eine steife Verbindung mit dem Bett wegen der beschränkten Ständergrundfläche Schwierigkeiten bereitet.

Neben den Verformungen und Lagenveränderungen einzelner Maschinenteile durch statische und dynamische Kräfte wirken sich auch die unterschiedlichen Wärmeausdehnungen bei wechselnden Temperaturen an einem Waagerecht-Bohr- und Fräswerk in Konsol-Bauweise besonders ungünstig aus. Durch konstruktive Teillösungen hat man versucht, hier Abhilfe zu schaffen [*50*].

Erst durch ein vollständiges Verlassen der Konsol-Bauweise konnte erreicht werden, daß das Spindelkastengewicht und die Schnittkräfte in jeder Spindellage ohne schädliche Biegebeanspruchungen aufgenommen

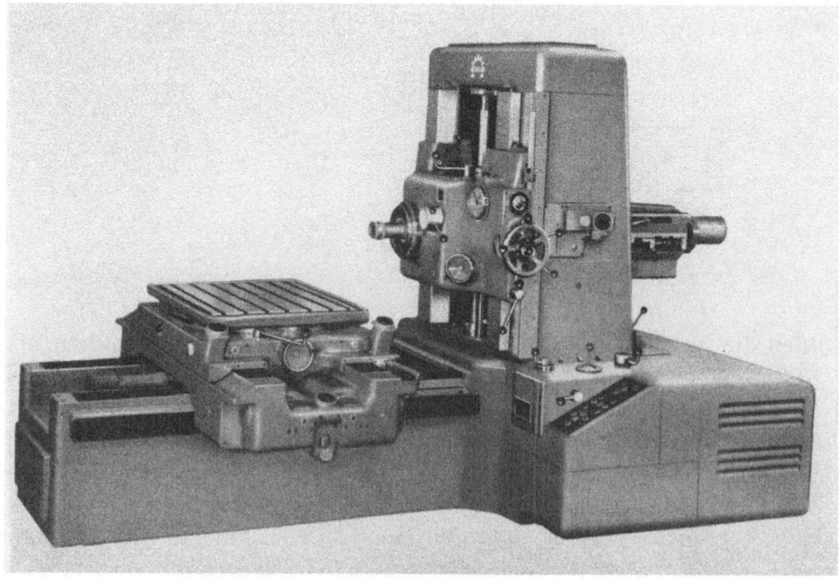

Abb. 166. Waagerecht-Bohr- und Fräswerk in Doppelständer-Bauart mit zentraler Lage der Arbeitsspindel (Dixi S.A., Le Locle, Schweiz)

wurden. Diese durchgreifende Verbesserung wurde durch die sog. Doppelständer-Bauart erzielt, bei der der Ständer des Bohrwerks geteilt und der senkrecht verschiebbare Spindelkasten in die Mitte gesetzt wurde (Abb. 166). Infolge der zentralen Lage der Arbeitsspindel wird der Doppelständer durch die in Spindelrichtung wirkenden Schnittkräfte nicht auf Torsion beansprucht. Die durch das Biegemoment verursachten Verformungen werden wegen des größeren Gesamtquerschnitts des Doppel-

Abb. 167. Koordinatenbohrwerk mit 2 Ständern (Maschinenfabrik Oerlikon, Bührle & Co, Zürich-Oerlikon/Schweiz)

ständers gegenüber dem Einzelständer kleiner. Es sei darauf hingewiesen, daß auch in anderen Zweigen des Werkzeugmaschinenbaus Doppelständer gebräuchlich sind (Abb. 167).

Der Wunsch, die Biege- und Kippbeanspruchungen zu verringern und gleichzeitig die bei der Konsol-Bauweise gegebene gute Zugänglichkeit zum Spindelkasten zu erhalten, führte zur Konstruktion von Waagerecht-Bohr- und Fräswerken in Zentral-Bauweise mit Säulenführung (Abb. 168 und 169).

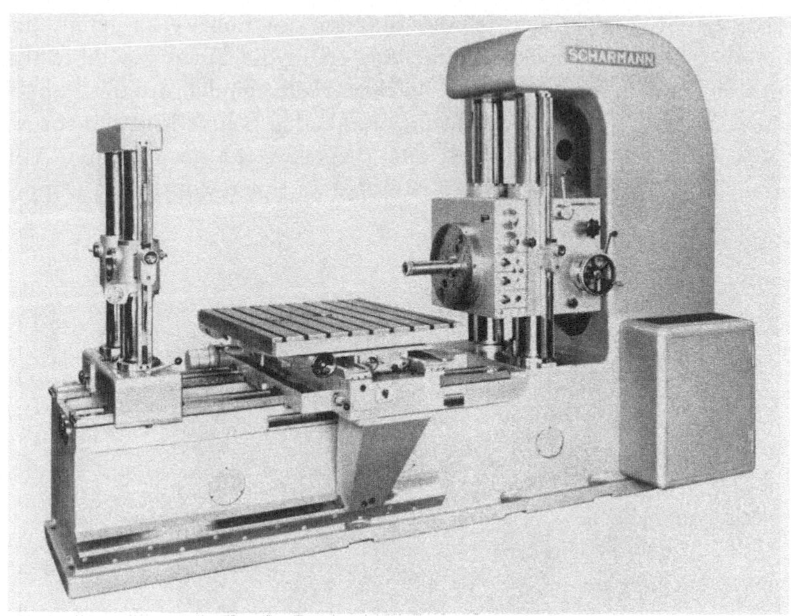

Abb. 168. Ansicht eines Waagerecht-Bohr- und Fräswerkes in Zentralbauweise (Scharmann FB 80b)

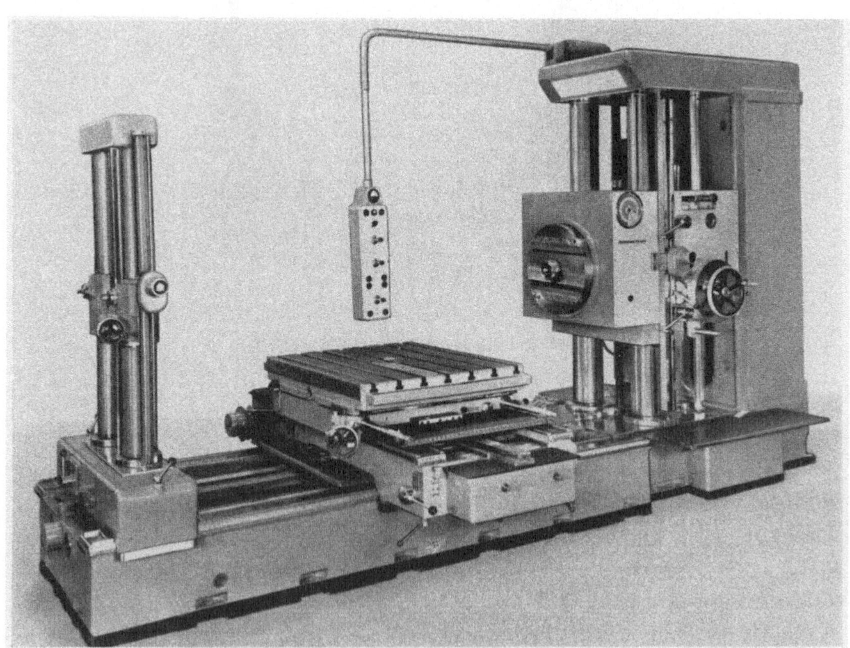

Abb. 169. Ansicht eines Waagerecht-Bohr- und Fräswerkes in Zentralbauweise (Scharmann FB 100b)

Wie die schematische Darstellung in Abb. 170 erkennen läßt [*51*], besteht der Ständer aus einem am hinteren Bettende aufgeschraubten Kastenständer, der mit den zwei auf dem Bett befestigten Rundsäulen einen Rahmen bildet. Durch diese Anordnung wird eine wesentliche Vergrößerung der Ständergrundfläche erreicht und eine gute Verbindung mit dem Bett gewährleistet. Der Ausleger ragt in den „Tunnel" des Ständers hinein und wird am Ende mit zwei Pendelkugellagern, die unabhängig voneinander über Exzenter eingestellt werden können, an einer gehärteten und geschliffenen Stahlleiste geführt. Die Hauptführung des Spindelkastens erfolgt durch die beiden gehärteten Rundsäulen, deren genaue Herstellung durch Schleifen und Feinziehschleifen wirt-

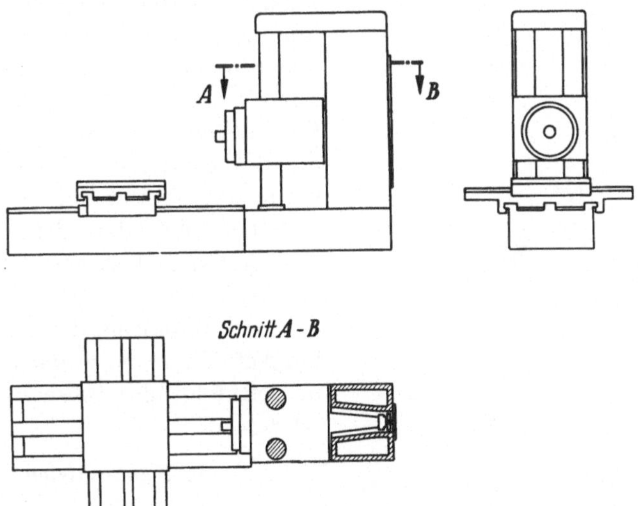

Abb. 170. Waagerecht-Bohr- und Fräswerk in Zentralbauweise (schematische Darstellung). Führung des Spindelkastens durch Rundsäulen

schaftlich möglich ist und die die Übertragung des Kraftflusses auf das Gestell übernehmen. Der Spindelkasten wird mit sehr geringem Führungsspiel an den Säulen durch je zwei mechanisch nachstellbare Spieth-Hülsen geführt [*52*]. Die Klemmung des Spindelkastens erfolgt mit Hilfe einer Doppel-Klemmvorrichtung, bei der Bronze-Segmente durch Hebel gleichzeitig gegen Rundsäulen gepreßt werden (Abb. 171). Die beschriebene Konstruktion vereinigt in sich die Vorzüge dreifacher Führung und guter Zugänglichkeit des Spindelkastens mit der Zentrallage der Arbeitsspindel. Durch Messung der Spindelkastenverschiebung unter statischer Last wurde die hohe statische Steifigkeit dieser Ausführung nachgewiesen. Die geschlossene Rahmenkonstruktion, die gute Art der Führung und Klemmung gewährleisten darüber hinaus auch bei wechselnder Beanspruchung durch Schnittkräfte ein schwingungssteifes Verhalten der Maschine.

C. Bedienung der Bohr- und Fräswerke der Firma Scharmann & Co

Zu den Aufgaben des Bohrwerkers gehören das Einrichten der Maschine und das Steuern bzw. Kontrollieren des Arbeitsvorganges. Es muß deshalb die Möglichkeit gegeben sein, einerseits den Haupt- und Vorschubantrieb mit zweckmäßigen Mitteln bequem zu steuern und andererseits die Einhaltung der geforderten Maße zu kontrollieren. Die Wahl und Anordnung der Getriebeteile darf also nicht allein auf die vielseitigen Aufgaben der Maschine abgestimmt werden, sie muß vielmehr auch den Erfordernissen einer guten Bedienbarkeit angepaßt sein.

Einige Lösungen, die den gestellten Anforderungen genügen, werden in den folgenden Abschnitten beschrieben.

1. Hauptantrieb

Aufgabe des Hauptantriebes ist es, die Haupt- und Arbeitsbewegungen zu erzeugen.

Bei älteren Konstruktionen der Typenreihe WB der Firma Scharmann & Co. wurden die Antriebsdrehzahlen von einem polumschaltbaren Asynchronmotor über ein Stufenrädergetriebe mit verschiebbaren Räderblöcken auf die Arbeitsspindel übertragen. Der Wunsch nach stufenloser Einstellbarkeit der

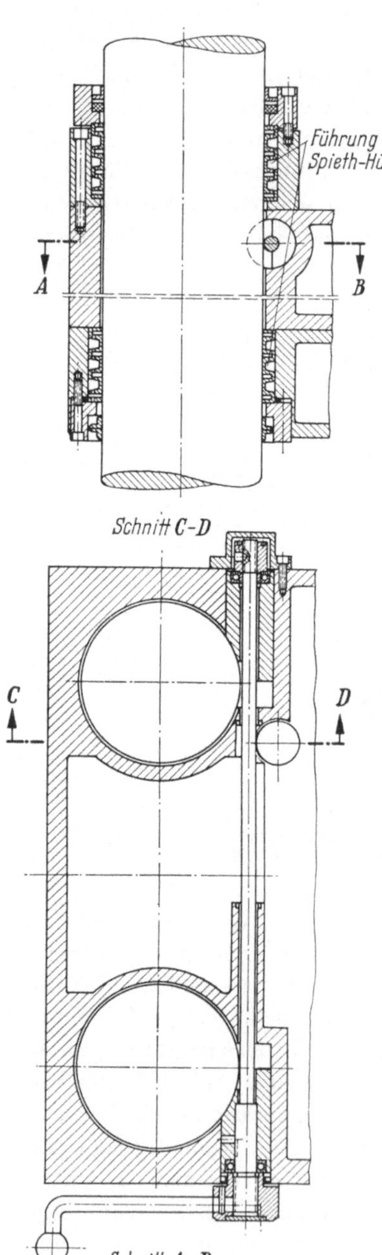

Abb. 171. Führung und Klemmung des Spindelkastens der Typenreihe FB (Scharmann & Co.)

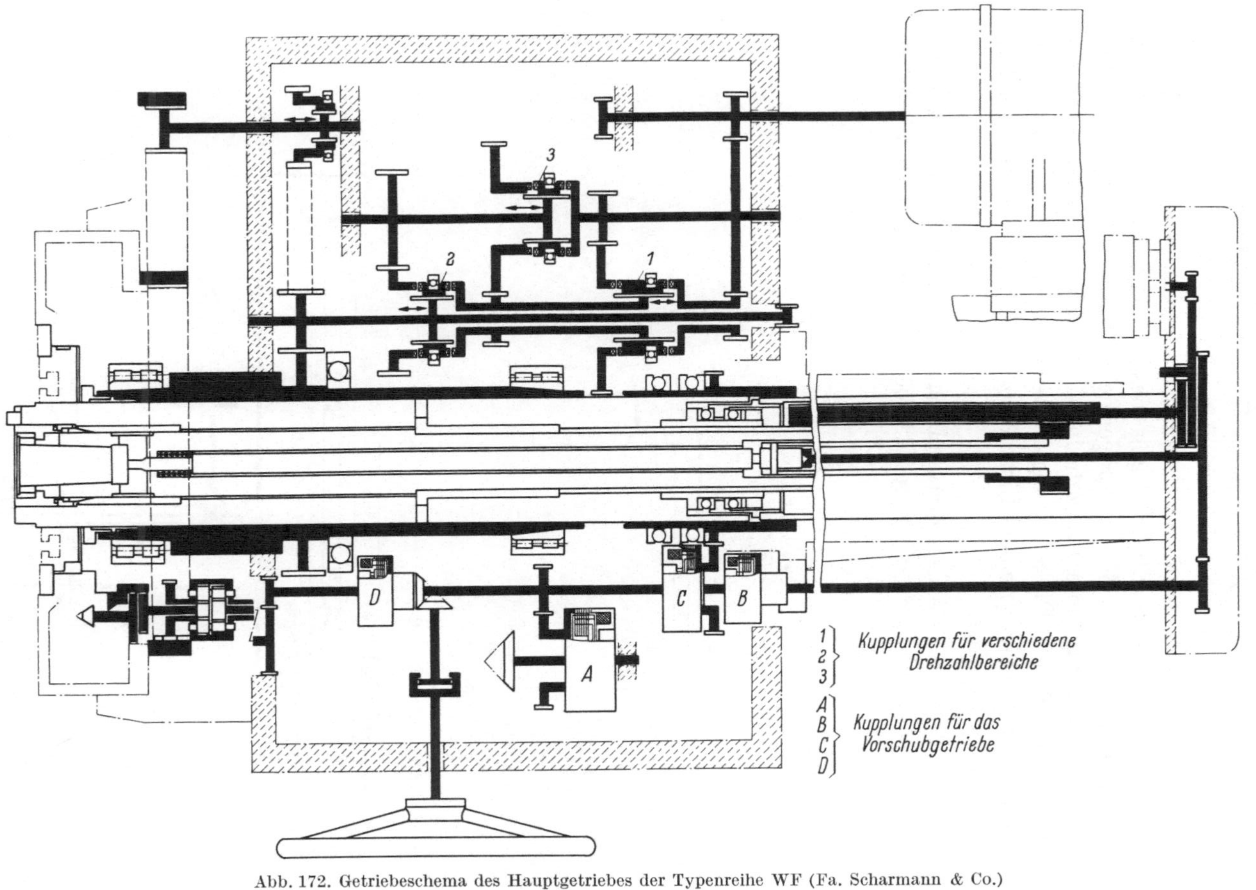

Abb. 172. Getriebeschema des Hauptgetriebes der Typenreihe WF (Fa. Scharmann & Co.)

Drehzahlen wurde bei neueren Konstruktionen durch Einbau eines stufenlos einstellbaren mechanischen Getriebes erfüllt. Dieses Getriebe (PIV-Getriebe o. ä.) wurde zwischen Motor und Stufengetriebe geschaltet und ließ damit eine stufenlose Drehzahleinstellung innerhalb des durch den Stufensprung des Stufengetriebes gegebenen Drehzahlbereiches zu. Wegen der geringen Wartung geht man heute dazu über, die stufenlose Drehzahleinstellung mit Hilfe eines Leonardsatzes vorzunehmen. Die Schaltung der verschiedenen Drehzahlbereiche, innerhalb deren eine stufenlose Einstellung erfolgen kann, muß gesondert vorgenommen werden.

Bei der Typenreihe WF werden die Drehzahlbereiche über mechanische Kupplungen geschaltet, die durch kleine Schaltmotoren fernbetätigt

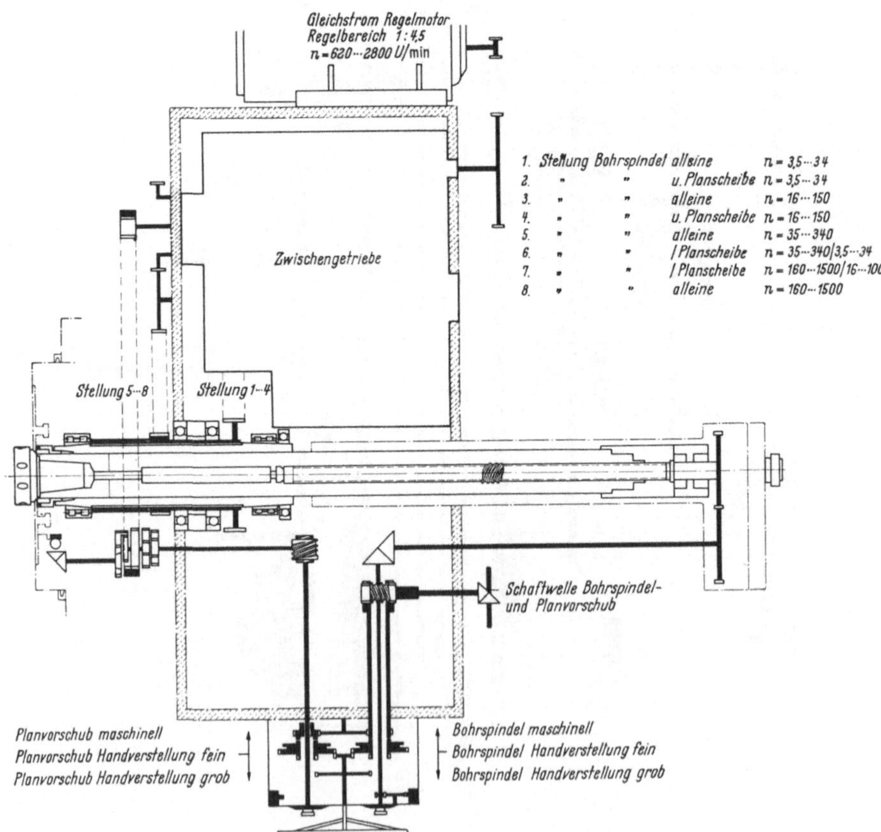

Abb. 173. Getriebeschema des Hauptgetriebes der Typenreihe FB (Fa. Scharmann & Co.)

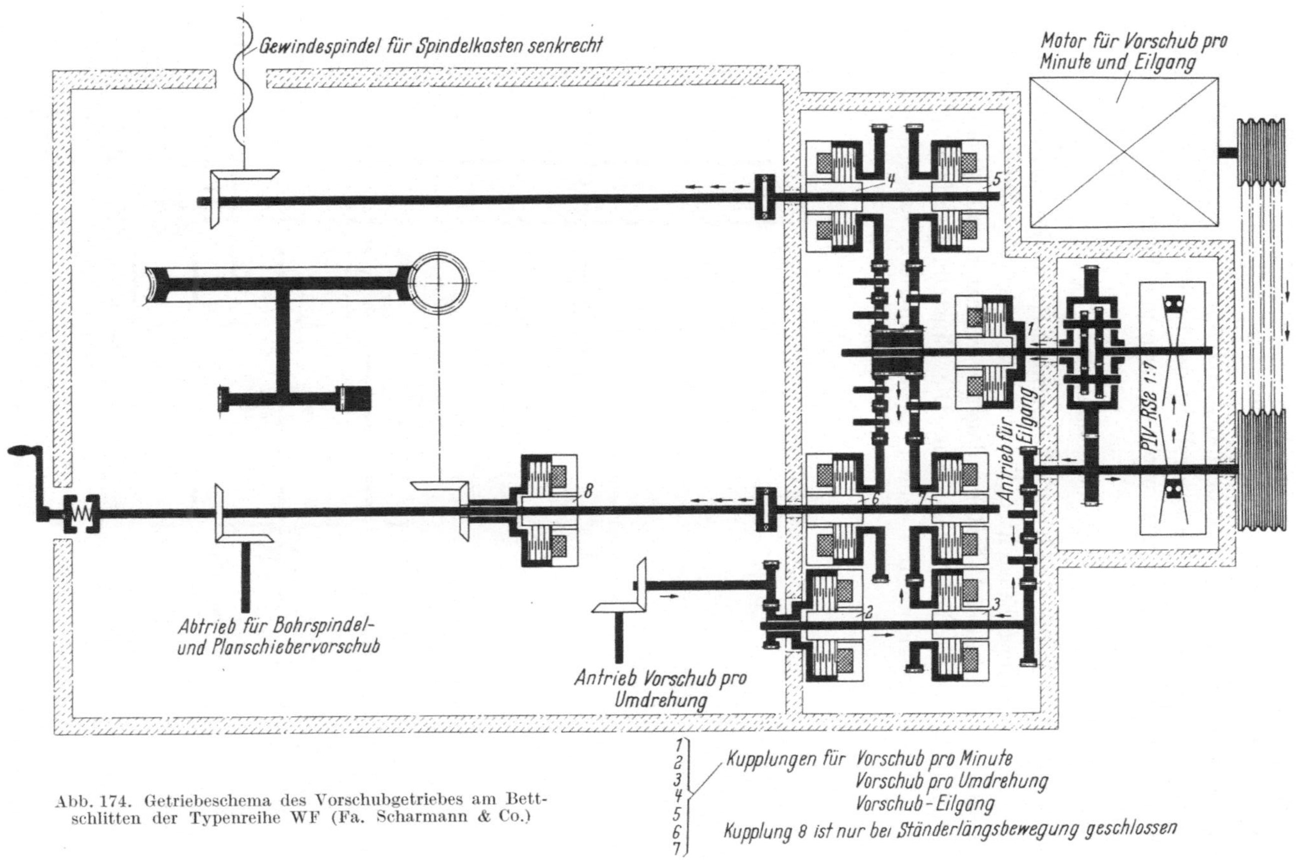

Abb. 174. Getriebeschema des Vorschubgetriebes am Bettschlitten der Typenreihe WF (Fa. Scharmann & Co.)

werden. Die Anordnung der Kupplungen ist dem Getriebeschema auf Abb. 172 zu entnehmen.

Bei der Typenreihe FB ist zur stufenlosen Drehzahleinstellung ebenfalls ein Leonard-Antrieb vorgesehen. Abb. 173 zeigt das Getriebeschema. Dem Gleichstrommotor des Leonard-Satzes ist ein Schieberadgetriebe nachgeschaltet, bei dem die Einstellung der Drehzahlbereiche nicht über Schaltmotoren vorgenommen wird, sondern von Hand erfolgt.

2. Vorschubantrieb

Bei der WB-Reihe der Firma Scharmann & Co. wurde aus Preisgründen auf eine stufenlose Einstellmöglichkeit des Vorschubes verzichtet.

Die Maschinen der WF-Reihe dagegen gestatten eine stufenlose Einstellung der Vorschubbewegungen. Die Einstellung erfolgt nicht wie beim Hauptgetriebe über einen Leonardantrieb, sondern über ein

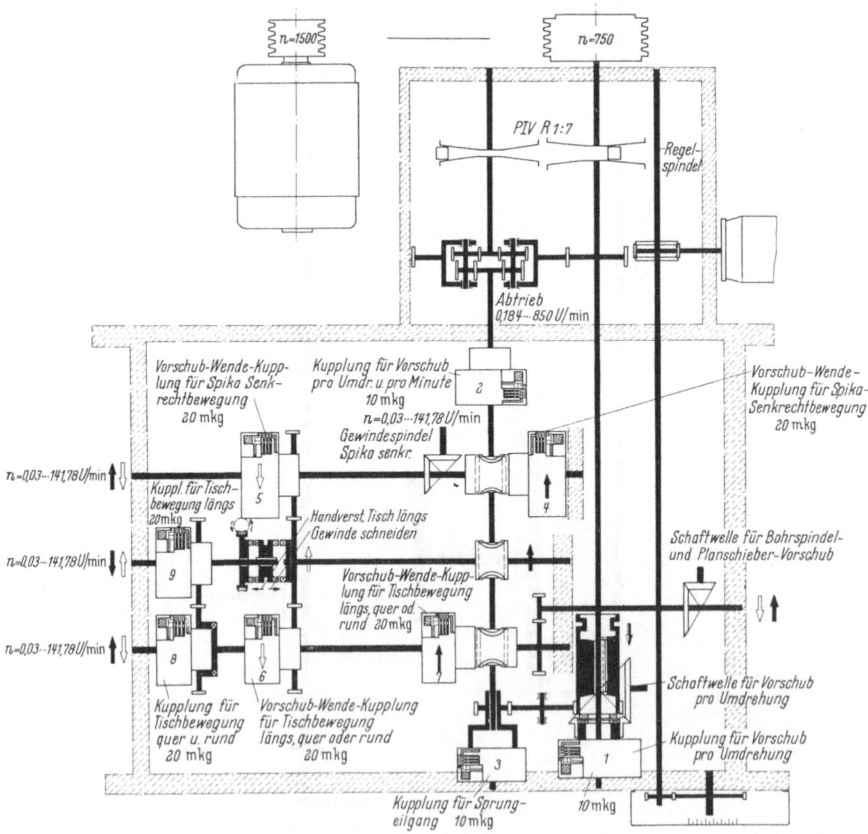

Abb. 175. Getriebeschema des Vorschubgetriebes der Typenreihe FB (Fa. Scharmann & Co.)

Sondergetriebe (SG-Getriebe), das aus einem Asynchronmotor mit nachgeschaltetem PIV-Getriebe und Umlauf-(Planeten)-Getriebe besteht (s. auch Kap. VI D). Bei Plattenbohrwerken ist das Vorschubgetriebe am Bettschlitten angebracht. Abb. 174 zeigt das Getriebe. Mit diesem Vorschubgetriebe werden Bohrspindel, Traghülse, Planschieber, Spindelkasten und Ständer bewegt.

Bei Tischbohrwerken ist das Vorschubgetriebe im Bett untergebracht. Es übt die gleichen Funktionen aus, jedoch tritt an Stelle der Ständerbeweglichkeit die Tischbewegung mit den Vorschüben in Längs- und Querrichtung.

Abb. 176. Ansicht des Vorschubgetriebes (Typenreihe FB der Fa. Scharmann & Co.)

Wie bei der Typenreihe WF ist auch das Vorschubgetriebe der Typenreihe FB als Kupplungsgetriebe mit schleifringlosen Elektrolamellenkupplungen ausgeführt. Dem Getriebeschema der Abb. 175 ist zu entnehmen, wie der Eilgang durch Schalten von Lamellenkupplungen von dem Vorschubmotor abgeleitet wird. Die Betätigung der Spindel zum Einstellen des PIV-Getriebes erfolgt mit einem Hilfsmotor. Abb. 176 zeigt eine Ansicht des Getriebes.

3. Bedienungsfeld

Die Lage der Getriebe innerhalb der Maschine und die Bewegungsmöglichkeiten bestimmen die Anordnung, Zahl und Funktionen der

Abb. 177. Bedienungsfeld eines Waagerecht-Bohr- und Fräswerkes älterer Bauart

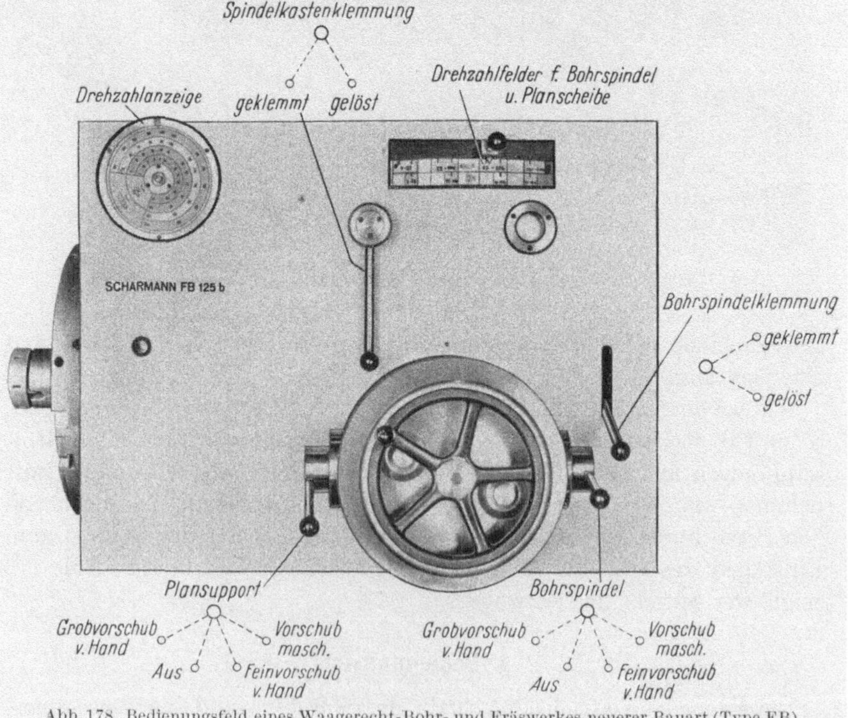

Abb. 178. Bedienungsfeld eines Waagerecht-Bohr- und Fräswerkes neuerer Bauart (Type FB)

Abb. 178. Bedienungsfeld eines Waagerecht-Bohr- und Fräswerkes neuerer Bauart (Type FB)

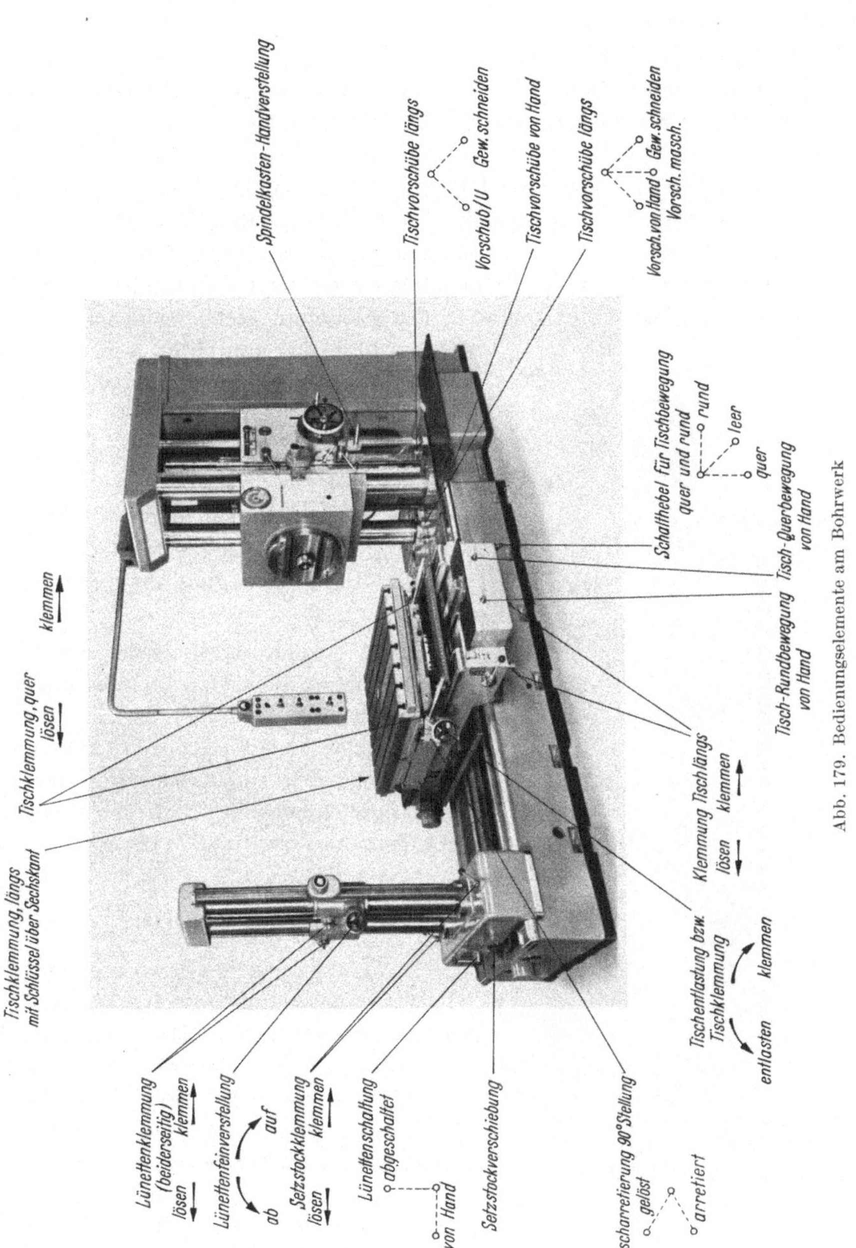

Abb. 179. Bedienungselemente am Bohrwerk

Bedienungselemente. Erst im Laufe einer langen Entwicklung ist es gelungen, das Bedienungsfeld des Waagerecht-Bohr- und Fräswerkes übersichtlich und griffgerecht aufzuteilen. Bei der älteren Konstruktion der Typenreihe WB sind noch viele Hebel, Schalter, Handräder und Skalenscheiben an verschiedenen Stellen der Maschine verstreut angeordnet (Abb. 177). Diese Maschinen erfüllen nicht die arbeitsphysiologischen Erfordernisse, die bei der WF- und FB-b-Reihe berücksichtigt wurden.

Im allgemeinen werden folgende Anforderungen an die Bedienungsfelder gestellt: Das Arbeitsmittel soll möglichst dem Menschen angepaßt sein, d. h. das „Griffeld" muß so angeordnet werden, daß es im physiologischen Greifraum des Bedienungsmannes liegt; es muß leicht zu überblicken und zu betätigen sein. Die Bewegungsrichtung der Hebel und Handräder soll sinnfällig sein, d. h. die Bewegung eines Bedienungsteiles in eine bestimmte Richtung soll auch die erwartete Bewegung des entsprechenden Maschinenteiles in diese Richtung auslösen. Weiterhin muß vermieden werden, daß mehrere Hebel bedient werden müssen, wenn nur eine Bewegung zu schalten oder zu steuern ist.

Abb. 180. Steuerpendel für eine Zentralsteuerung

Abb. 178 zeigt deutlich den erreichten Fortschritt in der Zusammenfassung vereinfachter, zweckmäßiger und sinnfälliger Bedienungselemente. Abb. 179 gibt einen Überblick über die Anordnung der Bedienungselemente an einem modernen Waagerecht-Bohr- und Fräswerk.

4. Steuerpendel

Für das Auslösen aller Vorgänge, die durch Druckknöpfe geschaltet und gesteuert werden können, ist oft ein hängendes, schwenkbares, zentrales Kommandogerät (Steuerpendel) vorgesehen. Damit kann die gesamte Steuerung des Waagerecht-Bohr- und Fräswerkes an einem zweckmäßigen Platz, meist nahe der Bearbeitungsstelle, vom Bedienungsmann vorgenommen werden. Abb. 180 zeigt das Steuerpendel eines Waagerecht-Bohr-

und Fräswerkes der Typenreihe FB mit Angabe aller zu steuernden Bewegungen. Die Bewegungsrichtungen werden mit Richtungsschalter (sog. Hebelkreuzschalter) eingestellt. Die stufenlose Einstellung der Drehzahl des Hauptantriebes innerhalb des durch das Stufengetriebe gegebenen Bereiches geschieht mit den beiden untersten Druckknöpfen des Steuerpendels. Die Schaltung der Drehzahlbereiche erfolgt über einen Schalthebel am Skalenband des Spindelkastens (s. auch Abb. 178). Das runde Drehzahlschild am Spindelkasten zeigt automatisch die Drehzahlen an. Sowohl Skalenband als auch Drehzahlschild sind den Bereichen entsprechend in farbige Felder unterteilt, so daß eine schnelle Orientierung möglich ist. Die stufenlosen Vorschubbewegungen können nach Richtungseinstellung über entsprechende Hebelkreuzschalter durch Druckknopfbetätigung gesteuert werden. Die Ablesung der Vorschübe erfolgt bei FB-Typen am Skalenband des Vorschubgetriebekastens, bei WF-Typen an einem Tachometer am Spindelkasten. Es sei noch darauf hingewiesen, daß bei der zuletzt genannten Maschine der gesamte Drehzahlbereich vom Steuerpendel aus eingestellt werden kann.

Ziel aller Verbesserungen und Vereinfachungen in der Bedienung moderner Waagerecht-Bohr- und Fräswerke ist es, den Bedienungsmann zu entlasten, damit er seine Aufmerksamkeit voll dem Arbeitsvorgang zuwenden kann. Darüber hinaus ist es durch die vereinfachte Steuerung möglich, die Maschinen besser auszunutzen und die Haupt- und Nebenzeiten zu verkürzen.

D. Konstruktive Details an Waagerecht-Bohr- und Fräswerken

1. Arbeitsspindel- und Planscheibenlagerung

Die Arbeitsspindel dient wie die Planscheibe zur Übertragung des Antriebsdrehmomentes zur Führung der Werkzeuge und zur Aufnahme der Schnittkräfte und Momente. Diese Aufgaben machen sie zum wichtigsten Glied des Systems Werkstück-Werkzeug-Werkzeugmaschine. Da die Anordnung und Güte der Lagerung von Arbeitsspindel und Planscheibe die Qualität der durchgeführten Arbeitsoperationen unmittelbar beeinflußt, werden entsprechend der Vielzahl verschiedener Arbeiten, wie u. a.

1. Bohren genau fluchtender Bohrungen.
2. Fräsen mit verschiedenen Werkzeugdurchmessern bei unterschiedlichen Zerspanungsleistungen,
3. konzentrisches Plandrehen mit Hilfe eines Plansupportes oder Plandrehkopfes,

an Spindel- und Planscheibenlagerung des Waagerecht-Bohr- und Fräswerkes verschiedene hohe Anforderungen gestellt, die nur schwer gleichzeitig optimal erfüllt werden können. Man bedenke z. B., daß einerseits eine Bohrung höchster Oberflächengüte möglichst auf einer Maschine mit Gleitlagern hergestellt werden sollte und der Durchmesser der Spindel im Hinblick auf die kleinste zu bearbeitende Bohrung möglichst klein zu halten ist. Andererseits ist bekannt, daß eine Fräsmaschine meist eine Spindel- oder Hülsenlagerung in vorgespannten Wälzlagern besitzt und der Durchmesser der Spindel bzw. Hülse relativ groß sein muß. Hinzu kommt, daß ohne Beeinflussung der Bohrgenauigkeit und Fräsleistung an der Arbeitsspindel noch eine Vorrichtung zum Plandrehen verlangt wird, die ebenfalls gewisse Genauigkeits- und Steifigkeitsanforderungen erfüllen muß. Die angeführten gegensätzlichen Gesichtspunkte lassen erkennen, wie schwierig es ist, allen Erfordernissen konstruktiv gerecht zu werden.

Hinzu kommt, daß auf Waagerecht-Bohr- und Fräswerken zur Einsparung von Hauptzeiten mehrere Arbeiten gleichzeitig und unabhängig voneinander durchführbar sein sollen.

Als wichtige Gesichtspunkte für die Beurteilung der Spindel und ihrer Lagerung sind zu nennen:

1. Genauigkeit in Längs- und Querrichtung (axiales und radiales Lagerspiel),
2. Rundlaufgenauigkeit,
3. Drehzahlbereich,
4. Statische und dynamische Steifigkeit,
5. Lebensdauer und Nachstellbarkeit,
6. Schmierung und Lagertemperatur,
7. Platzbedarf und Einbaumöglichkeit.

Ausgangspunkte für die Konstruktion der Lagerung im Spindelstock sind Größe und Richtung der zu erwartenden Kräfte und Momente.

a) Spindellagerungen bei kleinen und mittleren Waagerecht-Bohr- und Fräswerken. Bei kleineren und mittleren Waagerecht-Bohr- und Fräswerken ist die beim Zerspanungsvorgang auftretende Schnittkraft für die Verformung der Spindel und die Größe der Lagerkräfte entscheidend. Wie später beschrieben wird, ist bei Großbohrwerken dagegen auch der Einfluß der Gewichte der bewegten Teile für die Konstruktion von Bedeutung.

Abb. 181 zeigt anschaulich die durch den Schnittvorgang erzeugten und von dem System Spindel-Planscheibe aufzunehmenden Kräfte und Momente. Es werden zwei verschiedene Operationen betrachtet: Bohren mit Bohrstange und Plandrehen mit Plandrehsupport. Beim Bohrvorgang wandert der Angriffspunkt der schräg im Raum wirkenden Gesamtkraft P auf einem Kreis. Auf die Spindel wirken, ausgehend vom Werkzeug:

ein Biegemoment M_b, ein Torsionsmoment M_t,

sowie eine in Spindelrichtung zeigende Axialkraft P_A und während der

Umdrehung wechselnde Radialkräfte. Die entsprechenden Reaktionskräfte sind antriebsseitig: die Umfangskraft am Bodenrad bzw. Keilriemen, die Vorschubkraft an der Bohrspindel und die abstützenden Lagerkräfte in radialer und axialer Richtung.

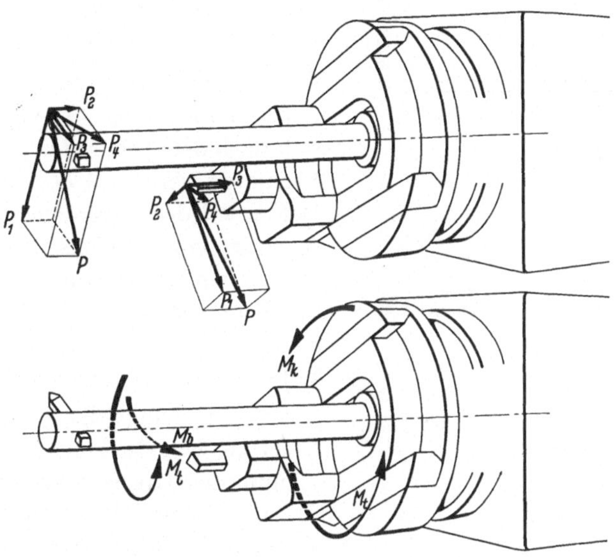

Abb. 181. Beanspruchung von Bohrspindel und Planscheibe bei gleichzeitigem Bohren und Plandrehen

a) Auftretende Schnittkräfte: P Gesamtkraft, P_1 Hauptschnittkraft P_2 Vorschubkraft, P_3 Schaftkraft, P_4 Abdrängkraft;

b) Entstehende Momente: M_t Torsionsmoment, M_b Biegemoment, M_k Kippmoment

Die beim Plandrehen ebenfalls schräg gerichtete Gesamtkraft P erzeugt an der Planscheibe ein Biege- oder Kippmoment M_k, ein Torsionsmoment M_t und dementsprechende radial und axial gerichtete Teilkräfte, die von der Planscheibenlagerung aufgenommen werden müssen.

Bei gleichzeitigem Bohren und Plandrehen mit verschiedenen Drehzahlen von Bohrspindel und Planscheibe addieren bzw. subtrahieren sich die einzelnen Schnittkräfte je nach Stellung der beiden Meißel periodisch.

Zur Berechnung und Konstruktion der Spindel und ihrer Lagerung sind die Biegekräfte maßgebend, da die Größe der an der Spindelnase auftretenden Verformung ein Maß für die Genauigkeit beim Bohren oder Fräsen ist.

Als Grundlage für die Spindelberechnung dient der Biegebalken auf elastischen Stützen [*53*]. Wie Abb. 182 zeigt, wird bei diesem Belastungsfall eine Aufteilung der Durchbiegung in zwei Anteile vorgenommen, und zwar in die durch Verformung der Spindel entstehende Durchbiegung s_1 und die auf Lagerverformung zurückzuführende Durchbiegung s_2. Die gesamte Durchbiegung ergibt sich aus der Überlagerung beider Anteile.

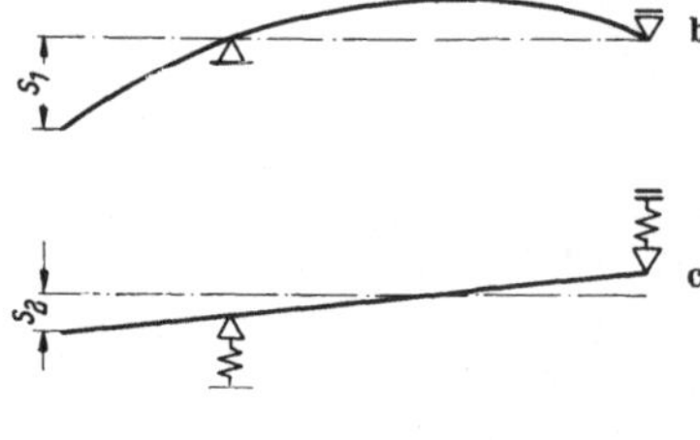

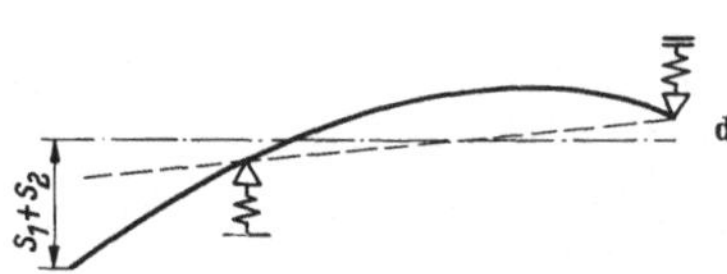

Abb. 182. Biegebalken auf elastischen Stützen als Ersatzbild für Bohrwerksspindel und ihre Lagerung (nach R. Piekenbrink)

P Schnittkraft, *A*, *B* Lagerkräfte, s_1 elastische Spindelverformung, s_2 elastische Lagerverformung, *a*) Lageplan, *b*) elastische Linie des Biegebalkens auf starren Stützen, *c*) Verschiebung des starren Balkens auf elastischen Stützen, *d*) Gesamtverformung des Biegebalkens auf elastischen Stützen

Die Verformung der Spindel läßt sich nach dem bekannten graphischen Verfahren von O. Mohr bestimmen. Der Anteil der Lagerdeformation dagegen ist von vornherein nur schwer zu erfassen. Immerhin lassen sich einige grundsätzliche Aussagen darüber machen, wie man optimale Steifigkeiten der Lagerung erreichen kann.

Zunächst hängt die Steifigkeit der Lagerung von der konstruktiven Anordnung der Lagerstellen im Gehäuse ab. Die Lagerkräfte sollen auf die abstützende Gehäusewand möglichst kein Biegemoment ausüben. Der Lagerabstand ist so zu wählen, daß an der Spindelnase möglichst kleine Durchbiegungen auftreten. Das ergibt für verschiedene Auskraglängen auch verschiedene Lagerabstände. Ein Optimalwert, bei dem sowohl Spindeldurchbiegung als auch Lagerfederung eine minimale Verformung $s_1 + s_2$ ergeben, liegt für langauskragende Spindeln bei einem Verhältnis von Lagerabstand zu Auskraglänge ≈ 2. Die Steifigkeit der Lagerung ist außerdem von der Steifigkeit der Lagerstelle selbst abhängig. Die Maß- und Formtoleranzen sind deshalb sehr eng zu fassen. Fast durchweg werden doppelreihige Zylinderrollenlager eingebaut, da sie hohe Federzahlen besitzen und durch eine entsprechende Vorspannung die Lagerstelle versteifen.

b) Spindellagerungen bei großen Waagerecht-Bohr- und Fräswerken. Bei Großbohrwerken sind die Eigengewichte für die elastischen Deformationen der Maschinenteile entscheidend. Die Dimensionierung der bewegten Teile erfolgt demnach außer nach Größe und Richtung der Schnittkräfte und Momente auch nach Größe und Verteilung der Gewichte, die unter Umständen die Schnittkräfte weit übersteigen. In Abb. 183 ist das graphische Verfahren nach O. MOHR zur Ermittlung

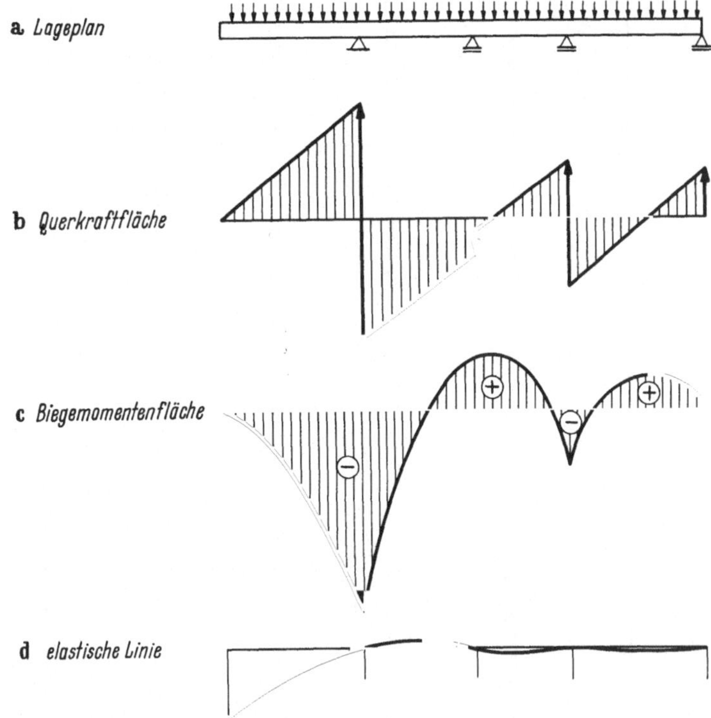

Abb. 183. Durchbiegung einer mehrfach gelagerten Spindel unter Einfluß ihres Eigengewichtes

der elastischen Linie eines frei aufliegenden, lang auskragenden Biegebalkens auf mehreren Stützen schematisch dargestellt. Als Belastung wurde eine gleichmäßig verteilte Last angenommen.

Dieser Belastungsfall entspricht dem Verhalten einer Bohrwerksspindel mit überall gleichem Querschnitt unter Eigengewicht. Die Querkraftfläche läßt erkennen, daß die größte Reaktionskraft am vorderen Lager aufgebracht werden muß; größte Durchbiegung tritt an der Spindelnase auf.

Messungen an der Bohrspindel eines Großbohrwerks bestätigen die nach dem MOHR'schen Verfahren ermittelten Durchbiegungen [*54*]. Abb. 184 zeigt Durchbiegungswerte der Spindel bei Messungen in zwei Biegeebenen: erstens Nuten an der Stelle der größten Biegespannung (a, c, e), zweitens Nuten in der neutralen Fase (b, d, f). Die Messungen wurden jeweils zweimal durchgeführt. Sie lassen erkennen, daß der Ein-

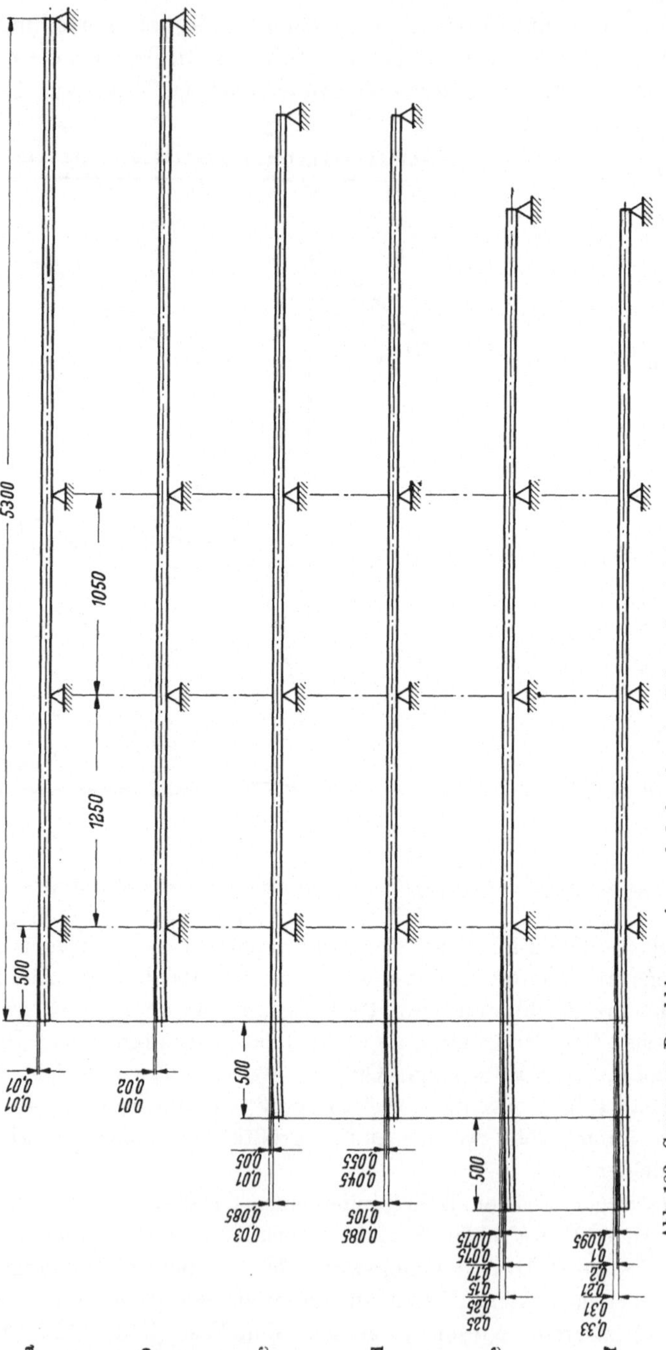

Abb. 183. Gemessene Durchbiegung einer mehrfach gelagerten Bohrwerksspindel unter Einfluß des Eigengewichts (nach H. HUCKS)

fluß dieser Nuten auf die Formgenauigkeit der Bohrung bedeutend sein kann.

Um die Spindeldurchbiegungen bei größeren Auskraglängen zu verringern, können zusätzliche Führungselemente, beispielsweise Traghülsen, vorgesehen werden, die an anderer Stelle besprochen werden.

c) Konstruktive Beispiele von Spindel- und Planscheibenlagerungen. Im folgenden wird gezeigt, welche konstruktiven Lösungen bei der Gestaltung der Arbeitsspindel- und Planscheibenlagerung ausgeführt werden, je nachdem, auf welchen Verwendungszweck des Waagerecht-Bohr- und Fräswerkes besonderer Wert gelegt wird.

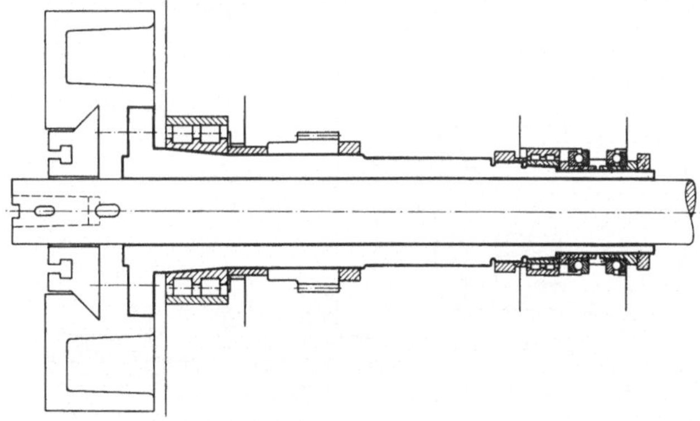

Abb. 185. Schema einer Spindellagerung mit auf der Bohrspindelhülse befestigter Planscheibe

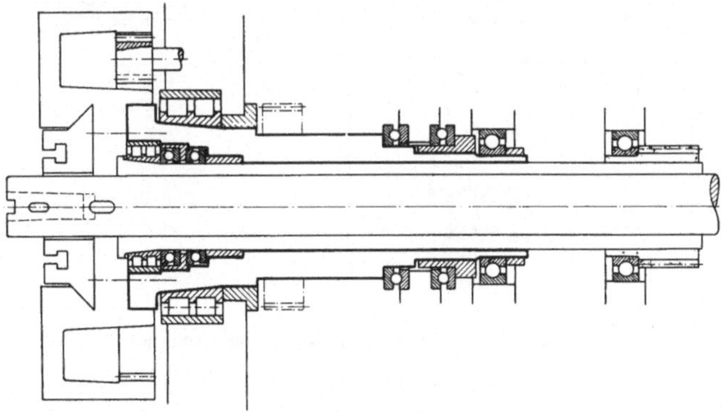

Abb. 186. Schema einer Spindel- und Planscheibenlagerung mittels Planscheibenhülse (Königszapfen)

In Abb. 185 ist eine Lösung angedeutet, bei der eine Plandrehscheibe (Plandrehkopf) unmittelbar von der Bohrspindelhülse aufgenommen wird. Da bei dieser Anordnung Bohrspindel und Plandrehscheibe mit gleicher Drehzahl im gemeinsamen Hauptlager umlaufen, ergibt sich am Werkstück eine einwandfreie konzentrische Lage von Bohrung und Ausdrehung.

Eine andere Anordnung ist in Abb. 186 schematisch dargestellt. Wie man erkennen kann, wird hier das vordere Ende der Bohrspindelhülse in einer zweiten Hülse (Königszapfen) gelagert, die die Plandrehscheibe trägt. Der Vorteil dieser Konstruktion ist, daß Bohrspindel und Planscheibe unabhängig voneinander mit verschiedenen Drehzahlen umlaufen können. Nachteilig ist jedoch, daß sich bei dieser Anordnung Lagerspiele addieren und daß infolge der beim gleichzeitigen Drehen und Bohren auftretenden unterschiedlichen Querkräfte ungleich große und sich gegenseitig beeinflussende Verformungen auftreten können.

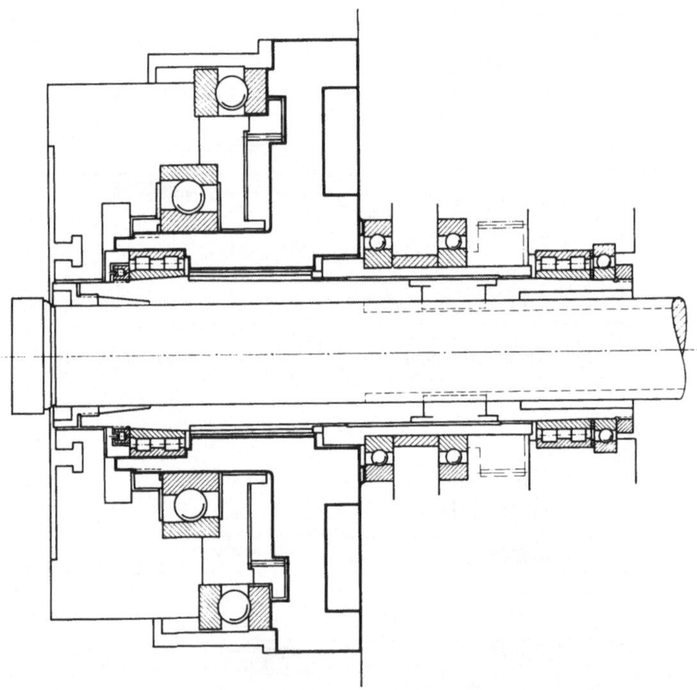

Abb. 187. Unabhängige Spindel- und Planscheibenlagerung auf Tragflansch

Einen anderen Weg geht die Firma Scharmann & Co. mit ihrer patentrechtlich geschützten Planscheibenlagerung (Patent D.B.P. 876 791). Es war die Aufgabe gestellt, die Bohrspindel und die Planscheibe mit verschiedenen Drehzahlen umlaufen zu lassen und eine Addition der Lagerspiele zu vermeiden. Deshalb wurde eine Anordnung gewählt, bei der sich sowohl Planscheibe als auch Bohrspindel unabhängig voneinander über einen Tragkörper gegen den Spindelkasten abstützen (Abb. 187). Der Tragkörper, der an den Spindelkasten angeflanscht ist, hat die Form einer Muffe und nimmt sowohl das vordere Lager der Bohrspindelhülse als auch die Lager der Planscheibe auf. Der Querschnitt der Muffe nimmt zum Befestigungsflansch hin zu und bildet gegenüber dem Kippmoment der Planscheibe einen Körper etwa gleicher Biegesteifigkeit.

Durch das große, außenliegende Axial-Rillenkugellager ist es gelungen, die Anfälligkeit der Planscheibe gegen Biegung zu meistern. Die radiale Abstützung (Zentrierung) des Planscheibenkörpers übernimmt ein einreihiges, mittels Ringmutter vorgespanntes Schulterkugellager. Die unter Vorspannung stehenden und somit spielfreien Lager verbürgen eine gute Rundlaufgenauigkeit der Planscheibe mit geringem Radial- und Axialschlag. Zu erwähnen ist noch, daß am Axiallager die Zentrifugalkräfte,

Abb. 188. Ansicht der Spindel- und Planscheibenlagerung eines Waagerecht-Bohr- und Fräswerkes

welche die Kugeln gegen den Käfig drücken und ein Fressen bewirken könnten, gegenüber den Axialkräften sehr klein sind und deshalb vernachlässigt werden können.

Als Hauptlager für die Bohrspindelhülse sind zwei doppelreihige Genauigkeits-Zylinderrollenlager eingebaut, die vorgespannt und nachstellbar sind. Zum axialen Festlegen der Spindelhülse dient ein Rillenkugellager.

Kennzeichnend für die Konstruktion ist der unabhängige Antrieb durch die zwei Antriebsräder (Bodenräder) für hohe bzw. niedrige Drehzahlen über eine besondere Antriebshülse zu nennen. Diese Antriebshülse überträgt über eine Klauenkupplung lediglich das Drehmoment auf die Spindelhülse. In Abb. 188 und 189 sind zwei verschiedene Planscheiben- und Spindellagerungen zu erkennen. Während Abb. 188 die soeben beschriebene Konstruktion wiedergibt, zeigt Abb. 189 eine andere Bauart, bei der an Stelle des mittleren Schrägkugellagers ein zweireihiges, nachstellbares Zylinderrollenlager eingebaut ist, das zur axialen Vorspannung mit einem zusätzlichen Axialkugellager kombiniert werden muß. Auf der Abb. 189 ist oben das schrägverzahnte Antriebsritzel für die Planscheibe und unten der Abtrieb des Differentialgetriebes für den Vorschub des Plansupportes sichtbar.

Eine weitere Ausführung einer Planscheibenlagerung zeigt Abb. 193, wobei zwei Schrägkugellager gegeneinander verspannt sind.

Abb. 189. Ansicht der Spindel- und Planscheibenlagerung eines Waagerecht-Bohr- und Fräswerkes

d) Stützende Elemente für Arbeitsspindeln. Nach der Betrachtung des grundsätzlichen Aufbaus der Spindellagerungen soll beschrieben werden, mit welchen Mitteln die Arbeitsspindeln den unterschiedlichen Belastungen bei den verschiedenen Zerspanungsvorgängen angepaßt werden. Die Spindeln müssen so dimensioniert werden, daß ihre Genauigkeit selbst durch große Kräfte nicht beeinträchtigt wird. Bei besonders schweren Ausführungen muß außerdem Vorsorge getroffen werden, die großen Massen der verschieblichen Bauteile besonders zu stützen und zu führen.

Eine schon im Abschnitt Fräsarbeiten erwähnte Abstützung stellt der sogenannte Unterarm der Firma Giddings & Lewis, USA dar. Leider nimmt die Vorrichtung viel Platz ein, erschwert die Bedienung und begrenzt die Werkstückgröße erheblich. Das bekannteste und gebräuchlichste Element zum Stützen und Führen der Bohrspindel ist die Traghülse. Durch sie werden auch die dynamischen Eigenschaften des Arbeitsspindelsystems, wie später gezeigt wird, bedeutend verbessert.

Die Traghülse kann

α) nur verschiebbar (nicht drehbar) oder

β) umlaufend und verschiebbar

ausgeführt werden.

α) Bei den Konstruktionen, die eine nur verschiebbare Traghülse besitzen, ist diese in zwei weit auseinanderliegenden, nachstellbaren

Abb. 190. Fräsarbeit bei weit auskragender Spindel. Messerkopf auf Frässpindel gespannt, die von Traghülse unterstützt wird (Maschinenfabrik Froriep GmbH., Rheydt/Rheinland)

Gleitlagern geführt. Die Frässpindel rotiert in der Traghülse in nachstellbaren Wälzlagern. Innerhalb der Frässpindel ist die eigentliche axialverschiebbare Bohrspindel gelagert, die mit der Frässpindel gemeinsam umläuft.

In Abb. 190 ist ein Plattenbohrwerk gezeigt, bei dem Traghülse und Frässpindel gegen das Werkstück vorgeschoben sind. Die Traghülse unterstützt die Frässpindel mit dem angeflanschten schweren Messerkopf dicht an der Bearbeitungsstelle. Eine ähnliche Ausführung zeigt Abb. 191.

Nicht immer ist der Querschnitt der nicht umlaufenden Traghülse kreisringförmig; es sind auch Konstruktionen mit rechteckigem Querschnitt bekannt, bei denen jedoch das Widerstandsmoment in Richtung

Abb. 191. Waagerecht-Bohr- und Fräswerk mit ausgefahrener Traghülse und Frässpindel. (Fa. Schieß A.G., Düsseldorf)

der Querschnittsdiagonalen nicht mit dem in vertikaler und horizontaler Richtung übereinstimmt. Wegen der umlaufenden Schnittkräfte sollte jedoch das Widerstandsmoment der Traghülse in allen Richtungen gleich sein.

β) Die Firma Scharmann & Co. läßt die Traghülse gemeinsam mit der Bohrspindel umlaufen (D.B.P. Nr. 969992) und benutzt die Traghülse zur Befestigung schwerer Messerköpfe. Da in diesem Fall die Frässpindel entfällt, bezeichnet man die umlaufende und ausfahrbare Traghülse vielfach auch als Fräshülse (Abb. 192).

Das Schnittbild der Traghülsenkonstruktion eines Waagerecht-Bohr- und Fräswerkes der Firma Scharmann & Co. (Type WF 125/225) zeigt

Abb. 192. Waagerecht-Bohr- und Fräswerk mit umlaufender und verschiebbarer Traghülse (Fa.Scharmann & Co.)

Abb. 193. Das Drehmoment wird von der umlaufenden Bohrhülse (Pinole) über die mitlaufende und axialverschiebbare Traghülse (Fräshülse) auf die Bohrspindel übertragen. Die Mitnehmernuten sind soweit nach hinten gelegt, daß bei vorgeschobener Traghülse bzw. Bohrspindel die Nuten vorn nicht austreten. Diese Lösung ist nicht nur wegen des Trägheitsmomentes der Spindel günstig, sondern es wird auch vermieden, daß sich in den Nuten Späne und Schmutz ansammeln und beim Zurückführen in die Spindelhülse mit hineingezogen werden und zum Fressen führen können. Das vordere Hauptlager ist weit nach vorn gelegt, wodurch eine kurze Auskraglänge der Bohrspindel erreicht wird. Es sei in diesem Zusammenhang auf eine Veröffentlichung von Tlusty und Polacek hingewiesen [55].

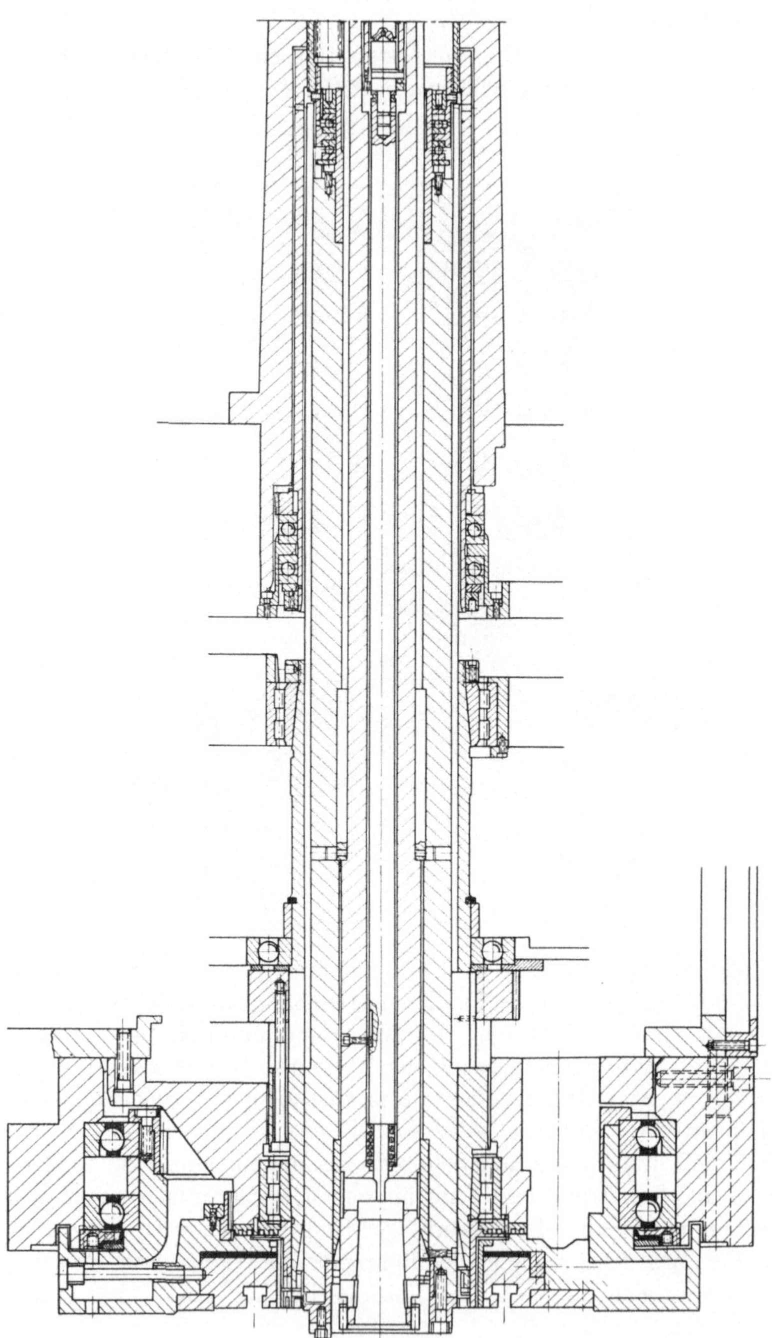

Abb. 193. Bohrspindellagerung mit umlaufender und verschiebbarer Traghülse (Fa. Scharmann & Co.)

Bohrspindel und Traghülse sind am Ausleger unabhängig voneinander mit einer Klemmvorrichtung feststellbar. An einem Strichmaßstab ist über Nonius die genaue Längsverschiebung der Spindel bzw. Hülse ablesbar.

Zur Erzielung einer hohen Rundlaufgenauigkeit muß die Bohrspindel eng in die Traghülse eingepaßt werden. Außerdem sollte die Hülse auf der ganzen Länge tragen, um die Durchbiegung der Bohrspindel innerhalb der Traghülse möglichst klein zu halten. Dabei würde jedoch die

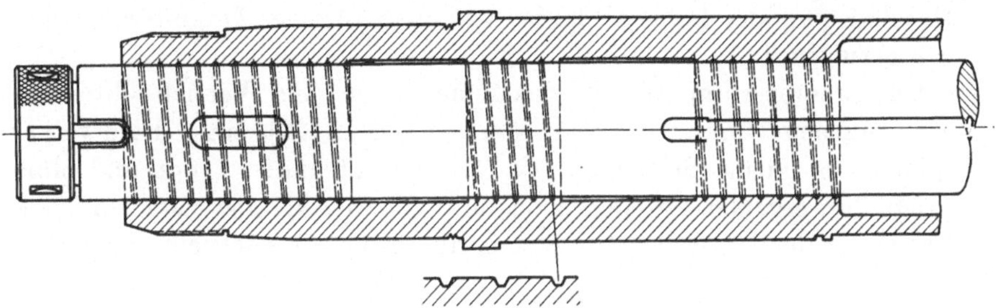

Abb. 194. Traghülse mit Traggewinde für die Bohrspindel

tragende Fläche so groß, daß die Spindel selbst sich nur noch schwer bewegen läßt. Die Hülse kann deshalb nach Abb. 194 innen mit einer Art Gewinde versehen werden (Gebrauchsmuster).

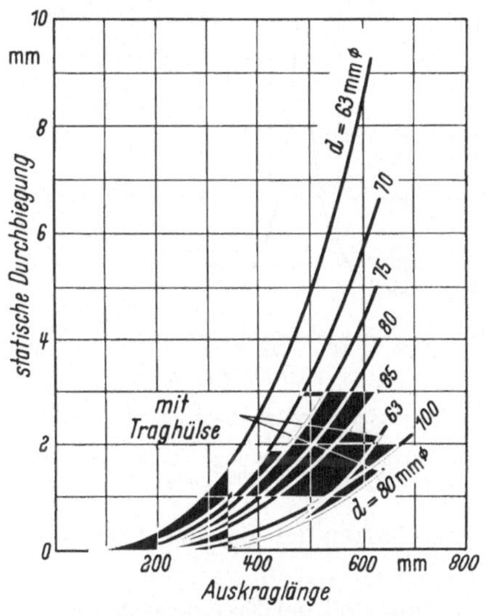

Abb. 195. Statische Durchbiegung von Bohrspindeln bis 100 mm ⌀ mit und ohne Traghülse in Abhängigkeit von der Auskraglänge. Angenommene Senkrechtkraft an der Stirnseite der Spindel: $P = 2000$ [kg]. Angenommene Auskraglänge der Traghülse von 110 mm ⌀ : 310 [mm]

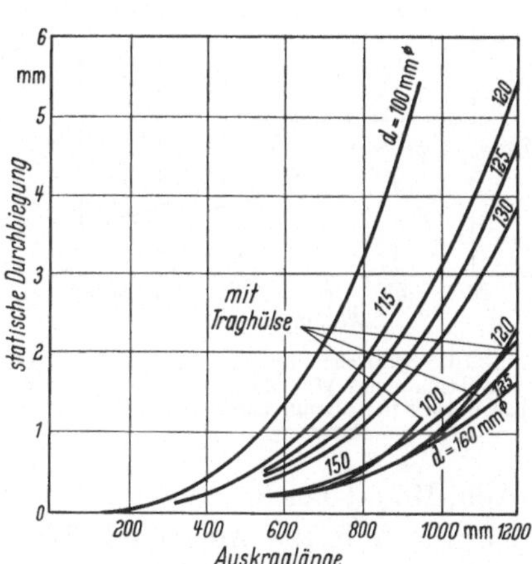

Abb. 196. Statische Durchbiegung von Bohrspindeln ab 100 mm ⌀ mit und ohne Traghülse in Abhängigkeit von der Auskraglänge. Angenommene Senkrechtkraft an der Stirnseite der Spindel: $P = 2000$ [kg]. Angenommene Auskraglänge der Traghülse von 160 mm ⌀ : 550 [mm]

Die bisher besprochenen konstruktiven Maßnahmen zur Stützung und Führung der Spindel sollen durch einige Versuchsergebnisse über das statische und dynamische Verhalten des Spindelsystems ergänzt werden.

Die Abb. 195 und 196 zeigen die statische Durchbiegung von Bohrspindeln verschiedener Durchmesser in Abhängigkeit von der Spindelausladung. Diese Kurven wurden rechnerisch ermittelt, indem für bestimmte Spindeldurchmesser und Auskraglängen jeweils die Durchbiegung am Spindelende errechnet wurde. Man erkennt, daß die statische Durchbiegung der Bohrspindel bei voll ausgefahrener Traghülse wesentlich geringer ist.

Im Laboratorium für Werkzeugmaschinen und Betriebslehre der T.H. Aachen durchgeführte Untersuchungen [*56*] einer Bohrwerksspindel der Firma Scharmann & Co. von 120 mm ⌀, mit und ohne Traghülse, ergaben bei einer Belastung von 100 kg eine etwa 1,5-fache Erhöhung der statischen Steifigkeit durch die ausgefahrene Traghülse

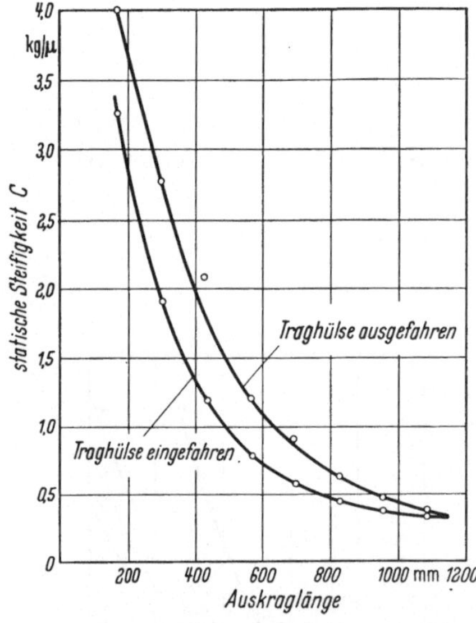

Abb. 197. Statische Steifigkeit des Spindelsystems eines Waagerecht-Bohr- und Fräswerkes in Abhängigkeit von der Auskraglänge

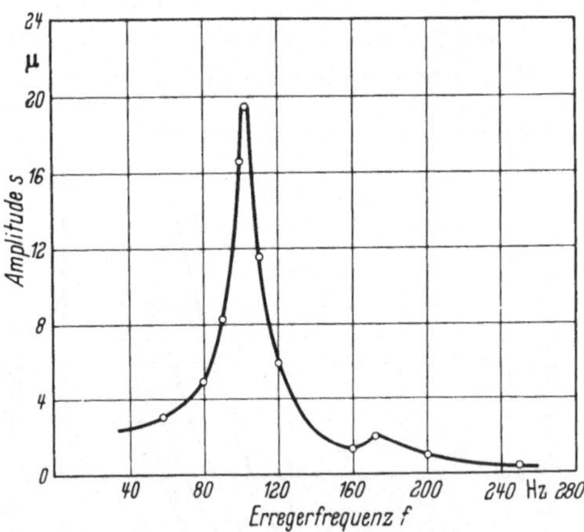

Abb. 198. Resonanzkurve der Bohrspindel eines Waagerecht-Bohr- und Fräswerkes. Größtwert der erregenden Wechselkraft P_o = 1,5 [kg], Auskraglänge der Spindel l_a = 695 [mm]

(Abb. 197). Über die dynamischen Eigenschaften der gleichen Bohrspindel gibt Abb. 198 Aufschluß. Das Resonanzspektrum gilt nur für eine Auskraglänge der Spindel von $l_a = 695$ mm und bei Erregung mit einer Wechselkraft von $P_o = 1{,}5$ kg. Die durch die Dämpfungszahl D gekennzeichnete Dämpfung wird durch die Traghülse bedeutend erhöht (Abb. 199). Sie liegt für das untersuchte System Traghülse-Klemmbüchse-Bohrspindel über der Dämpfung für einen Vollzylinder gleichen Durchmessers. Im Rahmen dieser Untersuchung durchgeführte Bohrversuche ergaben, daß bei ausgefahrener Traghülse und großen Auskraglängen die Amplituden an den Resonanzstellen kleiner sind als bei eingefahrener Traghülse (Abb. 200).

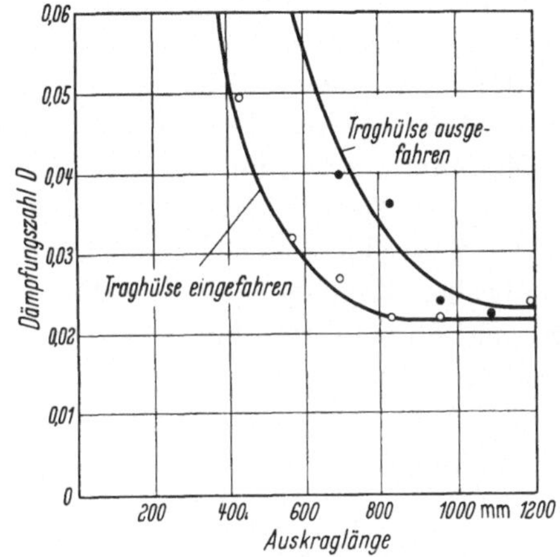

Abb. 199. Dämpfungszahl D einer Bohrwerksspindel in Abhängigkeit von ihrer Auskraglänge bei ein- und ausgefahrener Traghülse

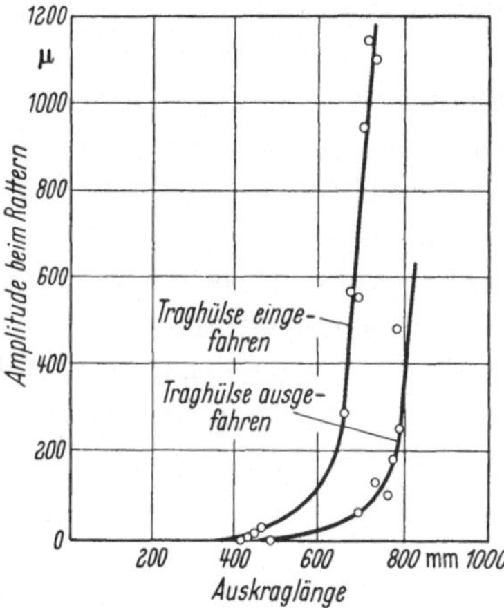

Abb. 200. Einfluß der Traghülse auf die Größe der Biegeamplituden einer Bohrwerksspindel beim Rattern in Abhängigkeit von der Auskraglänge. Schnittbedingungen: Schnittgeschwindigkeit $v = 26-45$ [m/min], Vorschub $s = 0{,}12-0{,}41$ [mm/U], Spantiefe $a = 2$ [mm]

2. Antrieb für den Plansupport in der Planscheibe

Für Plan- und Flanschendreharbeiten auf Waagerecht-Bohr- und Fräswerken dient in den meisten Fällen die Planscheibe als Werkzeugträger. Während bei allen Waagerecht-Bohr- und Fräswerken die Drehbewegung vom Hauptantrieb abgenommen wird, muß die radiale Vorschubbewegung des Planschiebers in die Planscheibe eingeleitet werden. Diese Vorschubbewegung kann sowohl von Hand betätigt als auch mechanisch vom Vorschubgetriebe abgeleitet werden, und zwar meist über ein Differential. Bei anderen Konstruktionen erhält die sogenannte Plandrehscheibe ihren Radialvorschub von der Bohrspindel. Die Bewegung erfolgt über eine auf der Bohrspindel befestigte Zahnbüchse, zwei Ritzel und eine Zahnstange am Planschieber. Diese Anordnung ist wegen der notwendigen Umbauten und dem Ausfall der Bohrspindel für gleichzeitige Bohrarbeiten mit Nachteilen behaftet.

Konstruktionen mit auf besonderen Planscheibenhülsen gelagerten oder völlig unabhängig geführten Planscheiben, die außerdem einen eingebauten Plandrehsupport besitzen, gestatten kombinierte Dreh- und Bohrarbeiten und sind zur Aufnahme großer Biege- und Torsionsbeanspruchungen besonders geeignet. Die Übertragung der Antriebsdrehzahlen erfolgt vom Hauptgetriebe aus entweder über ein Ritzel und Innenzahnkranz der Planscheibe oder über ein Bodenrad auf die Planscheibenhülse. Der kontinuierliche Planschiebervorschub kann bei Traghülsen-Maschinen durch Verschieben der Traghülse erzeugt werden. Zu diesem Zweck sind in die Traghülse zwei um 180° versetzte Zahnstangen eingesetzt, die über ein Ritzel in der Planscheibe auf Zahnstangen am Support wirken. Zum Ein- und Ausrücken des Planvorschubs muß die exzentrisch gelagerte Achse, auf der die Ritzel sitzen, mittels eines Vierkantschlüssels verdreht werden. Um hierbei jedoch beim Plandrehen einen synchronen Lauf von Planscheibe und der fest mit der Traghülse verbundenen Pinole zu erreichen, muß die Planscheibenhülse mit der Pinole gekoppelt werden. Man kann den Planschiebervorschub auch vom Vorschubgetriebe über eine Vielkeilwelle, Kegelräder und Zahnradvorgelege ableiten. Dem Zahnradvorgelege ist ein im Spindelkasten gelagertes Umlaufgetriebe nachgeschaltet, von dessen Abtriebsrad der Planschieber seine Vorschubbewegung über einen umlaufenden Zahnkranz, Kegelräder, Schnecke und Zahnstange erhält.

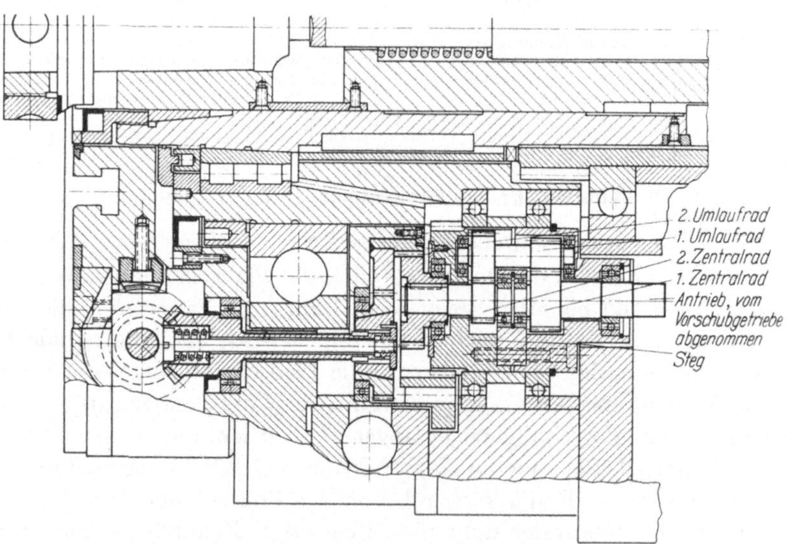

Abb. 201. Umlaufgetriebe zum Antrieb des Planschiebers (Fa. Scharmann & Co.)

Bei den Waagerecht-Bohr- und Fräswerken der Firma Scharmann & Co. wird ein Umlaufgetriebe (Stirnraddifferential) eingebaut, das vier Achsen besitzt: zwei Zentralachsen, eine Umlaufachse und eine Stegachse. Da die zwei Zentralachsen in einer Flucht liegen, spricht man hier von einem rückkehrenden Umlaufgetriebe. Zur Vermeidung von Unwuchten könnten auch zwei um 180° versetzte Umlaufachsen angeordnet

Abb. 202. Planscheiben- und Planschieberantrieb
oben: Antriebsrad für die Planscheibe, unten: Abtriebsrad des Umlaufgetriebes

Abb. 203. Kegelradtrieb und Schnecke bei abgenommener Planscheibe

werden. Abb. 201 zeigt die Konstruktion eines Umlaufgetriebes. Die Drehzahl des Abtriebritzels am Umlaufgetriebe ergibt sich bei festgehaltenem Steg, unter Berücksichtigung der Übersetzung, direkt aus der vom Vorschubgetriebe her bestimmten Drehzahl des Antriebsritzels. Bei vom Innenzahnkranz der Planscheibe angetriebenem Steg geht dagegen auch die Drehzahl des Steges in den Abtrieb ein. Dadurch wird erreicht, daß trotz sich ändernder Planscheibendrehzahl der umlaufende Planschieber stets den gleichen Radialvorschub erhält. In Abb. 202 ist das Abtriebszahnrad des Umlaufgetriebes vor der Montage der Planscheibe, in Abb. 203 der Kegelradtrieb und die Schnecke bei abgenommenem Planschieber erkennbar.

3. Sondergetriebe für Vorschubantrieb (SG-Getriebe)

Im Abschnitt „Bedienung der Bohrwerke" wurden die Haupt- und Vorschubantriebe verschiedener Waagerecht-Bohr- und Fräswerke näher beschrieben. Es wurde gezeigt, daß die stufenlose Drehzahleinstellung der Hauptantriebe innerhalb bestimmter Grundbereiche meist durch

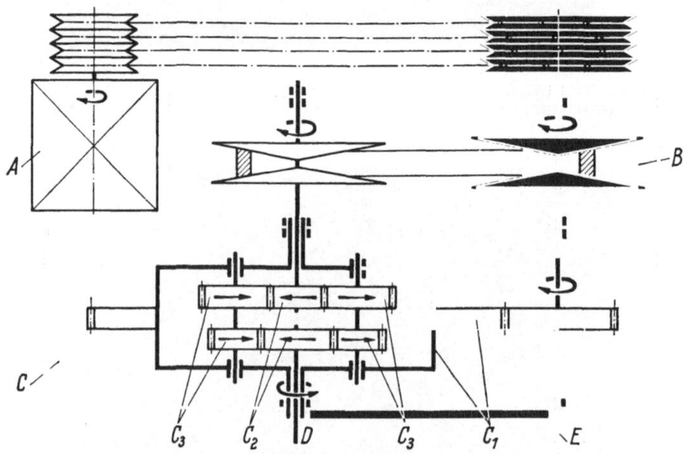

Abb. 204. Sondergetriebe für stufenlose Vorschubeinstellung
A Antriebsmotor, *B* P.I.V.-Regelgetriebe, *C* Umlauf-(Planeten-)Getriebe, C_1 Steg, C_2 Sonnen-Räder, C_3 Planeten-Räder, *D* Abtrieb für Vorschubbewegungen, *E* Abtrieb für Eilgang

einen Leonard-Antrieb erfolgt. Das Einstellen der Vorschübe wird dagegen z. B. bei der FB- und WF-Typenreihe der Firma Scharmann & Co. über ein Sondergetriebe (SG-Getriebe) vorgenommen. Das Sondergetriebe (Abb. 204) besteht aus einem Antriebsmotor, einem nachgeschalteten PIV-Rollenkettengetriebe und einem Planetengetriebe. Die Anordnung ermöglicht ein stufenloses Einstellen sämtlicher Vorschübe vom Schleichgang bis zum Eilgang im Leerlauf und auch unter Last. Das Einstellen des Getriebes kann durch Verstellmotor von einem Knopf am Steuerpendel aus vorgenommen werden.

Die Ableitung der kinematischen Zusammenhänge am Umlaufgetriebe kann nach dem Verfahren von Swamp [57] erfolgen. Zur Berechnung der Ausgangsdrehzahlen des Ausgangs-Sonnenrades aus den

Eingangsdrehzahlen des Eingangs-Sonnenrades und des Steges werden die Drehbewegungen in zwei Teilbewegungen zerlegt.

Bei der Ermittlung der ersten Teildrehung denkt man sich den Steg im Gehäuse festgehalten, bei der Ermittlung der zweiten Teildrehung alle Zahnräder samt Steg gegenseitig verriegelt. Die Ausgangsdrehzahl n_a wird wie folgt bestimmt:

$$n_a = n_s \cdot (1 - i_{st}) - n_e \cdot i_{st} \quad [\text{U/min}] \tag{46}$$

n_a [U/min] Ausgangsdrehzahl des Ausgangs-Sonnenrades

n_s [U/min] Stegdrehzahl

n_e [U/min] Eingangsdrehzahl des Eingangs-Sonnenrades

i_{st} [—] Übersetzungsverhältnis bei ruhendem Steg

Abb. 205. Stufenlos einstellbares Vorschubgetriebe (Scharmann Modell SG)

Das Getriebe besitzt keine Kupplungen oder Schalträder mehr und ist in seinem Aufbau einfach ausgeführt. Der gleichförmige Bewegungsablauf gestattet es, einen kontinuierlichen Schleichgang einzustellen, der beispielsweise das maschinelle Positionieren von Ständer und Spindelkasten ermöglicht.

Das SG-Getriebe hat gegenüber stufigen Vorschubgetrieben den Vorteil, daß z. B. beim Fräsen mit kleinem Vorschub begonnen und anschließend ohne Unterbrechung des Schnittvorganges ein höherer Vorschub eingestellt werden kann.

Abb. 205 zeigt die Ansicht eines SG-Getriebes. Das Getriebe wird als Einheitsgetriebe hergestellt und ist so stark dimensioniert, daß z. B. Schlitten schwerer Platten-Bohrwerke der WF-Reihe verfahren werden können. Dadurch ergeben sich für den Hersteller die Vorteile der Serienfertigung von SG-Getrieben.

4. Werkzeugaufnahme und Werkzeugauswerfer

a) Aufnahmekegel für Werkzeugbefestigung. Die gebräuchlichsten Werkzeug-Aufnahmekegel sind Morsekegel und metrische Kegel. Morsekegel sind nur in sieben Größenstufen festgelegt, die metrischen Kegel umfassen einen größeren Durchmesserbereich [*58*].

Um ein leichteres Lösen zu ermöglichen und aus anderen Gründen, von denen nur die unterschiedlichen Steigungen bei verschiedenen Morsekegeln und metrischen Kegeln genannt seien, wurden vorwiegend für Fräswerkzeuge außer den oben genannten „schlanken Kegeln" Steilkegel 3,5 : 12 eingeführt. Diese Steilkegel wurden nach einer ISA-Empfehlung in der Deutschen Norm DIN 2079 und 2080 für Frässpindelköpfe und entsprechende Werkzeugschäfte in den vier Größen Nr. 30, 40, 50 und 60 genormt und in DIN E 729 vom April 1958 im Größenbereich erweitert. Während im Morse- bzw. metrischen Kegel die Werkzeugmitnahme kraftschlüssig erfolgt, muß bei Steilkegeln formschlüssig das Drehmoment durch Nutensteine und besondere Spannvorrichtungen übertragen werden. Seit einigen Jahren sind Bestrebungen im Gange, die Werkzeugaufnahmen an Waagerecht-Bohr- und Fräswerken auf Steilkegel umzustellen, doch ist die Befestigung wegen des fehlenden Anzuggewindes nicht so ganz einfach. Vorhandene Werkzeuge und Spannzeuge mit Morsekegel können zwar in Maschinen mit Steilkegel-Aufnahmen über Zwischenhülsen nach DIN E 6364 (Entwurf August 1957) befestigt werden, doch leidet darunter die Steifigkeit der Gesamtaufnahme.

b) Werkzeugauswerfer-Vorrichtungen. Die Einspannung der Bohr- und Fräswerkzeuge muß den genauen Rundlauf des Werkzeuges gewährleisten. Beim Ausspannen darf der Kegel der Arbeitsspindel nicht beschädigt werden. Während an Spindeln mit Werkzeugaufnahmen durch

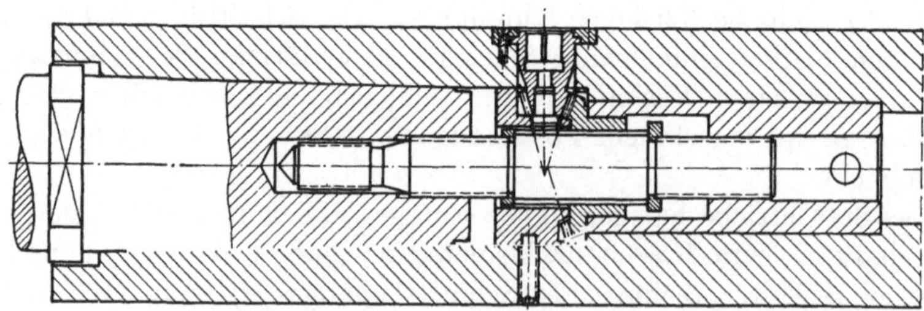

Abb. 206. Werkzeugbefestigung eines Kegelschafts mit Anzugsgewinde (Firma Schiess A.G., Düsseldorf)

ISA-Steilkegel wegen der fehlenden Selbsthemmung des Schaftes keine besonderen Vorrichtungen zum Lösen des Werkzeugschaftes nötig sind, erfordert das Ausspannen der Werkzeuge mit Morse- oder metrischen Kegeln besondere Auswerfer.

Die Werkzeugbefestigung in Morse- oder metrischen Kegeln kann über Anzugsgewinde erfolgen [*58*]. Abb. 206 zeigt die Werkzeugbefestigung eines Kegelschaftes mit Anzugsgewinde. Zum Ein- und Ausspannen der Werkzeuge wird mit einem Steckschlüssel über zwei Kegelräder die An-

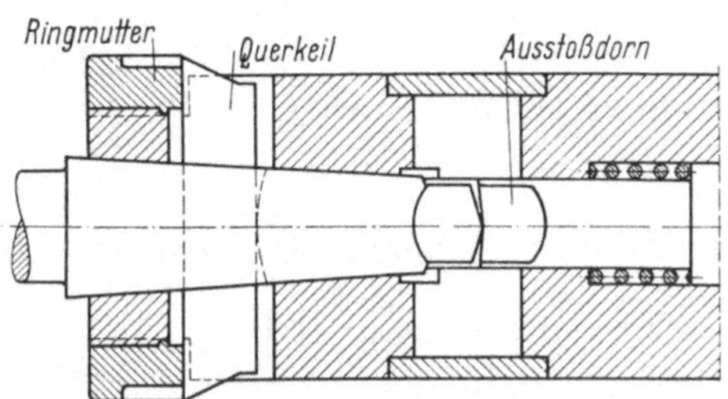

Abb. 207. Werkzeug-Spannvorrichtung für Kegelschäfte mit Austreiblappen (Firma Scharmann & Co. D.P. Nr. 930361)

zugsschraube mit Differentialgewinde gedreht (Fa. Schiess AG.). Auch die Firma Droop & Rein verwendet eine ähnliche Werkzeug-Spannvorrichtung für Kegelschäfte mit Anzugsgewinde.

Abb. 208. Antriebsmotor für elektrische Werkzeugauswerfer-Vorrichtung

In Abb. 207 ist eine Werkzeug-Spannvorrichtung der Firma Scharmann & Co. gezeigt. Das Werkzeug wird durch Anziehen einer Ringmutter, die einen Querkeil axial verschiebt, in den Kegel gepreßt. Beim Ausspannen wird die Mutter um wenige Umdrehungen gelöst, der Querkeil herausgenommen und die Spindel im Eilgang zurückgefahren bis der Ausstoßdorn das Werkzeug auswirft (D.P. Nr. 930 361). Das Prinzip des Werkzeug-Auswerfens mit einem Dorn wurde auch bei der elektrischen Werkzeugauswerfer-Vorrichtung der Firma Scharmann & Co. beibehalten. Mit dieser Konstruktion kann das Werkzeug bei jeder Spindelstellung ausgeworfen werden. Das Austreiben erfolgt nach Betätigen eines Druckknopfes am Steuerpendel durch eine Auswerferstange, die von einem Sondermotor mit einer Leistung von etwa 4 PS angetrieben wird (Abb. 208).

5. Bett- und Schlittenführungen

Die Genauigkeit der auf Waagerecht-Bohr- und Fräswerken hergestellten Werkstücke hängt sehr stark von der Anordnung und Güte der Führungsbahnen ab.

Für die Anordnung der Führungen gelten folgende Regeln: Um geradlinige Bewegungen der Schlitten und des Tisches zu sichern, muß die Führung so ausgelegt sein, daß für die Bewegung nur ein Freiheitsgrad bleibt. Der Schlitten muß mindestens um 50% länger sein als der von Außenkante zu Außenkante gemessene Abstand der Führungsbahnen [*59*]. Nur so kann das gefürchtete Ecken des Schlittens verhindert werden. Weiterhin sollen grundsätzlich wegen der Addition der Führungsspiele nicht mehr als drei Führungen übereinander gelegt und die während des Arbeitsvorganges nicht benutzten Führungen geklemmt werden.

Die Führungen müssen eine hohe Verschleißfestigkeit und große Widerstandsfähigkeit gegen Fressen aufweisen. Ihre Verformungen unter Last sollen klein und die Herstellungskosten niedrig sein. Die hohe Verschleißfestigkeit der Führungsbahnen ist besonders wichtig für die Erhaltung der Ausgangsgenauigkeit. Die Führungsbahnen sollten darüber hinaus abgedeckt sein, um Beschädigungen durch Schmutzteile oder Späne zu verhindern.

Sowohl für Gleitführungen als auch für Wälzführungen haben sich im gesamten Werkzeugmaschinenbau einige günstige Profilformen für gerade und kreisförmige Wege bewährt.

Bekannt sind neben den bereits beschriebenen Rundführungen am Waagerecht-Bohr- und Fräswerk:

1. Dach- oder V-Führungen,
2. Schwalbenschwanz-Führungen,
3. Flach-Führungen.

Häufig werden mehrere Führungen mit unterschiedlichem Profil kombiniert.

Die Kombination zweier Dachführungen mit unsymmetrischem Profil zeigt Abb. 209. Bei schweren Bohrwerken werden meist drei Führungen vorgesehen; in Abb. 210 sind zwei Dachführungen mit einer Flachführung kombiniert.

Schwalbenschwanzführungen werden oft in einer kombinierten Anordnung mit Flachführungen verwendet. Sie haben den Vorteil, daß sie sich gut zur Führung bei wechselnder Belastung eignen.

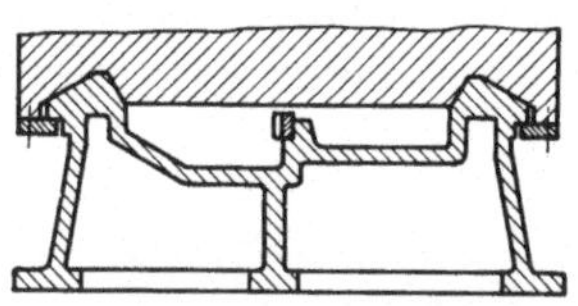

Abb. 209. Dachführung des Bettschlittens (Zweibahnen-Bett)

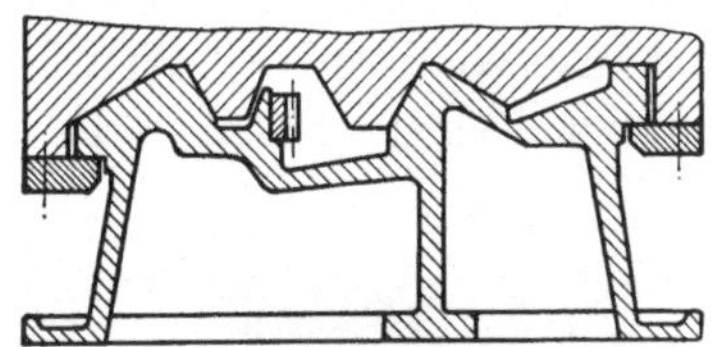

Abb. 210. Dachführung des Bettschlittens (Dreibahnen-Bett)

Flachführungen lassen sich einfacher und billiger als die bisher beschriebenen Führungen herstellen und nacharbeiten. Die Führungsflächen werden breit ausgeführt, wodurch die Flächenpressung auch bei hoher Belastung gering bleibt. In horizontaler Lage als Bett- und Schlittenführungen der Waagerecht-Bohr- und Fräswerke lassen sie sich sehr gut schmieren. Rechteckige Flachführungen eignen sich zur Aufnahme seitlicher Kräfte besser als Dachführungen, bei denen das sog. Aufklettern zu befürchten ist.

Grundsätzlich gilt, daß Form und Breite der Führungen auf Richtung und Größe der wirkenden Kräfte abgestimmt werden müssen. Erwünscht

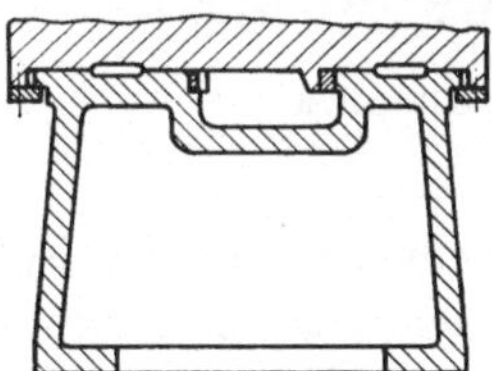

Abb. 211. Flachführung des Bettschlittens

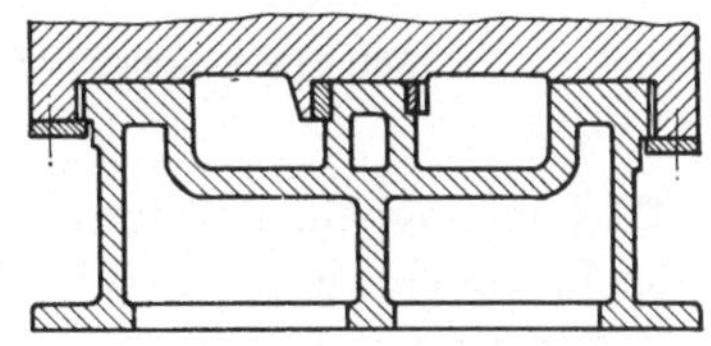

Abb. 212. Flachführung des Bettschlittens bei drei Führungsbahnen

ist, daß die Kräfte senkrecht auf die Flächen der Führungen gerichtet sind. Um ein Abheben des Tisches zu vermeiden, sind an beiden Seiten Unterleisten angeordnet (Abb. 211). Das Spiel der Führung ist durch eine keilförmige Nachstelleiste einstellbar.

In Abb. 212 ist eine andere Bettführung dargestellt. Diese Konstruktion weist drei Führungsbahnen auf. Bei drei Führungen ist die mittlere Bahn als Schmalführung ausgebildet. In diesem Falle liegt die Führung sehr günstig unter dem Schwerpunkt des Schlittens.

Die Verschleißfestigkeit der Führungen hängt von vielen Faktoren ab, und zwar insbesondere von der chemischen Zusammensetzung, dem gefügemäßigen Aufbau und den mechanischen Eigenschaften der Werkstoffe der Führungen sowie von der Oberflächengüte. Unter sonst gleichen Bedingungen wird der Verschleiß der Führungen geringer, wenn die aufeinander gleitenden Flächen unterschiedliche Härte haben. Bei gleicher Härte ist insbesondere bei hohen Flächenpressungen und kleinen Gleitgeschwindigkeiten ein Abreißen des Ölfilmes und dadurch ein Festfressen

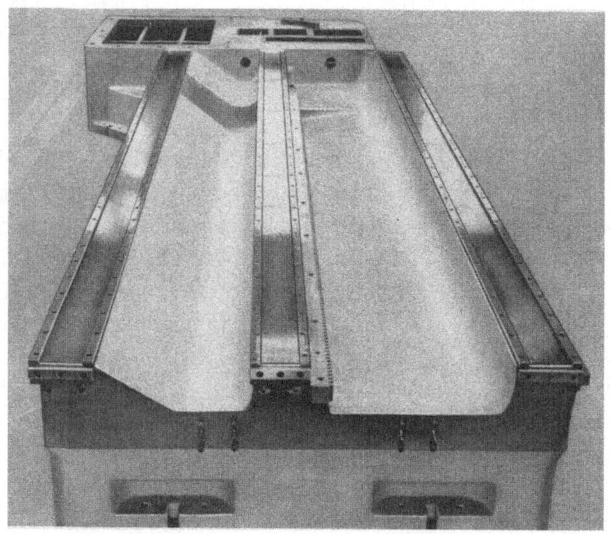

Abb. 213. Führungsbahnen mit Stahlbändern

der Gleitflächen möglich. Man fordert im allgemeinen von den Führungsbahnen des Bettes eine größere Härte als von den Bettschlittenführungen. Die Härte gußeiserner Bettführungen wird vielfach durch Gießen gegen Abschreckplatten, durch Flammenhärtung oder andere Verfahren erhöht.

Auf der Suche nach einem wirksamen Verfahren, die Verschleißfestigkeit von Führungen bei wirtschaftlicher Herstellung zu erhöhen, gingen die Bohrwerkshersteller vor Jahren dazu über, die Schlittenführungen mit Kunstpreßstoff-Platten zu versehen [*60*]. Die 5 bis 6 mm dicken Platten glitten direkt auf den geschabten oder geschliffenen Gußführungen. Leider saugten einige Preßstoffqualitäten Öl oder Kühlmittel auf und neigten zum Quellen. Aus diesem Grunde entschied sich die Fa. Scharmann & Co. für 3 mm stark gewalzte Bronzebänder

Parallel zu dieser Entwicklung hat man sich auch Gedanken darüber gemacht, wie man die Lebensdauer der Bettführungen erhöhen könnte. Da die Verschleißfestigkeit von gehärteten, stählernen Führungen fünf- bis zehnmal größer ist als die gußeiserner Führungen, versah man die Bettführungen mit Bändern aus kaltgewalztem Federbandstahl.

In Abb. 213 ist gezeigt, wie die Stahlbänder mit Deckleisten auf dem Bett befestigt sind. Um zu verhindern, daß sich im Laufe der Zeit zwischen den Stahlbändern und dem Bett Rost bildet, werden die Führungen vorher eingefettet. Diese Gleitpaarung Stahl : Bronze hat gegenüber der Paarung Grauguß : Preßstoff einen um 50% günstigeren Reibungsbeiwert. Infolge dieser guten Gleiteigenschaften ist das ruckfreie Einfahren bei niedrigsten Gleitgeschwindigkeiten möglich.

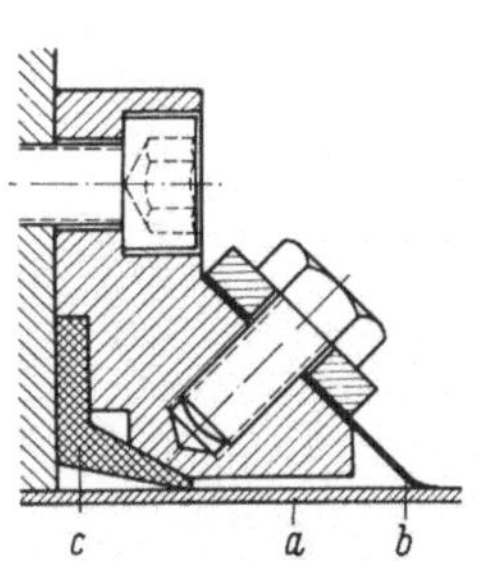

Abb. 214. Anbringung des Führungsabstreifers a) gehärtetes Stahlband, b) Federstahl-Abstreifblech, c) Abstreifer (Fa. Scharmann & Co.)

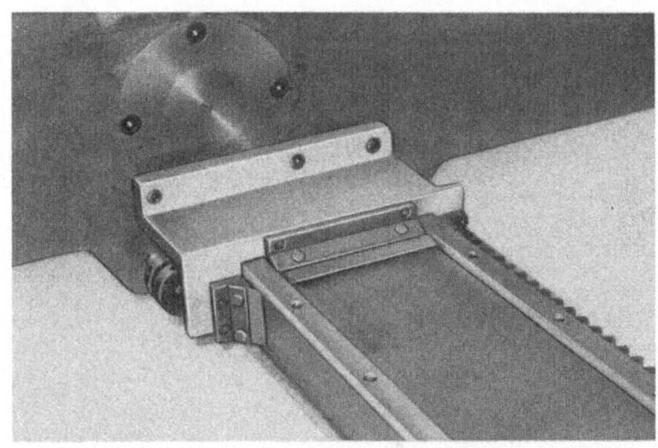

Abb. 215. Abstreifer für die Führungsbahn eines Waagerecht-Bohr- und Fräswerkes der Typenreihe WB (Fa. Scharmann & Co.)

Um bei einer gegebenen Gleitpaarung den Verschleiß durch eingedrungene Fremdkörper (Späne, Schmutz) gering zu halten, werden die Führungen abgedeckt oder durch sogenannte Abstreifer geschützt.

Die Abb. 214 und 215 zeigen den Aufbau eines Abstreifers und seine Anordnung an der Führungsbahn eines Waagerecht-Bohr- und Fräswerkes der Scharmann-Typenreihe WB.

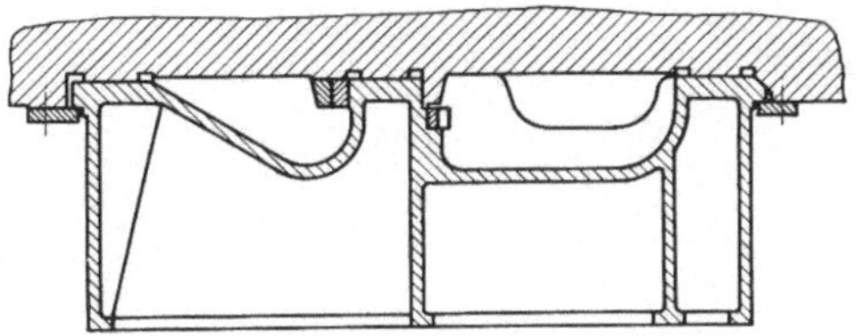

Abb. 216. Flachführungen der WB-Baureihe (Fa. Scharmann & Co.)

Im Anschluß an die vorangegangenen allgemeinen Betrachtungen sollen im letzten Teil dieses Abschnittes einige Bett- und Schlittenführungen von Waagerecht-Bohr- und Fräswerken der Firma Scharmann & Co. näher beschrieben werden. Die Bettform und die Lage der Füh-

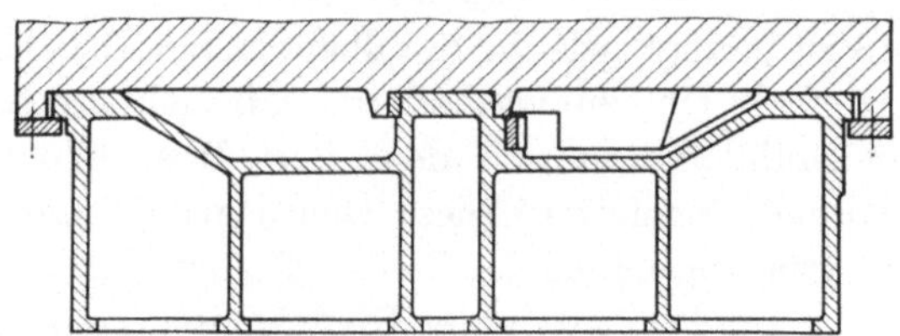

Abb. 217. Flachführungen des Bettschlittens eines Plattenbohrwerkes der WF-Baureihe (Fa. Scharmann & Co.)

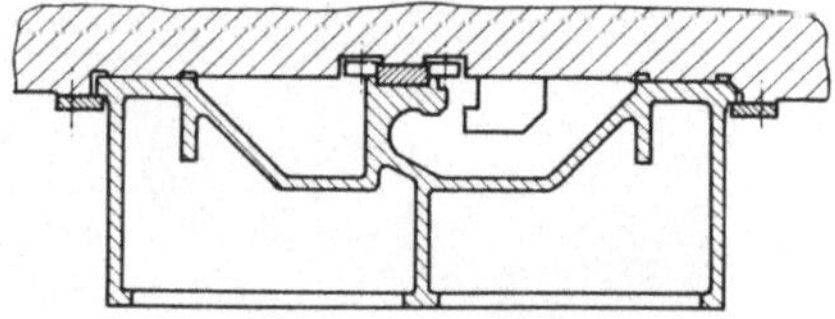

Abb. 218. Flachführung des Bettschlittens der FB-b-Baureihe, mittlere Bahn als Wälzführung ausgebildet (Fa. Scharmann & Co.)

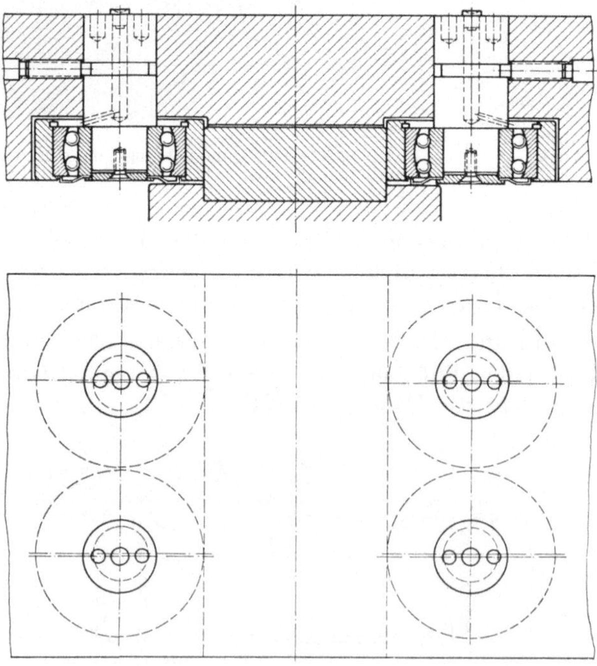

Abb. 219. Schlittenlängsführung mittels Wälzlagern auf exzentrischen Zapfen

rungen ist in Abb. 216 am Beispiel des WB 125 wiedergegeben. Bei dieser Konstruktion wird das Spiel durch eine keilförmige Leiste eingestellt. Den Bettquerschnitt und die Lage der Führungen bei den Plattenbohrwerken der Typenreihe WF zeigt die Abb. 217.

An der FB-Baureihe wurden erstmalig für die Geradführung des Bett-

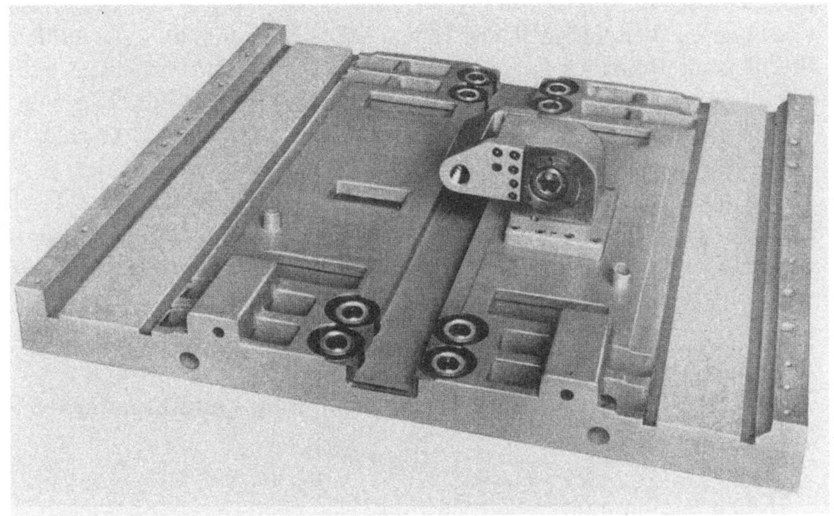

Abb. 220. Unterseite eines Bettschlittens

Abb. 221. Bettschlitten mit Führung gemäß Abb. 219 und 220

schlittens und des Oberschlittens Wälzführungen eingebaut. Abb. 218 gibt das Schema der Geradführung des Tisch-Unterschlittens auf dem Bett wieder. Die beiden außen liegenden Führungsbahnen dienen als reine Tragbahnen, die in der Mitte liegende Bahn übernimmt die Geradführung. Der Übergang auf Wälzführungen erfolgt in erster Linie im Hinblick auf kleinste Führungsspiele beim Umschlagbohren. Die als Wälzführung eingebauten Pendelkugellager rollen auf gehärteten und geschliffenen Stahlleisten ab. Jedes Kugellager sitzt nach Abb. 219 auf einem außermittig gelagerten Zapfen. Durch diesen Exzenter werden die Lager unter Vorspannung gesetzt. Abb. 220 zeigt die Unterseite eines Bettschlittens, an dessen Enden, also im größtmöglichen Abstand voneinander, je vier Druckrollen angeordnet sind. In Abb. 221 ist die Ansicht des Tisches gezeigt, der auf den beiden außen liegenden Flachbahnen gleitet und in seiner Längsrichtung von der in der Mitte liegenden Führungsbahn durch die Druckrollen geführt wird.

E. Meßeinrichtungen an Waagerecht-Bohr- und Fräswerken

1. Begriffe

In den letzten Jahren wurden zahlreiche neue Geräte entwickelt, die die Einstellung und Ablesung der Koordinatenmaße erleichtern. Bevor auf diese Meßmittel näher eingegangen wird, sollen zunächst einige Begriffe definiert werden, die zur Beschreibung der erzielbaren Genauigkeiten erforderlich sind [*45*].

a) Ablesemöglichkeit. Die Maßeinheit, die man an den Meßorganen einer Maschine ablesen kann, wird meist als Ablesegenauigkeit bezeichnet. Es ist jedoch richtiger, zur Vermeidung von Verwechslungen, an Stelle von Ablese-Genauigkeit von Ablese-„Möglichkeit" zu sprechen. Die Ablesemöglichkeit stellt dann denjenigen kleinsten Bruchteil eines Millimeters dar, der an der betreffenden Meßeinrichtung entweder mit dem bloßen Auge oder unter zur Hilfenahme mechanischer oder optischer Hilfsmittel abgelesen werden kann. Die Ablesemöglichkeit z. B. eines 10-μ-Intervalles besagt nämlich noch nichts über die Genauigkeit, mit der man einen Tisch oder Schlitten auf einen gewünschten Koordinatenwert tatsächlich positionieren kann.

b) Positionsgenauigkeit. Die „Positionsgenauigkeit" ist die Genauigkeit, mit der z. B. der Tisch auf ein gefordertes Maß eingefahren werden kann. Die Positionsgenauigkeit gibt also das Toleranzfeld an, innerhalb dessen man mittels der gegebenen Ablesemöglichkeit den Spindelkasten, den Tisch oder dergl. auf den gewünschten Wert wiederholt einfahren kann. Die Positionsgenauigkeit ist deshalb als $\pm$ Abweichung vom Sollwert in μ anzugeben. Sie erlaubt einen Vergleich der Genauigkeiten verschiedener Meßmethoden bzw. Schlitten- und Bohrwerkskonstruktionen.

c) Arbeitsgenauigkeit. Unter Arbeitsgenauigkeit am Werkstück versteht man das Toleranzfeld, in dem die Abweichungen der erzeugten Istmaße von den Sollmaßen liegen. Die Arbeitsgenauigkeit ist in erster Linie von der Ablesemöglichkeit am Maßstab und der Positionsgenauigkeit der betreffenden Maschine abhängig. In fast ebenso starkem Maße spielen aber auch äußere Einflüsse eine Rolle, die durch Maßzahlen nicht erfaßt werden können. Hierzu gehören die Einflüsse verschiedener Temperaturen von Maschine und Werkstück sowie die unzähligen Einflüsse, die vom Zerspanungsvorgang, von Art, Konstruktion und Anschliff der Werkzeuge, von der Aufstellungsart und Behandlung der Maschine sowie von der Geschicklichkeit des Bedienungsmannes abhängen. Es ist deshalb schwierig, für die Arbeitsgenauigkeit allgemein verbindliche Werte anzugeben.

2. Einteilung der Meßmittel für Längenmessungen

Um dem Bedienungsmann ein Bild über mögliche Meßmethoden zu geben, bringt der folgende Abschnitt eine gedrängte Übersicht über die wichtigsten Meß-Mittel und -Verfahren.

a) Strichmaßstab und Richtmarke. Bei dieser Methode wird die Visierfähigkeit des menschlichen Auges ausgenutzt, um eine an einem Strichmaßstab vorbei wandernde Richtmarke (Strich, Pfeil usw.) mit einem Strich des Maßstabes zum Fluchten zu bringen. Durch Anbringen eines Nonius kann man die Ablesemöglichkeiten von $^1/_{10}$, $^1/_{20}$ oder $^1/_{50}$ des Maßstabintervalles erreichen. Wenn Richtmarke und Maßstabstriche die gleiche Breite besitzen, spricht man von der Koinzidenz-Methode (vgl. Punkt d).

b) Mikrometerspindel mit Trommelablesung. Durch Drehung einer Spindel mit möglichst genauer Steigung wird entweder die Spindel oder ein Schlitten in Längsrichtung bewegt. Eine am Ende der Spindel befestigte Trommel trägt am Umfang 50 oder 100 Teilstriche, so daß man in der Lage ist, $^1/_{50}$ bzw. $^1/_{100}$ einer Spindelumdrehung nach der unter a) beschriebenen Methode abzulesen. Da aus technischen Gründen die Spindelsteigung nicht kleiner als 0,5 mm gewählt werden kann, wird üblicherweise, bei zwei Spindelumdrehungen und 50 Teilstrichen, pro Teilstrich ein Verschiebeweg der Spindelmutter von 0,01 mm angezeigt.

Dieses Verfahren war lange Zeit die einzige Methode, nach welcher man z. B. die Verschiebung von Tischen genau messen konnte. Leider erfordern für sehr genaue Messungen die Steigungsabweichungen der Gewindespindel eine Korrektur. Darüber hinaus geht durch den unvermeidlichen Verschleiß der Mikrometerspindel die ursprüngliche Genauigkeit allmählich verloren.

c) Endmaß mit Feintaster. Das genaue Einfahren des Schlittens auf ein bestimmtes Koordinatenmaß kann auch durch Einlegen eines Endmaßes zwischen einem Festpunkt an der Maschine und einem Festpunkt an dem entsprechenden Schlitten vorgenommen werden. Die richtige Meßkraft wird durch einen Feintaster oder eine Meßuhr kontrolliert. Da man bei all diesen mechanischen Verfahren weitgehend von der Sorgfalt und Geschicklichkeit des Bedienungsmannes abhängig ist, haben sie stark an Bedeutung verloren, und es werden heute Strichmaßstäbe und Meßmittel mit optischer Ablesemöglichkeit bevorzugt. Die rasche und erfolgreiche Entwicklung auf diesem Gebiet erklärt sich aus den bemerkenswerten Fortschritten, die bei der Herstellung sehr genauer Strichmaßstäbe von großer Länge erzielt wurden. Der entscheidende Schritt zum Erfolg auf diesem Gebiete der Meßtechnik lag aber in der Abkehr von der Feinst-Unterteilung der Millimeterstrecken und der Entwicklung von optischen Geräten, die eine Unterteilung in 0,1 mm, 0,01 mm oder eine noch feinere Unterteilung mittels Projektionsschirm möglich machten.

d) Koinzidenz-Messung an Strichmaßstäben. Bei diesem von der Firma Hensoldt & Söhne, Wetzlar, entwickelten Verfahren (Komelup), das mit Metall-Strichmaßstäben und Auflicht arbeitet, werden auf einer Matt-

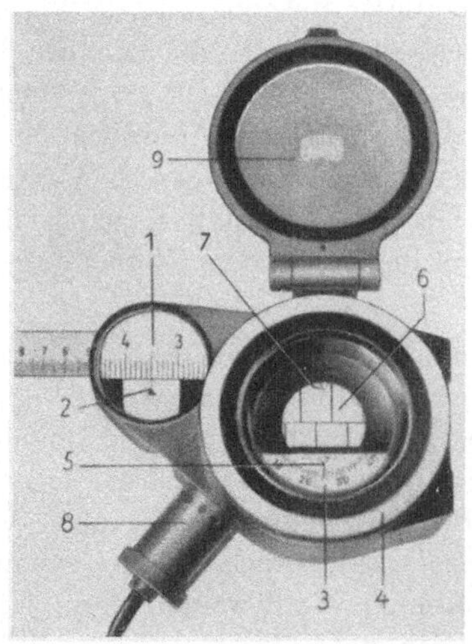

Abb. 222. KOMELUP-Gerät der Fa. M. Hensoldt & Söhne, Optische Werke AG., Wetzlar

1 Leuchtlupe für mm-Ablesung, *2* Strichmarke für mm-Ablesung, *3* Kreisteilung, *4* Rändelscheibe für Kreisteilung, *5* Strichmarke auf der Kreisteilung (1/100-mm-Einstellung), *6* Mattscheibe, *7* Indexmarke für Justierung, *8* Beleuchtungseinrichtung, *9* Verschlußdeckel

scheibe mit Hilfe einer besonderen Prismenkonstruktion zwei Halbbilder der Maßstabstriche abgebildet (Abb. 222). Im gleichen Gesichtsfeld erscheint eine in 100 Intervalle aufgegliederte Kreisteilung (3), die mit einer Rändelscheibe (4) drehbar ist. Mit der Drehung der Rändelscheibe werden durch eine Verstellung der Prismen die genannten beiden Halbbilder der Maßstabstriche gegeneinander verschoben. Bewegt man den Strichmaßstab bzw. den ihn tragenden Schlitten der Maschine, so kann man die zugehörigen Halbbilder der Teilstriche zur Deckung bringen (Koinzidenz) und dadurch die Spindel auf ein gewünschtes Maß einrichten.

e) Messung mittels Einfanggabel an Strichmaßstäben. Während bei der Koinzidenzmessung die Halbbilder eines Maßstabstriches zum Fluchten gebracht werden, kann man zur genauen Aufnahme von Maßstabsstrichen auch Einfanggabeln benutzen. Abb. 223 zeigt verschiedene Ausführungsarten von Einfanggabeln. In jedem Fall muß der Maßstabstrich so eingefangen werden, daß die Lichtspalte an beiden Seiten gleich groß sind (Symmetrieabgleich). Dieser Symmetrieabgleich fällt dem menschlichen Auge besonders leicht. Schon die geringste Ungleichheit wird ohne Anstrengung wahrgenommen, zumal die Verringerung des einen Lichtspaltes die Vergrößerung des anderen Spaltes mit sich bringt.

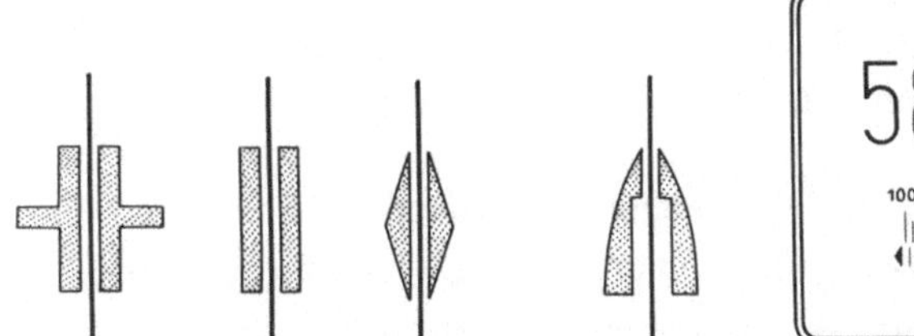

Abb. 223. Ausführungsarten von Einfanggabeln für Teilstriche

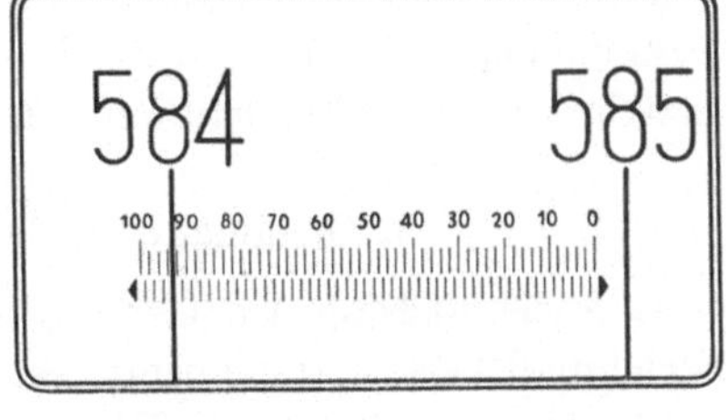

Abb. 224. Opt. Rechen zur Eingabelung von Teilstrichen m. Lichtspalt Fa. E. Leitz GmbH, Wetzl.

f) Optischer Meßrechen. Das Prinzip des Symmetrieabgleiches wird auch beim sogenannten Zahlenrechen angewendet (Abb. 224). Der Meßrechen setzt sich aus 100 „Einfanggabeln" zusammen, deren gedachte Mittellinien eine Hunderterteilung darstellen. Diese Methode hat neben der leichten Einstellbarkeit den Vorteil eines erweiterten Blickfeldes mit 100 Intervallen.

Die beschriebenen Einstellmethoden lassen sich in drei Gruppen aufteilen:

I. Einfache Überdeckung von Teilstrich und Richtmarke [vgl. a) und b)],
II. Koinzidieren [vgl. d)],
III. Symmetrieabgleich mit Einfanggabeln [vgl. e) und f)].

Betrachtet man die Millimeter-Teilstriche mit bloßem Auge in einem Abstand von 250 mm, so ergeben sich nach K. Räntsch für die einzelnen Gruppen folgende Ungenauigkeiten der Ablesung $\Delta\, a$ [61]:

$$\text{I. } \Delta\, a = \pm\ 75\ \mu$$
$$\text{II. } \Delta\, a = \pm\ 19\ \mu$$
$$\text{III. } \Delta\, a = \pm\ 6{,}25\ \mu$$

Durch optische Hilfsmittel können diese Fehler stark verringert werden. Nimmt man z. B. eine 50fache Vergrößerung an, so ergibt sich eine Ungenauigkeit $\triangle a_v$ von:

$$\text{I. } \Delta a_v = \pm \frac{75}{50} = \pm 1{,}5 \; \mu$$

$$\text{II. } \Delta a_v = \pm \frac{19}{50} = \pm 0{,}38 \; \mu$$

$$\text{III. } \Delta a_v = \pm \frac{6{,}25}{50} = \pm 0{,}125 \; \mu$$

Man erkennt, daß für Präzisionsmessungen das einfache Überdeckungsverfahren nach I. wegen der großen Ungenauigkeit nicht geeignet ist. Die Koinzidenzmessung ist zwar genauer, erreicht aber nicht die Genauigkeit der Methode mit Einfanggabel. Bei der zuletzt genannten Einstellungsart kann schon mit einer 6fachen Vergrößerung die Teilstrichlage auf 1 μ genau bestimmt werden. Bis zu dieser unteren Grenze geht man in der Praxis meistens nicht. Man wählt vielmehr gern eine 20fache Vergrößerung, um die Positionsgenauigkeit zu erhöhen, optimale Strichausführung hinsichtlich Schärfe und Kontrast vorausgesetzt.

3. Genauigkeitsanforderungen an Maßstäbe

a) Strichmaßstab. Die Genauigkeiten der in Deutschland hergestellten Strichmaßstäbe sind genormt. Man unterscheidet (ansteigende Genauigkeit) Arbeitsmaßstäbe der Klasse II und I nach DIN 866, Prüfmaßstäbe nach DIN 865 und Vergleichsmaßstäbe nach DIN 864. Selbstverständlich können für außergewöhnliche Fälle Maßstäbe mit höherer Genauigkeit als nach DIN 864 hergestellt werden. Für den normalen Werkzeugmaschinenbau reichen jedoch die genormten Genauigkeitsstufen meistens aus.

Zur erhöhten Anschaulichkeit sollen die nach den DIN-Blättern festgelegten zulässigen Abweichungen pro 1000 mm Maßstablänge gegenübergestellt und die zulässigen Strichbreiten angegeben werden:

DIN 866 II:	zul. Abweichung:	$\pm$ 100 μ;	Strichbreite 100—150 μ
DIN 866 I:	„ „ :	$\pm$ 40 μ;	„ 70—100 μ
DIN 865 :	„ „ :	$\pm$ 20 μ;	„ 20— 40 μ
DIN 864 :	„ „ :	$\pm$ 10 μ;	„ 3— 7 μ

Die Tabelle zeigt, daß für genaue Messungen nur Vergleichsmaßstäbe nach DIN 864 geeignet sind. Als Werkstoff für die Vergleichsmaßstäbe wird im allgemeinen ungehärteter Chromnickelstahl mit einem Ausdehnungskoeffizienten von $\alpha = (11{,}5 \pm 1{,}5) \cdot 10^{-6}$ verwendet.

b) Glasmaßstab. Die kristalline Struktur der Strichmaßstäbe aus Stahl oder Metall bewirkt, daß die Ränder der Teilstriche weder bei der Herstellung durch Ritzen noch durch Ätzen absolut geradlinige Begrenzungen erhalten. Demgegenüber ist es bei Glas als amorphen Körper möglich, beim Ritzen oder Ätzen fast glatte Teilstrichränder zu erzielen. Die Rand-Unschärfe macht sich natürlich erst bei Verwendung der heutigen Projektionsgeräte mit ihren beträchtlichen Vergrößerungen störend bemerkbar.

Während bis vor ungefähr 10 Jahren Glasmaßstäbe mit Millimeter-Teilung nur bis etwa 250 mm Länge hergestellt wurden, sind heute solche bis 2500 mm schon listenmäßig beziehbar. Als weiterer Vorteil ergibt sich bei der Verwendung von Glasmaßstäben infolge des sog. Durchlicht-Verfahrens eine höhere Helligkeit im Ablesegerät als bei dem Auflicht-Verfahren, zu welchem die Strichmaßstäbe aus Metall zwingen. Außerdem ist es möglich, den Ausdehnungskoeffizienten des für den Maßstab verwendeten Glases dem des Gußeisens ($\alpha = 9{,}8 - 9{,}9 \cdot 10^{-6}$) anzupassen. Die besprochenen Gesichtspunkte haben die Fa. Scharmann & Co. veranlaßt, ihre Maschinen bei höheren Genauigkeitsansprüchen mit Glasmaßstäben auszurüsten.

4. Optische Meßmittel für Waagerecht-Bohr- und Fräswerke

a) Koinzidenz-Meßlupe KOMELUP der Firma M. Hensoldt & Söhne. Aufbau und Wirkungsweise dieses Gerätes wurden bereits beschrieben. Bei Verwendung normaler Präzisions-Metallmaßstäbe beträgt die Ablesemöglichkeit 10 μ. Ein großer Vorteil der Koinzidenz-Meßlupe neuester Bauart liegt darin, daß man die Maßablesung für die ganzen Millimeter sowie die 0,01-mm-Teilung auf zwei eng beieinanderliegenden, vergrößerten Bildern vornehmen kann.

b) CM-Gerät der Firma M. Hensoldt & Söhne. Maßstäbe mit Millimeter-Teilung und Teilgenauigkeiten nach DIN 864 sind verhältnismäßig teuer. Um die Meßeinrichtungen der Maschinen zu verbilligen, kann man entweder Millimeter-Maßstäbe nach DIN 865 einbauen oder aber die Kosten der Maßstäbe mit Genauigkeiten nach DIN 864 dadurch senken, daß man Maßstäbe mit größeren Teilungsintervallen (z. B. Zentimetermaßstäbe) wählt. Die Arbeitsgenauigkeit mit diesen Maßstäben kann noch erhöht werden, wenn man für das Einfangen mittels Symmetrieabgleich Einfanggabel und Maßstrich vertauscht, d. h. die Striche des Zentimetermaßstabes werden als Doppelstriche, die Striche eines Rechens als Einfachstriche ausgeführt. Diese Überlegungen lagen der Fertigung von sogenannten Doppelstrich-Zentimeter-Maßstäben zugrunde (Abb. 225). Statt der Fehler einer Teilung macht sich jetzt nur der Mittelwert der Fehler zweier Teilungen bemerkbar. Abb. 226 zeigt den Projektionsschirm eines Ablesegerätes (CM-Gerät) für Doppelstrichmaßstäbe. Der Symmetrieabgleich des Maßstabdoppelstriches mit einem Strich der Millimeter-Ableseteilung erfolgt durch Verschieben der Ablesestrichplatte. Die Zentimeter und die Millimeter werden auf einer Mattscheibe, die Bruchteile der Millimeter auf der Kreisteilung abgelesen. Die Ablesemöglichkeit beträgt 10 μ.

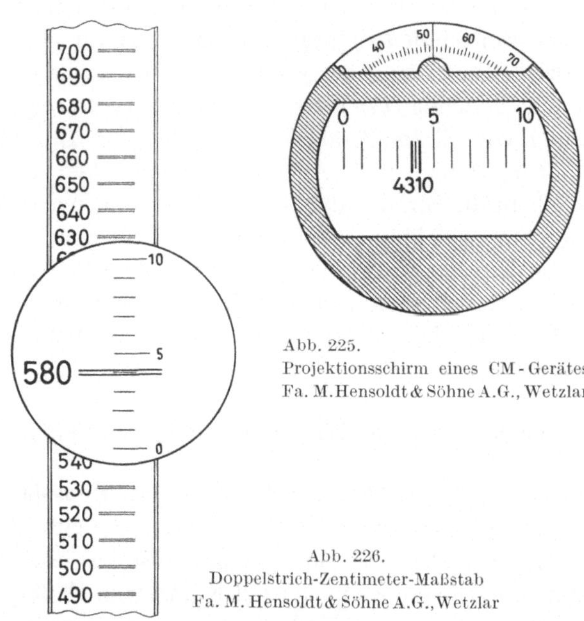

Abb. 225. Projektionsschirm eines CM-Gerätes Fa. M. Hensoldt & Söhne A.G., Wetzlar

Abb. 226. Doppelstrich-Zentimeter-Maßstab Fa. M. Hensoldt & Söhne A.G., Wetzlar

c) Mikromeß-Geräte der Firma Scharmann & Co. α) *Mikromeß I.* Eine Schwachstromlampe bzw. eine Leuchtstoffröhre durchleuchtet den in Millimeter geteilten Präzisions-Glasmaßstab (Abb. 227). Die Lichtquelle

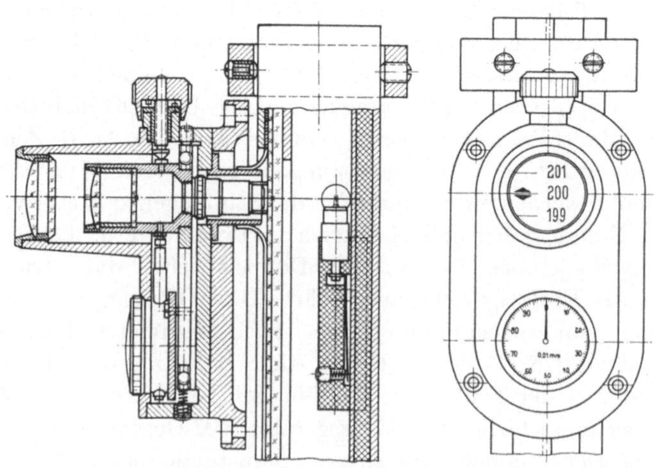

Abb. 227. Mikromeß I der Fa. Scharmann & Co.

sitzt im Gehäuse auf einem sog. Lichtwagen, der an einer Stromschiene entlang gleitet. Durch das auf die Skalenebene ausgerichtete Zeiss-Objektiv werden die Striche und Zahlen vergrößert auf einer Mattscheibe sichtbar (bis 25fach). Die Mattscheibe trägt in der Mitte eine festliegende Einfanggabel, so daß der Teilstrich mittels Symmetrieabgleich optisch ein-

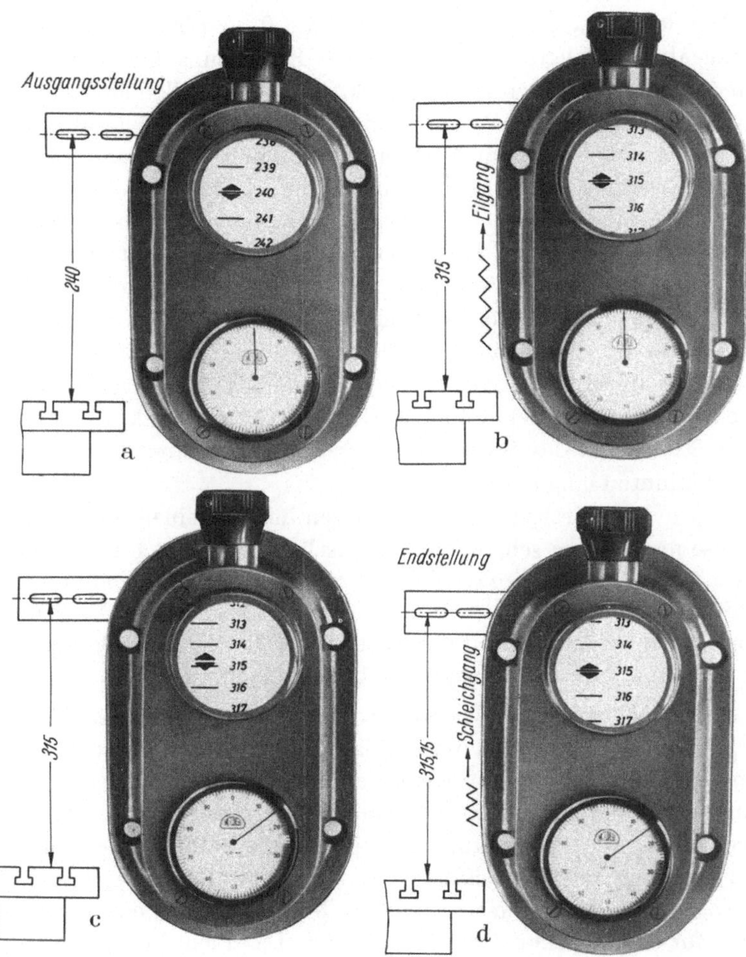

Abb. 228. a bis d. Beispiele für Meßstellungen des Mikromeß I am Spindelkasten

gefangen werden kann. Darüber hinaus werden auf dem Bildschirm zur Richtungsorientierung oben und unten weitere Teilstriche mit höherer bzw. niedrigerer Zahl sichtbar. Die vor dem Ableseschirm angebrachten Lupenlinsen erhöhen die von dem Objektiv erreichte Zwischenvergrößerung zusätzlich, so daß sich eine etwa 50fache Gesamtvergrößerung des Maßabstriches ergibt.

Das Objektiv ist in einem sog. Meßwagen befestigt, der von oben her durch eine feingängige Schraube gegen eine Druckfeder verschoben werden kann. Auf der unteren Seite stößt der Meßwagen an den Tastbolzen einer im Gehäuse fest eingebauten Meßuhr; die Verschiebung des Meßwagens wird durch die Meßuhr angezeigt.

Stehen der Meßwagen und die Meßuhr auf 0, so gibt der jeweils in der Einfanggabel sichtbare Maßabstrich die Entfernung der Bohrspindelmitte zu einem gewählten Nullpunkt des Tisches in vollen Millimetern an (Abb. 228a; eingestellter Wert 240 mm). Soll nun der Abstand zwischen Bohrspindelmitte und dem Nullpunkt des Tisches z. B. um 75,15 mm vergrößert werden, so ist die Spindelachse im Eilgang um volle Millimeter so weit zu verfahren, bis der gewünschte volle mm-Wert in der Einfanggabel sichtbar wird (Abb. 228b). Sodann ist der Meßschlitten gegen die Meßuhr um 0,15 mm zu verstellen. Dabei wandert der Maßabstrich aus der Einfanggabel aus, und zwar um den an der Meßuhr abzulesenden Betrag hinter dem Komma (Abb. 228c). Ein erneutes Einfangen des Maßstabstriches durch Verschieben des Spindelkastens ergibt die gewünschte Entfernung der Bohrspindelmitte zum Nullpunkt (Abb. 228d). Um ein Erwärmen des Maßstabes zu vermeiden, bleibt die Lichtquelle nur drei Minuten lang eingeschaltet.

Die Vorteile derartiger Meßgeräte liegen in der kleinen und einfachen Bauweise und in dem sehr niedrigen Anschaffungspreis. Der ausführlich beschriebene Einstell-Vorgang ist in Wirklichkeit sehr schnell und sicher durchführbar; auch hat die Erfahrung bewiesen, daß das Bedienungspersonal nach kurzer Zeit mit der Arbeitsweise des Mikromeßgerätes vertraut wird und gute Positionsgenauigkeiten erzielt.

β) *Mikromeß II.* Um die zweifache Maß-Ablesung zu vermeiden und die $^{1}/_{100}$ Millimeter ebenfalls optisch darzustellen, ist die Ausführung des Mikromeß in einigen wesentlichen Punkten geändert worden. Die Abbildungen 229 und 230 zeigen im Schnitt das verbesserte Mikromeßgerät (Mikromeß II). Die Beleuchtung liegt jetzt außerhalb der Meßsäule und wird zusammen mit dem Einstellgerät geführt. Dadurch entfällt der Lichtwagen mit der Stromschiene und der Schlitz an dem Meßsäulengehäuse für den Durchgriff des Mitnehmers. Das Licht kommt von einer 25-Volt-Lampe von außen über einen auf der ganzen Meßlänge angebrachten Reflektor auf das Objektiv, das jetzt eine größere Brennweite besitzt als früher. Dem Objektiv sind zwei oberflächenversilberte Spiegel zur Strahlenumlenkung in die Bedienungsrichtung nachgeschaltet.

Auf der Mattscheibe, die in einem um 20 Grad schräg gestellten Meßwagen angeordnet ist, befindet sich eine Skala mit 100 Teilstrichen. Oberhalb der Feinteilung ist die Einfanggabel für die mm-Striche in Form eines Doppelstriches angeordnet. Wird nun mit Hilfe einer seitlich angebrachten Schraube mit Rändelknopf der Meßwagen und dadurch auch die Mattscheibe verstellt, so entsteht durch die Schrägführung eine

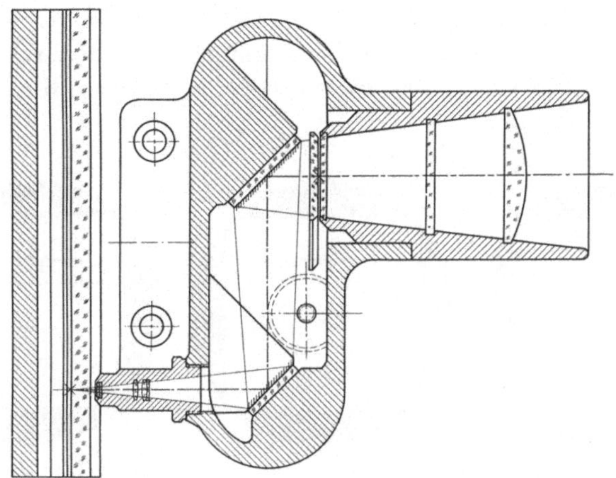

Abb. 229. Mikromeß II der Fa. Scharmann & Co

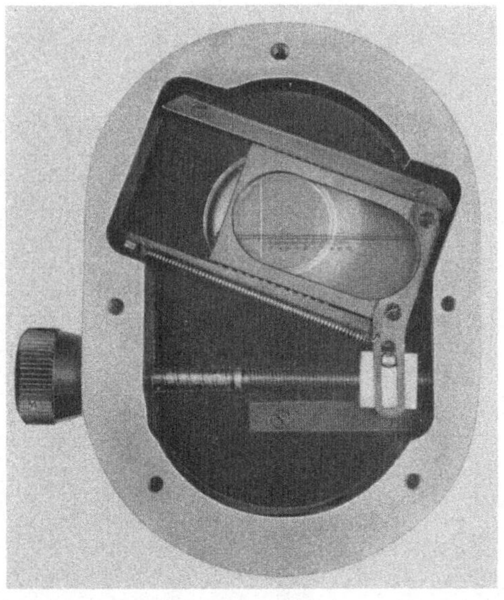

Abb. 230. Meßwagen des Mikromeß II der Fa. Scharmann & Co

Höhenbewegung, und der Strich des Maßstabes wandert aus der Einfanggabel aus. Hierbei vollführt die 100-Teilstrich-Skala der Mattscheibe eine Relativbewegung gegenüber einem dünnen Strich auf einer feststehenden Klarglasscheibe, die hinter der Mattscheibe angebracht ist. Die Verschiebung der Feinteilung erlaubt an diesem senkrecht als Richtmarke dienenden Strich die Ablesung der $^1/_{100}$-mm-Einstellwerte. Wie beim Mikromeß I wird der Maßstabsstrich wieder in der Gabel eingefangen.

Die Bewegungsschraube mit Rändelknopf ist mit einer Spindel mit Feingewinde verbunden (Abb. 230). Das axiale Spiel der Feingewindespindel wird durch eine Druckfeder aufgehoben; dadurch wird auch während der Bearbeitung des Werkstückes die Fixierung des eingestellten

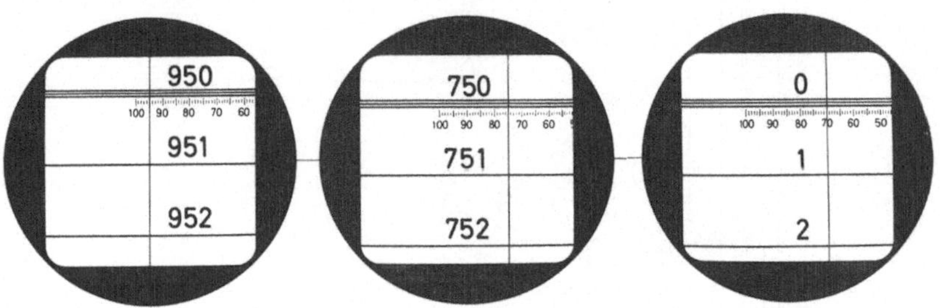

Abb. 231. Beispiele für Meßstellungen des Mikromeß II am Spindelkasten

Meßwertes gewährleistet. Eine lange Zugfeder, die mit dem Gehäuse und dem Meßwagen verbunden ist, läßt die Feinskala bei geringster Knopfdrehung spielfrei folgen.

Abb. 232. Befestigung des Mikromeß II am Bohrwerk Type FB 100b

Für den Bedienungsmann ergibt sich so eine sehr einfache und übersichtliche Ablesung der Meßwerte, indem auf der senkrechten Zahlenreihe die ganzen Millimeter, auf der waagerechten Reihe die 100stel Millimeter erscheinen. Abb. 231 zeigt einige Beispiele solcher Meßstellungen, Abb. 232 die Anbringung des Gerätes am Spindelkasten.

Beide Mikromeß können nicht nur für die Einstellung der Arbeitsspindel, sondern ebenso für die Einstellung der Tischbewegungen verwendet werden. Abb. 233 zeigt ein solches Tischeinstellgerät in der Ansicht; Abb. 234 eines im Schnitt. Es ist zu erkennen, daß auch hier die

Abb. 233. Mikromeß II zur Ablesung der Tischbewegung

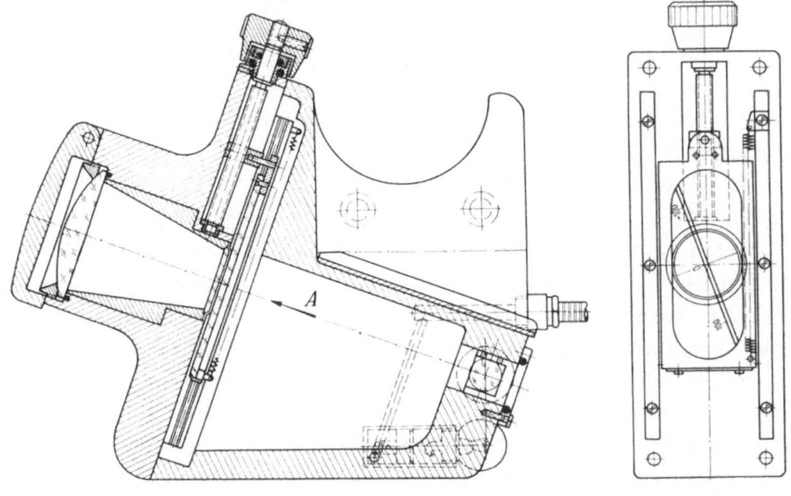

Abb. 234. Meßgerät Mikromeß II am Tisch (Schnitt)

Anordnung einer schräggeführten Feinteilungsplatte ähnlich ist wie beim Gerät in Abb. 230. Die Feinskala hat jedoch 200 Teilstriche (100 nach + und 100 nach —). Der Glasmaßstab für die Tischeinstellung besitzt wegen der Arbeitserleichterung durch Wahl eines Bezugspunktes bei Koinzidenz von Spindel- und Tischachse eine Skala mit doppelter Bezifferung. Die Millimeterteilung hat z. B. bei einer Gesamtmeßlänge von 1200 mm in der Tisch-Mittelstellung, d. h. dort, wo Spindelachse und Tischachse in einer Ebene liegen, an diesem Teilstrich sowohl die Zahl 0 (die zu einer beiderseits von 1 bis 600 mm laufenden Skala gehört) als auch die Zahl 600 (die zu der anderen von 0 bis 1200 durchlaufenden Skala gehört), (Abb. 235).

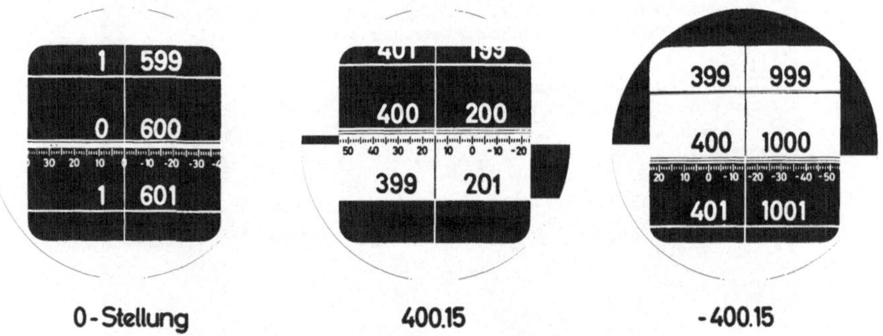

Abb. 235. Beispiele für Meßstellungen des Mikromeß II am Tisch

Abb. 236 zeigt die Anbringung eines Mikromeßgerätes am Ständer eines Plattenbohrwerkes. Hier ist eine Versetzung des gesamten Gehäuses in Richtung der Skala um etwa 100 mm möglich. Das Meßgerät kann also der Aufspannposition des Werkstückes angepaßt werden, und zwar so, daß die Werkstücklage auf volle mm-Teilstriche vom Maßstab gebracht werden kann, was das weitere Einstellen erleichtert. Ein Schutzdeckel verhindert die Beschädigung der Vergrößerungslupe durch herunterfallende Teile.

γ) *Mikromeß MHS* (*Mit Hundertstel-Schirm*). Diese Einstellgeräte sind eine Weiterentwicklung der Standard-Typen. Sie finden vorwiegend an Plattenbohrwerken Verwendung. Dabei mußte ein Einblickfeld geschaffen werden, das so groß ist, daß man auch in weiterer Entfernung bei Fernsteuerung der Maschine noch die $^1/_{100}$-mm-Werte erkennen kann. Diese Anordnung erlaubt auch das Ablesen bei hochgefahrenem Spindelkasten vom Boden aus. Bei diesem Gerät werden die Glasmaßstäbe direkt im Ständer untergebracht und parallel zu den geschabten Führungsbahnen justiert. Die Mattscheibe mit dem Meßbild ist soweit vom Ständer nach vorne gezogen, daß sie mit der Bedienungsseite des Spindelkastens zusammenfällt.

Abb. 237 zeigt die Seitenansicht eines Mikromeß-MHS. Die Bau-

Abb. 236. Mikromeß II am Ständer eines Plattenbohrwerkes

Abb. 237. Mikromeß-MHS am Spindelkasten

länge ist der jeweiligen Spindelkastenausladung angepaßt. Der Einstellschirm ist so ausgebildet, daß neben der mm-Zahlenreihe ein in 100 Teile eingerichteter Ablese-Meßrechen angebracht ist (Abb. 238). Die Teilstrichdicke auf dem Maßstab beträgt 0,04 mm, so daß jeder Strich durch die etwa 70fache Vergrößerung auf dem Projektionsschirm in einer Dicke von 2,8 mm zu sehen ist. Hinter dem Ableserechen ist eine verstellbare Klarscheibe mit rhombischer Einfanggabel und feinem Orientierungsstrich angebracht, der durch die Mitte der Einfanggabel geht. Das Ab-

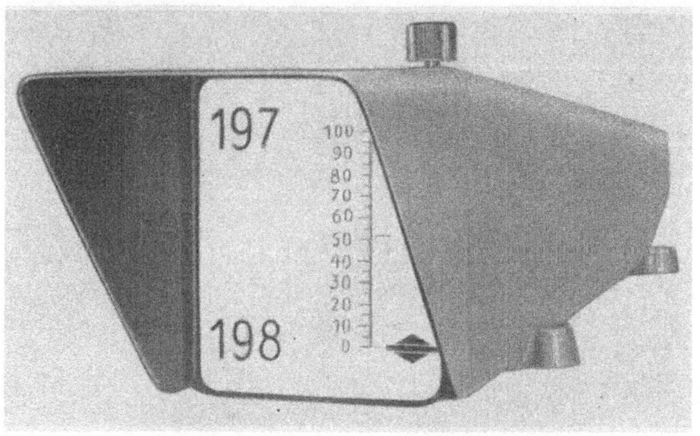

Abb. 238. Einblickfeld des Mikromeß-MHS

lesen des gewünschten Maßes geschieht für die ganzen Millimeter durch Einfangen des Maßstabstriches in der Einfanggabel, für die $^1/_{100}$ mm mit Hilfe des Orientierungsstriches auf dem Ableserechen. Der Vorteil dieses Mikromeß-MHS ist ein einheitliches Einblickfeld, welches in großer Entfernung über Fernrohr oder Fernsehkamera leicht beobachtet werden kann.

d) Optum I und II. Das optische Einstellgerät für Tischumschlag (kurz OPTUM genannt) dient dazu, die Tischposition jeweils um 90° versetzt genauestens festzulegen. Die früher verwendeten mechanischen Anschläge für den Tischumschlag sind vielfach den Anforderungen nicht mehr gewachsen. Die gehärteten Anschläge waren zwar verstellbar und erlaubten eine einfache Justierung. Bedenkt man jedoch, daß am Bohrwerk Tische verwendet werden, deren Gewicht ziemlich groß ist, so wird es einleuchten, daß sich ein gefühlsmäßiges Einrichten der Tische auf $^1/_{100}$ mm genau nur schwer verwirklichen läßt. Hinzu kommt, daß sich auf den Anschlägen Staub und Fremdkörper festsetzen können und so die Genauigkeit der Einstellung beeinträchtigt wird.

Im Gegensatz zu den mechanischen Anschlägen erfolgt bei optischen Geräten das Einstellen des Meßwertes berührungslos. Die Positionsgenauigkeit bei den von der Firma Scharmann & Co. entwickelten Geräten beträgt 2 μ. Man muß berücksichtigen, daß sich der Einstellfehler bei Umschlag verdoppelt, d. h. daß an die Positionsgenauigkeit von Arbeitstisch und Bohrspindel sowie an die Ablesemöglichkeit des optischen Einstellgerätes hohe Anforderungen gestellt werden müssen.

Beim berührungslosen Umschlagen müssen von seiten der Maschinenkonstruktion folgende Bedingungen erfüllt werden, um die entsprechende Positionsgenauigkeit zu erreichen:

1. Der geometrische Mittelpunkt des Tisches muß beim Umschlag erhalten bleiben, d. h. der Zentrierzapfen im Tischzentrum muß sehr eng eingepaßt sein, damit bei der optischen Einstellung der einzelnen Positionen eine hohe Genauigkeit erreicht wird.
2. Die Schlittenführung in Längs- und Querrichtung muß spielfrei sein.
3. Die Höhenlage des Schlittens muß bei Verstellung absolut konstant bleiben.
4. Die Festlegung des Tisches muß so beschaffen sein, daß bei der Klemmung keine Änderung der eingestellten Position mehr erfolgen kann.
5. Der eingestellte Wert muß während des gesamten Arbeitsvorganges beobachtet werden können.

Die Konstruktion verschiedener Maschinentypen und somit auch verschiedener Aufspann- und Drehtische hat es mit sich gebracht, daß auch unterschiedliche Bauarten des OPTUM-Gerätes verwendet werden müssen.

Optum I hat einen feststehenden Einblick und kann nur an der rechten Ecke des Zwischenschiebers angebaut werden (Abb. 239 und 240). An den vier Tischecken ist je eine Prismengruppe angebracht. Eine Seite des

Abb. 239. Umschlaggerät Optum I der Fa. Scharmann & Co

Prismas besitzt einen 0,02 mm dicken Positionsstrich oberhalb des Mikroobjektives. Die Beleuchtung sitzt neben dem Objektiv. Durch 70fache Vergrößerung wird der Meßstrich über einen Silberspiegel an der Mattscheibe sichtbar und in die feststehende Einfanggabel des Gerätes gebracht. Teilstrich und Einfanggabel müssen auch hier genau im

Symmetrieabgleich stehen. Optum I wird bei Scharmann-Bohrwerken der FB- und WB-Serie eingebaut.

Optum II läßt sich an jeder beliebigen Ablesestelle anbringen; sein Einblick ist schwenkbar angeordnet (Abb. 241 und 242). Ein drehbarer Spiegel mit Einstellkopf befindet sich an der Einblickseite. Optum II

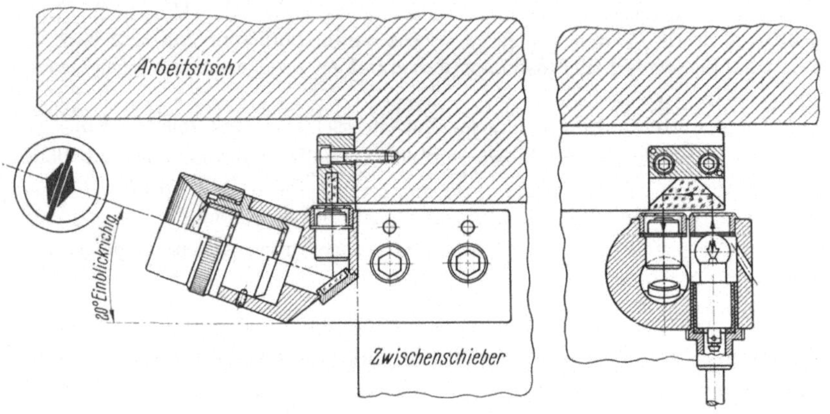

Abb. 240. Umschlaggerät Optum I (Schnitt)

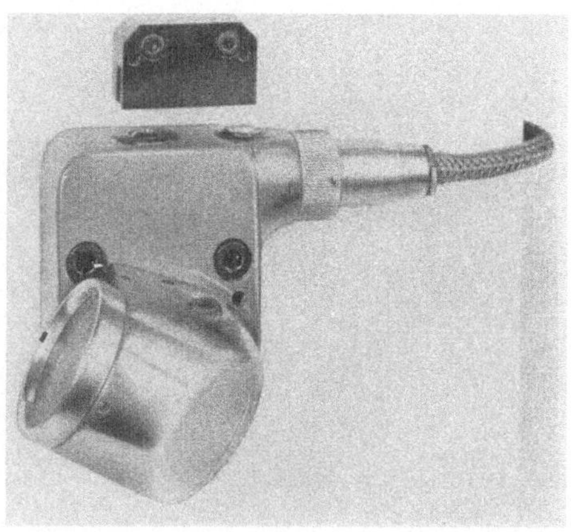

Abb. 241. Umschlaggerät Optum II der Fa. Scharmann & Co. (schwenkbarer Einblick)

ermöglicht durch die beliebige Anbringung der Prismen am Tischumfang auch das genaue Einstellen von Winkeln in Schritten von z. B. 60°. In diesem Falle sind dann sechs Einzelstrich-Prismen erforderlich. Das Gerät findet vorwiegend an schweren Drehtischen Verwendung.

Zahlentafel 26. *Optische Meß- und Einstellgeräte an Bohrwerken der Fa. Scharmann & Co*

Optische Meß- und Einstell-Geräte	Konstruktionsmerkmale	Positionsgenauigkeit der Meßgeräte	Bohr- und Fräswerk
1. Mikromeß I	Meßuhr, Nullstellung verstellbar auf Zifferblatt der Meßuhr, 2 Ablesefenster für mm und 0,1 mm, Rhombische Einfanggabel, Objektiv auf Meßwagen verstellbar, Punktlicht, Stromschiene, Lichtwagen	Spindelkasten: 0,005 mm Tisch, quer: 0,005 mm Setzstock: 0,005 mm Tisch, längs: 0,005 mm	WB75, WB 80, WB100, WB120, WB125, WB125ct WB75, WB 80, WB100, WB120, WB125, WB125ct WB75, WB 80, WB100, WB120, WB125, WB125ct WB80, WB100, WB120, WB125, DAV 1600 u. 2000
2. Mikromeß II	Meßrechen, 1 Ablesefenster für mm und 0,01 mm, Objektiv fest, Punktlicht außerhalb der Meßsäule am Meßgerät, Lichtreflektor, Ferneinstellung mit Schrittgebermotor möglich	Spindelkasten: 0,002 mm Tisch, quer: 0,002 mm Setzstock: 0,002 mm Tisch, längs: 0,002 mm	FB 100b, FB 125b, FB 125c, FB 125ct FB 100b, FB 125b, FB 125c, FB 125ct FB 100b, FB 125b, FB 125c, FB 125ct FB 100b, FB 125b, FB 125c, FB 125ct
3. Mikromeß MHS	Fester Meßrechen, 1 Ablesefenster für mm und 0,01 mm, Objektiv fest, Punktlicht außerhalb der Meßsäule am Meßgerät, Lichtreflektor	Spindelkasten: 0,002 mm Ständer: 0,002 mm	WF 125/225 v WF 125/225 v
4. Optum	Optum I: Anbau nur an der rechten Tischecke möglich Optum II: Anbau überall möglich	Optum I: 0,002 mm auf 1 m Optum II: 0,002 mm auf 1 m	FB 100, WB 100, WB 120, WB 125 FB 100b, FB 125b, DAV 1600 u. 2000, WB 75
5. Owimess	Owimess I: Metall-Kreismaßstab in Winkelgeraden geteilt, optisches Einstellgerät mit mechanisch verstellbarem Nonius in Winkelminuten Owimess II: Glas-Kreismaßstab, optische Winkelsekunden-Einstellung am Meßgerät	Owimess I: 0,02 mm auf 1 m Owimess II: 0,003 mm auf 1 m	FB 100b, FB 125b FB 100b, FB 125b

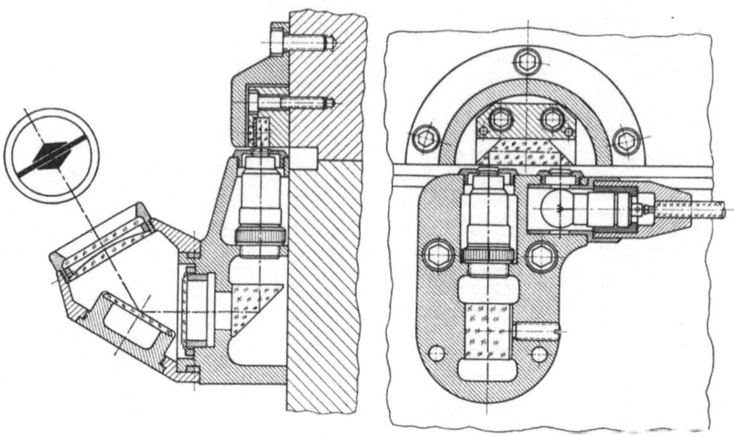

Abb. 242. Umschlaggerät Optum II (Schnitt)

e) Optisches Winkelmeßgerät (OWIMESS) mit Kreisglasmaßstab. Es liegt verständlicherweise der Wunsch nahe, jeden beliebigen Winkel auf dem Drehkreis eines Arbeitstisches optisch einzustellen. Aus diesem Grunde ist von der Firma Scharmann & Co. ein optisches Winkelmeßgerät (kurz OWIMESS genannt) entwickelt worden. Neben der Führungsbahn außen am Drehtisch ist ein genau in 3600 Teile bzw. in Winkelschritten von $^1/_6{}^\circ$ geätzter Glasring eingebaut. In der Mitte des dazugehörigen Zwischenschiebers ist ein mit starker Vergrößerung eingerichtetes Einstellgerät mit Sekundennonius befestigt. Dieser Meßrechen besitzt 180 Teilstriche, um eine auf zwei Winkelsekunden genaue Bestimmung des Meßortes zu gewährleisten. Auch hier besteht die Möglichkeit einer Fernsicht, da die Vorgänge an der Maschine gleichzeitig beobachtet werden müssen.

Die Zahlentafel 26 auf Seite 201 gibt einen Überblick über die optischen Meß- und Einstellgeräte für Bohrwerke der Firma Scharmann & Co.

Literaturverzeichnis

[1] Häneke, H.: Aus der Geschichte der Zylinderbohrmaschine. Beiträge zur Geschichte der Technik und Industrie, 17. Bd., hrsg. v. C. Matschoss. Berlin: VDI-Verlag 1927

[2] Fischer, H.: Die Werkzeugmaschinen. 2. Aufl. Berlin: Springer 1905.

[3] Schlesinger, G.: Die Stellung der deutschen Werkzeugmaschine auf dem Weltmarkte. Düsseldorf: Bagel 1911.

[4] DIN-Blätter: 338, 340, 345, 346, 1412, 1897, 8037–8041.

[5] Schallbroch, H.: Bohrarbeit und Bohrmaschine. München: Hanser 1951.

[6] DIN-Blatt 1414.

[7] Victor, H.: Beitrag zur Kenntnis der Schnittkräfte beim Drehen, Hobeln und Bohren. Werkstattstechnik und Maschinenbau Bd. 47 (1957), H. 10, S. 541/546.

[8] Kienzle, O.: Leistungsbestimmung für Drehbänke und Hobelmaschinen. Sonderheft zum 6. Aachener Werkzeugmaschinen-Kolloquium, S. 33/37. Essen: Girardet 1953.

[9] Victor, H.: Beitrag zur Kenntnis der Schnittkräfte beim Drehen, Hobeln und Bohren. Dissertation, Technische Hochschule Hannover 1956.

[10] Kienzle, O. u. H. Victor: Zerspanungstechnische Grundlagen für die kräftemäßige Berechnung und den Einsatz von Drehbänken, Hobelmaschinen und Bohrmaschinen. Werkstattstechnik und Maschinenbau Bd. 46 (1956), H. 6, S. 283/288.

[11] Richtwertblatt AWF 158, unveränderter Nachdruck 1949, hrsg. v. Ausschuß für wirtschaftliche Fertigung (AWF) beim Rationalisierungs-Kuratorium der deutschen Wirtschaft (RKW), Berlin.

[12] Kienzle, O. u. H. Victor: Spezifische Schnittkräfte bei der Metallbearbeitung. Werkstattstechnik und Maschinenbau Bd. 47 (1957), H. 5, S. 224/225.

[13] Stephan, E.: Das Radialbohren. Berlin: Springer 1940.

[14] Martini, H.: Waagerechtbohren. Folge 12 der Reihe Werkstattkniffe, 2. Aufl. München: Hanser 1949.

[15] DIN-Blätter 343, 344.

[16] Pütz, F.: Die Vorteile des Senkwerkzeuges bei der spanabhebenden Bearbeitung und seine richtige Konstruktion. Werkstatt und Betrieb Bd. 86 (1953), H. 7, S. 342/344.

[17] Schlesinger, G.: Rechnungsgrundlagen zur Ermittlung des Leistungsbedarfs bei Walzenfräsern. Werkstattstechnik und Maschinenbau Bd. 25 (1931), H. 17, S. 409/413.

[18] Kronenberg, M.: Analysis of Initial Contact of Milling Cutter and Work in Relation to Tool Life. Transactions of the ASME (1946), S. 217/228.

[19] Kronenberg, M.: Grundzüge der Zerspanungslehre. 2. Aufl. Berlin/Göttingen/Heidelberg: Springer 1954.

[20] Leyensetter, W.: Standzeitbeobachtungen beim Fräsen von Graugußgehäusen mit Hartmetallmesserköpfen. Werkstatt und Betrieb Bd. 85 (1952), H. 10, S. 515/520.

[21] Montanwerke Walter A. G.: Hartmetallwerkzeuge für Metallbearbeitung. 9. Aufl. Tübingen: Montanwerke Walter A.G.

[22] Siebel, H.: Untersuchungen über das Stirnfräsen von Stahl mit Hartmetall. Dissertation, Technische Hochschule Aachen 1958.

[23] WITTHOFF, J.: Kennzeichnung der Winkel am spanabhebenden Werkzeug. Werkstatt und Betrieb Bd. 82 (1949), H. 2, S. 40/46.
[24] RÖHLKE, G.: Begriffe und Beziehungen an spanabhebenden Werkzeugen. Werkstatt und Betrieb Bd. 86 (1953), H. 7, S. 335/341.
[25] RÖHLKE, G.: Kräfte und Leistungen bei der Zerspanung. Werkstatt und Betrieb Bd. 88 (1955), H. 1, S. 5/12.
[26] WEILENMANN, R.: Beitrag zur Berechnung des Leistungsbedarfs beim Fräsen. Werkstatt und Betrieb Bd. 90 (1957), H. 5, S. 296/298.
[27] GEYER, M.: Fräsen und Fräsmaschinen. Leipzig: Fachbuchverlag 1953.
[28] WITTHOFF, J.: Die rechnerische Ermittlung der günstigsten Arbeitsbedingungen bei der spanabhebenden Formung. Werkstatt und Betrieb Bd. 80 (1947), H. 4, S. 77/84.
[29] WITTHOFF, J.: Ermittlung und betriebswirtschaftliche Bedeutung der Werkzeugkosten. Werkstattstechnik und Maschinenbau Bd. 39 (1949), H. 5/6, S. 148/151 u. S. 179/183.
[30] WITTHOFF, J.: Die Ermittlung der günstigsten Arbeitsbedingungen bei der spanabhebenden Formgebung. Werkstatt und Betrieb Bd. 85 (1952), H. 10, S. 521/526.
[31] WITTHOFF, J.: Ergänzende Betrachtungen zur Ermittlung der günstigsten Arbeitsbedingungen bei der spanenden Formgebung. Werkstatt und Betrieb Bd. 90 (1957), H. 1, S. 61/68.
[32] LEYENSETTER, W.: Standzeitbeobachtungen beim Fräsen von Graugußgehäusen mit Hartmetallmesserköpfen. Werkstatt und Betrieb Bd. 85 (1952), H. 10, S. 515/520.
[33] WITTHOFF, J.: Drehen und Hobeln von Gußeisen mit Hartmetallwerkzeugen. Werkstattstechnik und Maschinenbau Bd. 46 (1956), H. 8, S. 382/386.
[34] WALLICHS, A. u. H. DABRINGHAUS: Die Zerspanbarkeit und die Festigkeitseigenschaften bei Stahl und Stahlguß. Maschinenbau Bd. 9 (1930), H. 8, S. 257/262.
[35] PÜTZ, F.: Werkzeug-Handbuch. München: Hanser 1950.
[36] PETRICK, H.: Einfluß des Bohreranschliffs auf die Kräfte und Drehmomente beim Bohren ins Volle. Zeitschrift für wirtschaftliche Fertigung Bd. 53 (1958), H. 7/8, S. 184/187.
[37] EBERHART, B. u. H. J. BURMESTER: Reiben mit Hartmetall. Industrieblatt Bd. 57 (1957), H. 2 u. 4, S. 57/61 u. 118/121.
[38] DIN-Blatt 219.
[39] HÜTTE, I.: Taschenbuch für Betriebsingenieure. 5. Aufl. Berlin: Ernst & Söhne 1957.
[40] HAIDT, H.: Das Reiben mit Hartmetallwerkzeugen. Industrieblatt Bd. 58 (1958), H. 10/12.
[41] STAUDINGER, H. u. W. WEHSER: Zweckmäßige Wahl der Kernlochbohrungen bei Einschnittgewindebohrern. Werkstattstechnik und Maschinenbau Bd. 48 (1948), H. 4, S. 198/203.
[42] PÜTZ, F.: Fräsen mit Messerköpfen auf Waagerecht-Bohr- und Fräswerken. Industrie-Anzeiger Bd. 76 (1954), Nr. 78, S. 1183/1185.
[43] BALLHAUSEN, C. u. G. VIEREGGE: Zerspanungswerkzeuge mit negativen Spanwinkeln. Industrie-Anzeiger Bd. 76 (1954), Nr. 19, S. 299/307.
[44] OPITZ, H. u. J. KOB: Auswirkungen des Hartmetalleinsatzes beim Fräsen und Hobeln. Werkstatt und Betrieb Bd. 84 (1951), H. 5, S. 189/194.
[45] SCHALLBROCH, H.: Dir mechanische und optische Maßeinstellung bei Koordinaten-Bohrmaschinen. Aufwand, Leistung und Wirtschaftlichkeit neuzeitlicher Werkzeugmaschinen (6. Aachener Werkzeugmaschinen-Kolloquium), S. 120/124. Essen: Girardet 1953.

[46] SADOWY, M.: Zur rechnerisch-graphischen Bestimmung der dynamischen Steifigkeit und der dynamischen Nachgiebigkeit eines einfachen und eines gekoppelten Systems mit Dämpfung. Der Maschinenmarkt Bd. 63 (1957), Nr. 46, S. 17/19.

[47] DEN HARTOG, J. P. u. G. MESMER: Mechanische Schwingungen. Berlin/Göttingen/Heidelberg: Springer 1952.

[48] SALJÉ, E.: Gegossene Werkzeugmaschinengestelle. Schriftenreihe: Guß und seine Verwendung, Heft 4 (Guß im Werkzeugmaschinenbau), herausgegeben von der Zentrale für Gußverwendung.

[49] SCHRAUB, W.: Gestellbauweise der Horizontal-Bohr- und Fräswerke. Industrie-Anzeiger Bd. 75 (1953), Nr. 68/69, S. 850/851.

[50] PATENTBERICHTE: Horizontal-Bohrwerk mit Ausgleich der Wärmedehnung. Werkstatt und Betrieb Bd. 91 (1958), H. 5, S. 283.

[51] SCHALLBROCH, H.: Neuartige Bauweise für Ständer und Spindelkasten an Waagerecht-Bohr- und Fräswerken. Industrie-Anzeiger Bd. 76 (1954), Nr. 70/71, S. 1085/1086.

[52] SCHMITZ, H.: Spieth-Hülsen, Verhalten und Einsatz. 9. Aachener Werkzeugmaschinen-Kolloquium. Essen: Girardet 1958.

[53] PIEKENBRINK, R.: Die Starrheit von Arbeitsspindeln und deren Lagerung. Industrie-Anzeiger Bd. 77 (1956), Nr. 80, S. 1196/1201.

[54] HUCKS, H.: Feinbearbeitung auf Großwerkzeugmaschinen. Industrie-Anzeiger Bd. 78 (1957), Nr. 28, S. 391/395.

[55] TLUSTÝ, J. u. M. POLÁCEK: Beispiele der Behandlung der selbsterregten Schwingung der Werkzeugmaschinen. Der Maschinenmarkt Bd. 65 (1959), Nr. 19, S. 19/28.

[56] OPITZ, H., R. PIEKENBRINK u. W. HÖLKEN: Schwingungsuntersuchungen an Werkzeugmaschinen, Forschungsbericht Nr. 384 des Wirtschafts- und Verkehrsministeriums Nordrhein-Westfalen. Hrsg. von L. Brandt. Köln/Opladen: Westdeutscher Verlag 1958.

[57] COENEN, M.: Elemente des Werkzeugmaschinenbaues. Leipzig: Hirtzel 1952.

[58] DIN-Blätter: 228 Bl. 1 u. 2, 2079, 2080, E 729, 6364, 1806, 1807.

[59] SCHWERD, F.: Spanende Werkzeugmaschinen. Berlin/Göttingen/Heidelberg: Springer 1956.

[60] SCHNEIDER, H.: Konstruktive Neuerungen an Horizontal-Bohr- und Fräswerken. Industrie-Anzeiger Bd. 76 (1954), Nr. 6, S. 686.

[61] RÄNTSCH, K.: Genaueres und bequemeres Messen durch Verwendung von Maßstäben mit größeren Teilungsintervallen. Industrie-Anzeiger Bd. 79 (1957), Nr. 71/72, S. 1093/1094.

Allgemeine Literaturhinweise

zu Kapitel I

[62] DOMINIK, H.:Werkzeugmaschinenbau Bd. 17, 2. Aufl. Leipzig: Arndt 1938.

[63] BUXBAUM, B.: Der englische Werkzeugmaschinen- und Werkzeugbau im 18. und 19. Jahrhundert. Aus: Beiträge zur Geschichte der Technik und Industrie Bd. 11, hrsg. von C. Matschoss. Berlin: VDI-Verlag 1921.

zu Kapitel III

[64] DINNEBIER, J.: Bohren. Werkstattbücher, H. 15, 4. Aufl. Berlin/Göttingen/Heidelberg: Springer 1949.

[65] DIN-Blätter 372, 373, 375, E 8075 bis 8060.

[66] DIN-Blätter E 334, E 335, E 347, E 381.

[67] DINNEBIER, J.: Senken und Reiben. Werkstattbücher, H. 16, 4. Aufl. Berlin/Göttingen/Heidelberg: Springer 1950.

[68] POPENDICKER, P.: Bohren — Senken — Reiben. Folge 1 der Reihe Werkstattkniffe, 5. Aufl. München: Hanser 1955.

[69] Umschau in Technik und Betrieb: Fertigungsbeispiele für die Herstellung von Bohrungen. Industrie-Anzeiger Bd. 76 (1955), Nr..8, S. 102/103.

[70] OPITZ, H. u. J. KOB: Neuere Erkenntnisse bei der Zerspanung mit Hartmetall und negativen Schnittwinkeln. Wirtschaftliche Fertigung und Forschung, S. 172/183. München: Hanser 1949.

[71] Montanwerke Walter A.G.: Der Neigungswinkel am Fräser — seine rechnerische und graphische Ermittlung. Technische Mitteilungen (1954) M. 6, Tübingen.

[72] ONGAR, N. u. R. FLECK: Schnittkräfte und Leistungen beim Fräsen. Industrie-Anzeiger Bd. 77 (1955), Nr. 62, S. 888/890.

[73] KIENZLE, O.: Die Bestimmung von Kräften und Leistungen an spanenden Werkzeugmaschinen. Zeitschrift VDI, Bd. 94 (1952), Nr. 11/12, S. 299/305.

[74] OPITZ, H.: Auswirkungen des Hartmetalleinsatzes beim Fräsen und Hobeln. Werkstatt und Betrieb Bd. 84 (1951), H. 5, S. 189/194.

[75] OPITZ, H.: Richtwerte, Schnittkräfte und Schnittemperaturen beim Fräsen mit Hartmetallwerkzeugen. Werkstatt und Betrieb Bd. 85 (1952), H. 3, S. 81/85.

[76] KOOP, H.-A.: Wälzfräsen mit hohen Schnittgeschwindigkeiten. Werkstattstechnik und Maschinenbau Bd. 44 (1954), H. 4, S. 155/157.

[77] PÜTZ, F.: Neuere Erkenntnisse über die Anwendung von Messerköpfen. Werkstattstechnik und Maschinenbau Bd. 44 (1954), H. 4, S. 149/152.

[78] FRÖHLICH, K. H.: Beitrag zur Frage des Standzeitverhaltens beim Stirnfräsen von Stahl mit Hartmetall. Industrie-Anzeiger Bd. 77 (1955), Nr. 45, S. 624 bis 627.

[79] SIEBEL, H.: Ermittlung zeit- und kostengünstiger Schnittbedingungen beim Fräsen. Industrie-Anzeiger Bd. 77 (1955), Nr. 53, S. 769/770.

[80] BURMESTER, H. J.: Sowjetische Eefahrungen mit Hartmetallstirnfräsern und ihre Anwendbarkeit unter deutschen Verhältnissen. Industrie-Anzeiger Bd. 78 (1956), Nr. 11, S. 135/139.

[81] LIPPACHER, K.: Schlagfräsen, ein Fräsverfahren mit Hartmetall als Schneidenwerkstoff. Werkstatt und Betrieb Bd. 82 (1949), H. 2, S. 49/50.

[82] PÜTZ, F.: Entwicklung der Fräswerkzeuge in bezug auf Zahnform, Zähnezahl und Schnittwinkel. Industrie-Anzeiger Bd. 76 (1954), Nr. 70/71, S. 1094/1096.

[83] OPITZ, H. u. K. H. FRÖHLICH: Neue Erkenntnisse über den Verschleiß der Werkzeuge beim Fräsen von Baustahl. Zeitschrift VDI Bd. 96 (1954), Nr. 25, S. 822/830.

[84] MÄRKLE, A.: Fräsen mit Hartmetallwerkzeugen. Werkstattstechnik und Maschinenbau Bd. 41 (1951), H. 11, S. 422/426.

[85] BURMESTER, H. J.: Die Arbeitsbedingungen für das Stirnfräsen von Stahl mit Hartmetall. Werkstattstechnik und Maschinenbau Bd. 41 (1951), H. 2, S. 49/51.

[86] Berichte aus dem Ausland: Hartmetallwerkzeuge mit negativem Spanwinkel. Werkstattstechnik und Maschinenbau Bd. 41 (1951), H. 3, S. 92/94.

[87] BURMESTER, H. J.: Der Einsatz von Hartmetallwerkzeugen beim Stirnfräsen von Stahl. Werkstatt und Betrieb Bd. 86 (1953), H. 10, S. 577/583.

zu Kapitel V

[88] Arbeitsring Berlin ADB, Refa, AWF: Einflußgrößen für die Ermittlung von Vorgabezeiten, Teil 1 „Drehen“. AWF Berlin 1956.

zu Kapitel VI

[89] PESANTE, M.: Anforderungen an neuzeitliche Werkzeugmaschinen. Industrie-Anzeiger Bd. 79 (1957), Nr. 28, S. 402.
[90] LYSEN, H. W. u. R. SCHWAIGHOFER: Die Einzeluntersuchungen von Störquellen. 2. Forschungs- und Konstruktions-Kolloquium Werkzeugmaschinen (2. FoKoMa). München, Oktober 1955.
[91] EISELE, F.: Herstellungsgenauigkeit und Abnahmetoleranzen in der Fertigung. 2. Forschungs- und Konstruktions-Kolloquium Werkzeugmaschinen (2. FoKoMa), München, Oktober 1955.
[92] EISELE, F.: Beeinflussung der Arbeitsgenauigkeit der Werkzeugmaschine durch Aufstellung. 2. FoKoMa, München, Oktober 1955.
[93] PIEKENBRINK, R.: Betrachtungen über das statische und dynamische Verhalten von Werkzeugmaschinen. Industrie-Anzeiger Bd. 79 (1957), Nr. 80, S. 1203/1207.
[94] FEDERN, K.: Beherrschung und Ausnutzung von Schwingungen als Konstruktionsaufgabe. Zeitschrift VDI Bd. 100 (1958), Nr. 25, S. 1200/1232.
[95] BOBEK, K., A. HEISS u FR. SCHMIDT: Stahlleichtbau von Maschinen, 2. Aufl. Konstruktionsbücher, Bd. 1. Berlin/Göttingen/Heidelberg: Springer 1955.
[96] Dubbel's Taschenbuch für den Maschinenbau. Hrsg. von F. Sass und Ch. Bouché, Bd. II, 11. Aufl. Berlin/Göttingen/Heidelberg: Springer 1953.
[97] HEYDE, H.: Mechanik für Ingenieure Bd. 1. Leipzig: Teubner 1950.
[98] LOEWENFELD, K.: Die statische und dynamische Steifigkeit von Platten. 2. FoKoMa, München, Oktober 1955.
[99] EISELE, F. u. H.-D. SCHULZ: Steifigkeit der Antriebe von Werkzeugmaschinen. 2. FoKoMa, München, Oktober 1955.
[100] EISELE, F. u. M. SADOWY: Rattern und dynamische Steifigkeit von Werkzeugmaschinen. 2. FoKoMa, München, Oktober 1955.
[101] v. STENGEL, H.: Elektrische Antriebe von Werkzeugmaschinen. Technische Rundschau Bd. 49 (1957), Nr. 39.
[102] MOELLER-WERR: Gleichstrommaschinen, Bd. II, 6. Aufl. Leipzig: Teubner 1954.
[103] HILF, H.: Arbeitswissenschaft. München: Hanser 1957.
[104] Refa-Buch, Bd. 1. München: Hanser 1952.
[105] LEHMANN, G.: Praktische Arbeitsphysiologie. Stuttgart: Thieme 1953.
[106] HONRATH, K.: Werkzeugmaschinenspindeln und deren Lagerungen. Industrie-Anzeiger Bd. 78 (1957), Nr. 80, S. 1210/1214.
[107] BURMESTER, H. J.: Die Aufspannung von Messerköpfen auf Frässpindelnasen. DIN 2079. Industrieblatt Bd. 57 (1957), H. 8, Sonderdruck.
[108] RAUSCHER, H.: Bohrspindeln mit und ohne verschiebbare Traghülse. Das Insudtrieblatt Mai 1955 (Sonderdruck).
[109] HUCKS, H.: Stirnfräsen mit lang auskragenden Spindeln an Fräs- und Bohrwerken. Industrie-Anzeiger Bd. 76 (1955), Nr. 53, S. 771/775.
[110] TRIER, H.: Die Kraftübertragung durch Zahnräder. Werkstattbücher, H. 87. Berlin/Göttingen/Heidelberg: Springer 1949.
[111] LAPIDUS, A.: Wahl des Materials und der Konstruktion von Werkzeugmaschinen-Führungen. Aus: „Stanki i Instrument", Moskau; in: Industrie-Anzeiger Bd. 77 (1956), Nr. 87, S. 1299/1302.
[112] LINEK, A.: Spanabhebende Werkzeugmaschinen, Teil I, Die Getriebe der Werkzeugmaschinen. Berlin: Schiele & Schön 1950.

Sachverzeichnis

(* bedeutet Zahlentafel auf der entsprechenden Seite)

5. Ausblick auf die weitere Entwicklung moderner Meßeinrichtungen

Es liegt nahe, daß im Rahmen dieses Betriebshandbuches die Fortschritte auf dem Gebiet des genauen Messens der Einstellwege an Werkzeugmaschinen lediglich an den Waagerecht-Bohr- und Fräswerken der Firma Scharmann & Co. zur Darstellung gelangten. Eine solche Beschränkung erwies sich auch deshalb als notwendig, weil diese Materie gerade in den letzten 5 Jahren eine Ausweitung erfahren hat, die als erstaunlich bezeichnet werden muß und die zu gegebener Zeit eine gesonderte, ausführliche, literarische Bearbeitung erfordern wird.

Für den Benutzer von Werkzeugmaschinen ergibt sich auf alle Fälle die höchst erfreuliche Feststellung, daß zahlreiche Fabriken zur Herstellung von Präzisions-Maßstäben, optischen Projektions-Geräten und optischen Meßmitteln aller Art im Verein mit den Werkzeugmaschinen-Fabriken unentwegt und erfolgreich um Fortschritte bemüht sind, die das Arbeiten mit Werkzeugmaschinen in den Betrieben verbessern und erleichtern.